智能电网关键技术研究与应用丛书

可再生能源高渗透率下的电网电压稳定性鲁棒控制

Robust Control for Grid Voltage Stability：
High Penetration of Renewable Energy

［澳］ 贾汗季·侯赛因 （Jahangir Hossain）　　　著
赫曼舒·罗伊·波塔 （Hemanshu Roy Pota）

吴　鸣　季　宇　孙丽敬　吕志鹏　宋振浩　　译
熊　雄　徐志鹏　牛　耕　郑　楠　赵　婷

机械工业出版社

随着可再生能源并网不断增加，光伏、风电的利用日益增多，这给电网电压控制和无功功率补偿带来了新的挑战。本书重点介绍了风电、光伏的大规模渗透对电力系统动态电压稳定性的影响，以及使用鲁棒控制技术提高稳定裕度的效果，从而减少对电力系统性能的负面影响。

　　本书内容包括电力系统电压稳定性与设备模型，线性化和模态分析，利用风力发电机和柔性交流输电系统（FACTS）设备进行动态电压失稳分析，动态负荷下的电压稳定控制，动态输电能力增强控制，增强故障穿越能力的控制，互联电力系统中双馈异步发电机（DFIG）的低电压穿越（LVRT）能力，光伏发电单元在配电网中的交互等，涵盖了提高输配电系统电压稳定裕度所涉及的内容。

　　本书可作为电力系统工程技术人员的参考书，也适合作为相关专业的研究人员、管理人员以及高校研究生的参考资料。

译者序

自 20 世纪初以来，电压稳定性就一直被认为是电力系统安全运行的一个重要方面，但是在过去的 20 年里，电力系统的运行条件变得更加严苛。随着电力系统中可再生能源的比例不断增加，可再生能源发电系统（风力发电系统和光伏发电单元）的接入，电压失稳的问题可能变得更加突出。近年来，在世界各地发生过多起电压失稳事故，电压失稳已成为电力系统领域的一个主要研究方向。

本书首先介绍了未来电力系统中可能出现的动态电压失稳问题，随后提出了一种新型鲁棒控制器来说明其可提高电力系统稳定性。本研究工作旨在深入了解可再生能源高渗透率下的有关由电力系统设备和扰动引起的不同类型动态电压失稳的机制，并改进了现有的电力系统控制设计方法。

全书的翻译工作由中国电力科学研究院分布式发电和微网团队的科研人员完成，有吴鸣、季宇、孙丽敬、吕志鹏、宋振浩、熊雄、徐志鹏、牛耕、郑楠、赵婷。参与校对的人员有李蕊、于辉、张海、寇凌峰、徐毅虎、丁保迪、屈小云、张颖、侯小刚、胡转娣、刘晓娟、崔健、林永清。吴鸣负责全书的总体审核。

本书翻译过程中，团队成功申报并执行国家重点研发计划"1.3 分布式可再生能源发电集群并网消纳关键技术及示范应用（2016YFB0900400）"和国家自然科学基金（51877201），在此对项目的支持表示感谢！

本书的公式表达、图形及文字符号均遵照原书，未按我国标准进行修改。

由于时间和水平有限，书中难免存在错误和纰漏，恳请各位读者批评指正。

译 者

原 书 序

电压稳定性是电力系统关注的重点，最近许多由于电压失稳造成的停电事故也证实了这一点。输电系统中，由于可再生能源发电系统［主要是风力发电系统（WTGS）以及光伏发电（Photovoltaic, PV）单元］的接入，电压失稳的问题可能变得更加突出。异步发电机（IG）以恒无功模式运行，而 PV 单元以单位功率因数运行。除非可再生能源发电机的工作方式发生变化，否则需要额外的无功补偿装置以保持良好的电压稳定裕度。配电系统中，随着分布式电源渗透率的提高，发电机和异步电动机负荷距离过近引起了新的动态现象——电压振荡。在配电网中安装无功补偿装置并配置适当的控制器可以减轻分布式发电的大部分不利的动态影响。本书全面涵盖了提高输配电系统电压稳定裕度所涉及的内容。

大多数情况下，将更先进的可再生能源接入至现有输电系统中并不需要做出重大改动，只需在并网之前进行全面的分析以检查集成可再生能源的可行性。分析表明，某些情况下并网需要高性能控制和补偿设备，以使系统能够从严重的系统扰动中恢复正常。本书中首先介绍了未来电力系统中可能出现的动态电压失稳问题，随后提出了一种新型鲁棒控制器来说明其可提高电力系统稳定性。

本书的第一部分为案例研究，以介绍由风力发电机和 PV 单元的动态特性引起的不同类型的短期和长期动态电压失稳的发展情况。此外，还对系统性质的变化及其动态特性所引发的关键问题进行了研究，这些问题会限制风力发电机和柔性交流输电系统（FACTS）设备大规模的接入。

基于单机无穷大系统的动态特性，电力行业中固定结构控制器的调整相当常见，例如比例-积分（Proportional-Integral, PI）控制器。这种方法非常实用，但这些控制器无法使无功补偿装置和可再生能源发电机充分发挥作用以实现故障恢复，需要采用新型控制器，以使所有装置能够完全参与故障恢复，从而使补偿装置的额定功率保持在较低水平，提高它的承受能力。本书详细介绍了鲁棒控制器的设计和实现，以提高稳定性，同时降低故障恢复所需补偿装置的额定功率。

鲁棒控制器的设计中，选择如何在设计过程中获取关于未建模动态的知识非常重要。部分详细信息，如未建模动态的"规格"用于鲁棒控制设计。众所周知，"规格"较小的未建模动态可使控制器的性能更优。本书的第二部分介绍了一种用于限制未建模非线性动态的方法，并设计了一种励磁控制，用于增强具有重要异步电动机负荷的电力系统中的大扰动电压稳定性。此部分介绍了一种新的技术，可以获取兴趣区域中系统的完整非线性特性。用线性和非线性项重新阐述非线性电力系统模型。非线性项是泰勒级数展开式中的柯西（Cauchy）余项，本书中使用它的界限进行鲁棒控制设计。

　　本书的第三部分是鲁棒控制器的设计，这些控制器在严重干扰期间可以增强恒速异步发电机（FSIG）的低电压穿越（LVRT）能力。使用结构和非结构不确定性描述的控制算法专门针对不同工况下故障系统的稳定设计。此部分介绍了一种可用于设计双馈异步发电机（DFIG）的线性控制器的方法，该控制器的鲁棒性足以适应故障后的低压条件，还分析了光伏控制器之间可能存在的负交互作用，并设计了一个鲁棒控制器来减少不必要的交互。在鲁棒控制设计中，将非线性动态和控制交互部分作为干扰项进行建模，这确保了控制设计的非互扰鲁棒性。

　　本书所设计的控制方案的执行，充分满足鲁棒稳定性和性能的标准，并且为一系列测试案例提供了足够的稳定裕度。控制策略的有效性可以通过配有完整非线性模型的装置详细仿真加以验证，也可将设计控制器的性能与传统控制器的性能进行比较。仿真结果表明，使用本书提出的鲁棒控制方法可以提高电力系统的动态电压稳定性和暂态稳定性。

目　录

本书物理量符号

A_{ci}	第 i 个子系统控制器的状态转移矩阵
A_i	第 i 个子系统的状态转移矩阵
B_{ci}	第 i 个子系统控制器的输入矩阵
B_i	第 i 个子系统的输入矩阵
C_i	多机系统的输出矩阵
D_i	多机系统的前馈矩阵
K_{ci}	第 i 个子系统控制器的增益矩阵
L_i	第 i 个子系统的互联效应矩阵
M_i	第 i 个子系统的不确定界常数
r_i	第 i 个子系统的信号驱动互联不确定性
x_i	第 i 个子系统的状态向量
u_i	第 i 个子系统的输入向量
ξ_i	第 i 个子系统的信号驱动局部微扰
φ_i	第 i 个子系统的信号驱动不确定性
ζ_i	第 i 个子系统的不确定性输出
z_i	第 i 个子系统的受控输出
W_u, W_e	成本函数的加权常数
x_{ci}	第 i 个子系统控制器的状态向量
y_{ci}	第 i 个子系统控制器的输入向量
α_i, β_i	第 i 个子系统的不确定性幅度常数
$\tau_i, \theta_i, \beta_i$	第 i 个子系统的尺度参数
P_e	转子产生的电力
P_i	电网第 i 个节点处的有功潮流
P_M	输入转子的机械功率

Q_i	电网第 i 个节点处的无功潮流
Y_{BUS}	电网的导纳矩阵
$G_{ij} + jB_{ij}$	导纳矩阵的第 i 个和第 j 个元素
E'_d	因 d 轴阻尼线圈中的磁链产生的暂态电动势
E'_q	因励磁磁链产生的暂态电动势
ψ_{1d}	因 d 轴阻尼器中的磁链产生的次暂态电动势
ψ_{2q}	因 q 轴阻尼器中的磁链产生的次暂态电动势
H	同步电机的惯性常数
ω_s	以 rad/s 为单位的同步角速度的绝对值
D	发电机的阻尼常数
I_d	同步电机定子电流的 d 轴分量
T'_{qo}	q 轴开路暂态常数
T''_{do}	d 轴开路次暂态常数
X_{ls}	电枢漏磁电抗
J	转子的转动惯量
r_a	同步电机的定子绕组电阻
T_R	端电压传感器时间常数
V_d	同步电机的 d 轴端电压
V_i	电网第 i 个节点处的电压
V_o	端电压传感器的输出电压
K_a	自动电压调节器增益
V_q	同步电机 q 轴端电压
V_{ref}	电压调节器的基准电压
V_t	同步电机的端电压
V_s	励磁机辅助输入信号
E_{fd}	励磁机线圈中的等效电动势
V_{tr}	传感器滞后环节后测得的电压状态变量
X_d	同步电机的不饱和 d 轴同步电抗
X'_d	同步电机的 d 轴暂态电抗

X_q	同步电机的不饱和 q 轴同步电抗
X_q'	同步电机的 q 轴暂态电抗
X''_d	d 轴次暂态电抗
X''_q	q 轴次暂态电抗
T''_{qo}	同步电机的 q 轴开路次暂态时间常数
I_q	同步电机定子电流的 q 轴分量
δ	同步电机的转子角度
T'_{do}	同步电机的 d 轴暂态开路时间常数
ω	转子角速度
R	风轮半径
ω_m	风轮轴转速
V_w	风速
A_{wt}	风轮扫掠面积
c_p	功率系数
ρ	空气密度
θ	桨距角
λ	叶尖速比
N_g	传动比
T_{ae}	气动转矩
H_m	风力机的惯性常数
H_G	风力发电机的惯性常数
K_s	扭转刚度
D_m	风力机的扭转阻尼
D_G	风力发电机的扭转阻尼
f	额定电网频率
γ	扭转角
T_m	机械转矩
X'	风力发电机的暂态电抗
X_m	风力发电机的磁化电抗
R_s	风力发电机的定子电阻
R_r	风力发电机的转子电阻
X	风力发电机的转子开路电抗
X_r	风力发电机的转子电抗

X_s	风力发电机的定子电抗
i_{ds}	定子电流的 d 轴分量
i_{qs}	定子电流的 q 轴分量
ω_G	风力发电机的转子转速
T'_o	瞬时开路转子时间常数
v_{tm}	电压传感器输出
E'_{dr}	d 轴暂态转子电压
s	异步电动机的转差
E'_{qr}	q 轴暂态转子电压
V_{ds}	异步电动机的 d 轴定子电压
V_{qs}	异步电动机的 q 轴定子电压
R_C	电容器的内阻
v_{dc}	电容器电压
α	简化电网中 STATCOM 的母线角
T_e	电磁转矩
P_s	系统提供给 STATCOM 的功率
C	电容器
T_m	电压传感器的时间常数
K_m	传感器常数
m	逆变器调制指数
β	尺度参数
φ,ψ	不确定性增益矩阵
τ	自由参数
k	逆变器常数
C_s	超级电容器
v_{sc}	超级电容器电压
D	OLTC 的死区
ε	OLTC 的滞环
h	OLTC 的步长
n_{k+1} 和 n_k	分接头切换前后的匝数比

本书缩略语

ATC	Available Transfer Capability	可用输电能力
AVR	Automatic Voltage Regulator	自动电压调节器
BESS	Battery Energy Storage System	电池储能系统
DFIG	Doubly – Fed Induction Generator	双馈异步发电机
FACTS	Flexible AC Transmission System	柔性交流输电系统
FRT	Fault Ride – Through	故障穿越
FSIG	Fixed – Speed Induction Generator	恒速异步发电机
FSWT	Fixed – Speed Wind Turbine	恒速风力机
GARE	Generalised Algebraic Riccati Equation	广义代数黎卡提（Riccati）方程
HV	High Voltage	高压
HVDC	High Voltage Direct Current	高压直流
IG	Induction Generator	异步发电机
IM	Induction Motor	异步电动机
IQC	Integral Quadratic Constraints	积分二次约束
LV	Low Voltage	低压
LMI	Linear Matrix Inequality	线性矩阵不等式
LQG	Linear Quadratic Gaussian	线性二次型高斯
LQR	Linear Quadratic Regulator	线性二次型调节器
LVRT	Low – Voltage Ride – Through	低电压穿越
MSC	Mechanically – Switched Capacitor	机械开关电容器

OLTC	On – Load Tap Changer	有载分接开关
OXL	Over – excitation Limiter	过励磁限制器
PSS	Power System Stabiliser	电力系统稳定器
PV	Photovoltaic	光伏发电
PWM	Pulse – Width Modulation	脉宽调制
SCIG	Squirrel – Cage Induction Generator	笼型异步发电机
SMES	Superconducting Magnetic Energy Storage	超导磁储能
SMIB	Single – Machine Infinite Bus	单机无穷大母线
STATCOM	Static Synchronous Compensator	静止同步补偿器
SVC	Static VAr（volt – ampere reactive）Compensator	静止无功补偿器
TCSC	Thyristor Controlled Series Capacitor	晶闸管控制的串联电容器
VSWT	Variable – Speed Wind Turbine	变速风力机
WT	Wind Turbine	风力机
WTGS	Wind Turbine Generator System	风力发电机系统

第1章

引言

摘要 引言的目的是讲述本书的背景,包括促成因素和写作这本关于可再生能源并网书籍的动机,最后给出了本书大纲。

1.1 总则

电压失稳是电力系统的一个主要问题,如果不给予足够重视,可能会对经济、技术和社会方面造成严重的不利影响。世界各地最近发生的许多意外事故和电压崩溃已经促使人们在研究和预防电压失稳方面做出重大努力[1]。电力行业在技术和政治方面也正在发生重大变化[2]。近年来,电力系统在发电、输电、配电和最终用户设施方面都发生了巨大变化[3]。

可再生能源的重要性日益增加,并已成为世界许多国家能源的组成部分之一。风电的利用日益增多,特别是风力条件较好、输电系统较薄弱的偏远地区,这给电压控制和无功功率补偿带来了新的挑战。为了实现高渗透率,例如要求截至 2020 年间歇性可再生能源的利用达到 20%,则需要采用快速响应储能系统和柔性交流输电系统(FACTS)设备以及合适的控制器。虽然将更先进的风电整合到现有输电系统中并不需要重新设计,但在整合之前需要进行全面分析。这需要采用其他高性能控制和补偿设备,以使系统能够从严重的系统干扰中恢复正常。本书将重点介绍风电的大规模渗透对动态电压稳定性的影响以及使用鲁棒控制技术提高稳定裕度的效果。近来,低压配电系统中开始接入大量光伏发电(Photo Voltaic,PV)单元,所以本书还将讨论 PV 接入问题和鲁棒控制设计,以尽量减少对系统性能的负面影响。

1.2 背景

电力系统的管理由于多种因素而变得越来越复杂[4]:电力系统现在正在接近其最大工作极限;环境约束限制了输电网络的扩展;远距离输电量有所增加;而较低惯性的风力机(WT)和无惯性 PV 单元也已被整合到现有电网中。电力系统的这种不断变化的特性对其动态特性造成了显著影响:连接装置的不同程度同步耦合之间的动态交互引起振荡;较低惯性和间歇性机组吸收无功功率,特别是在暂态期;世界许多地区的电力系统均进行了重组,以在不同的发电商之间形成竞争[5],这导致复杂性增加并出现了对电力系统稳定运行的新威胁。

自 1920 年以来,电力系统失稳一直是研究人员和电力公司面临的重大挑战[6]。从历史上看,暂态失稳一直是大多数系统的主要稳定性问题,也是电力行业系统稳定性的关注重点。很大一部分互联电网中的持续的电力负荷增长和输电需求增加导致电力系统运行日益复杂且安全性降低。随着电力系统复杂性的演变,出现了不同形式的失稳。作为电力系统的主要失稳问题之一,电压稳定性正日益成为当今电力系统安全运行的关注点。

过去 30 年来,电压失稳被认为是一种新型失稳。近年来,大型电力系统的电压失稳导致出现了高成本的停电事故[7]。世界不同地区都出现了电压失稳引起的电压崩溃,如法国(1978)、比利时(1982)、瑞典(1983 和 2003)、法国西部(1987)、东京(1987)、圣保罗(1997)和希腊(2004)[8]。2003 年 8 月 14 日俄亥俄州、密歇根州、纽约州和安大略省停电事故中,电压控制和稳定性问题突出。据估计,2003 年停电事故造成的损失在 40 亿到 100 亿美元之间[9]。

可以预见,电压稳定性仍然是未来一大挑战,事实上它的重要性可能还将增加。其中一个原因是负荷需求将继续增长,导致可用输电设施的使用率升高。几乎所有发达国家都制定了这一目标,即截至 2020 年使用可再生能源发电达到 20%[10]。风力发电是可再生能源发电的主要来源。电力系统的重组将带来新的问题,如可用输电能力(ATC)降低,一些输电线路拥塞,这可能进一步降低电压稳定裕度。由于自由能源交易市场的出现,输电线路上的潮流可能会增至其温升极限。温升极限通常高于线路的浪涌阻抗负荷,并导致系统电压特性的退化。

人们对电压稳定性的研究由来已久,因为它是电力系统安全运行的重要课题[11]。然而,在一个宽松的环境下,电力系统失稳的影响因素和潜在机制正在发生变化,在这种环境下,新的失稳类型(如直接失稳)往往有所增加,因此对分析的要求也在不断变化[11]。这突出了分析电压失稳、影响因素和发展过程机制的必要性。

风力发电是一种不断增长的能源资源,它拥有清洁能源的优点,可减少对化石燃料的依赖。近年来,WT 与配电网和输电网的连接迅速增加,这使得电网更加依赖风力发电并且更容易受到风力发电的影响。大量间歇式发电的引入将影响电力系统的运行方式[12]。电力行业面临的主要挑战之一是如何有效地将大量风电并入电力系统中[13]。电力系统的动态特性可能在不久的将来为 WT 和 FACTS 设备的动态特性所支配。因此,将风力发电和 FACTS 设备整合到现有电网之前,需要就其对电力系统稳定性和可靠性的影响进行全面分析。尽管不断变化的电力系统不需要重新设计,但它需要控制器确保在各种不同工况下的稳定性。

PV 单元大规模接入到二次输电和配电网中可能会对电力系统的运行和稳定性产生重大影响[14]。众所周知，日照突然变化可能导致快速断电或光伏发电能力降低。随着光伏发电方案渗透率的增加，这可能导致在与电网弱耦合的情况下产生电压变化和暂态电压失稳问题[15]。PV 单元的大规模渗透也会对系统的短时电压和暂态稳定性产生影响，不仅局限在配电网，而且还会影响整个系统[16]。因此，控制输出功率以确保稳定性和安全性显得尤为重要。对 PV 单元实施适当的控制，可以提高系统的性能，而不会违反电网限制条件，并且可以促进 PV 单元有效出力[17, 18]。

控制技术对于维持现代互联电力系统的稳定性至关重要，必须对其控制和运行进行评估，以便满足发电厂不断变化的特点以及当前社会对廉价电力和可靠供应的依赖性日益增加的需求。系统的控制必须被看作是一个涉及所有类型发电厂的单一而又复杂的接入操作，必须具有足够的灵活性来适应新发电厂和早期发电厂的角色转变，以及不断变化的客户需求模式。虽然过去 20 年积累了大量经验，但电力系统的变化性质仍然给系统设计人员带来了挑战[19]。

提高电压稳定性的基本方法包括以下两种：励磁控制和使用并联电容器以及 FACTS 装置。励磁控制可用于控制发电电压，并且价格相对低廉。首选的风力发电机为异步发电机，因为它具有鲁棒性而且性价比高。而异步发电机对电网电压的调节无任何影响，而且它是无功功率的主要吸收器[20]。异步发电机的无功功率平衡在一定程度上可以通过使用最近引入的双馈转子概念来提高[21]，但是为了使该技术保持在合理的成本裕度内，转子换流器的额定值必须限制在稳态要求范围内。电网暂态过程中，可以证明双馈异步发电机（DFIG）的性能不足以为电网电压稳定性提供主要保障。此时，FACTS 装置提供的动态无功功率补偿在支持稳定性方面起着重要作用。

励磁控制器可有效稳定现代分布式电源系统的电压[22]。然而，现有励磁控制器主要使用将负荷视作恒定阻抗的线性模型进行设计。各项研究[23-25]均表明，负荷表示法对于电压稳定性分析至关重要。由于静态负荷模型精度不足以获取电网动态特性，因此需要使用动态负荷模型来分析电压失稳并设计用于增强稳定性的控制器。

目前，欧洲和北美地区的并网规范要求风电场参与电压调节、无功功率管理以及潜在的一次调频[26]。大规模风电并网下电力系统的稳定、可靠、经济运行对电力系统运营商来说是一项巨大挑战。电力系统稳定性很大程度上取决于与输电系统连接的大型风电场的性能。

电压稳定性和高效的故障穿越（FRT）能力是风电实现更高渗透率的基本要求。WT 必须能够在暂态电压条件下继续不间断运行，以符合并网规范[27]，即风电场的性能原则上需与其他传统发电机相同。因此，对于风电场而言，以下主要议题值得关注：

- 频率相关有功电源（频率控制）；
- 电压相关无功功率注入/吸收：稳态和动态；
- 电压控制：稳态和动态；
- FRT 能力。

现有 WT 中约有 30% 配备了笼型异步发电机（Squirrel – Cage IG, SCIG），它们无法像传统励磁同步发电机一样对电力系统的调节和控制起作用[28]。异步发电机需要无功功率支持才能连接到强电网，但是在并非将电力传输到电网的网络中，它们通常连接在弱节点上或配电层[29]。这增加了对动态无功功率支持的需求，以便穿越严重故障。

静止同步补偿器（STATCOM）技术增加了风电场的缺失功能，使其符合并网规范[30]。STATCOM 在平衡或失衡电网故障期间的快速动态电压控制和特性（FRT 能力）使风力发电机能够满足严格的并网规范要求。电力电子技术的最新发展使 STATCOM 的应用成为解决电力系统在大型 WT 并网过程中遇到的一些问题的可行选择[31]，但是现有的 STATCOM 仍使用传统控制器[32]。

目前，配备有双馈异步发电机（DFIG）的变速风力机（VSWT）由于其先进的无功功率和电压控制能力而得到越来越广泛的应用。DFIG 利用电力电子换流器，因此能够调节其自身的无功功率，以在给定的功率因数下运行或控制电网电压。然而，由于脉宽调制（PWM）换流器的能力有限，DFIG 的电压控制能力无法与同步发电机的电压控制能力相提并论。当电压控制要求超出 DFIG 的能力时，电网的电压稳定性也可能受到影响。

目前，风力发电机的控制器设计通常是通过手动更新速度控制器、电压控制器和传动系阻尼的比例 – 积分 – 微分（Proportional – Integral – Derivative, PID）系数来实现[33]。系数更新后，通常通过仿真研究对控制器性能进行分析，并重复上述过程，直到达到满意的性能水平。此动态控制器设计的方法对于需求相互矛盾的大型系统而言较为复杂，例如，必须权衡电压控制和跟踪发电机速度参考值[33]。

如今，电力系统的安全运行主要依赖于输入系统的控制器方案来管理扰动或防止出现可能的灾难性后果。这些控制方案通常是静态的，因此它们无法适应不断变化的电网配置和工况。此外，这些控制方案的设计和参数设置并未考虑系统特性的变量或变化。因此，该系统通常容易失稳且表现出较差的动态特性。

线性控制技术主要用于控制 STATCOM[34]。在该方法中，系统方程围绕工作点线性化。基于该线性化模型，传统 PI 控制器经过精密调整，可以有效响应 STATCOM 所连接的电力系统中的小规模和大规模扰动。PI 控制器在 STATCOM

中用于设计配电网的内部控制器，使其能够减缓电压闪变[35]。虽然这些模型适用于特定稳态工作点附近的某些小信号应用，但当系统暴露于可改变待控制发电厂的配置的大规模故障或动态扰动时，它们无法获取到电网和STATCOM的真实本质。这就要求采用考虑非线性交互的先进控制技术，并确保大扰动的稳定性，从而保证风电场在发生故障时和故障后状态下与主电网保持连接。

在电力系统中安装控制器的主要目标是以合理成本实现预期的稳定性和安全性。在过去的几年里，鲁棒控制理论已得到显著发展[36]。鲁棒控制范式的核心思想是确认设计规范是否满足最坏情况下的不确定性。为研究鲁棒控制技术在电力系统中的应用，开展了多项工作。尽管为增强电力系统稳定性而在鲁棒控制设计领域取得了一些进展，但目前为止尚无解决不确定性程度量化的方法。

电力系统中的鲁棒控制涉及新技术在线性系统理论中的应用，以增强电力系统的电压和暂态稳定性[36]。通过鲁棒控制，不仅可以了解发电厂的典型或常规特性，还可以了解其不确定性和可变性的程度。发电厂模型不确定性可通过以下方式推算：①具有近似已知或变化值的模型参数；②被忽略或知之甚少的动态，如高频动态；③工况的变化；④非线性特性的线性近似值；⑤根据测定数据确定的模型中的估算误差。通过量化每个因素的不确定性程度，可了解发电厂模型的整体精确性和可变性。可以分析各项不确定因素影响性能的方式，并确定不确定初值的最坏情况组合。针对最坏情况设计的鲁棒控制可确保在大扰动期间的稳定性。

虽然电压失稳直到最近才成为一个主要问题，但在许多系统中，小幅度和低频率的功率振荡问题由来已久。在某些情况下，这也限制了串接线路的传输功率。传统上，该振荡阻尼由装有同步发电机（配备电力系统稳定器）的传统发电厂实现。由于WT的特性，在某些情况下，风电可能有助于减少系统阻尼。事实上，风电资源通常远离大型负荷中心，而不出力的发电机（通常是火电机组）位于距离主要负荷较近的位置[20]。这可能涉及通过拥堵线路远距离传输能源，也可能包括发电曲线和可能对阻尼产生重大影响的典型潮流的显著变化。用WT替换传统发电机也使得整个电力系统的阻尼降低。在这种情况下，控制无功功率和有功功率至关重要。

然而，由于STATCOM仅具有无功功率控制能力，其应用仅限于电力系统的无功功率补偿。为克服该限制，本书提出的协调STATCOM和桨距角控制可以通过控制有功功率和无功功率来有效增强异步发电机的低电压穿越（LVRT）能力，但是桨距控制的响应速度很慢。由于具有有功和无功功率控制能力，带有储能系统的STATCOM（STATCOM/ESS）已成为一种更有前景的电力系统应用装置[37]。利用储能增强性能的STATCOM可以产生附加效应，例如增强机电振荡阻尼的能力[38]，改进电能质量和供电可靠性[39]。

电力系统是指由多个互联子系统组成的大型系统。建立互联是为了最大限度地发挥其经济效益。对于大型系统而言，通常希望其控制结构以某种形式分散分布[40]。对于该类系统，假设所有输出测量结果都可以传输到各个本地控制站是不现实的。在实践中，大规模严重的模型不确定性使得控制策略设计极为困难。由于强调鲁棒性和系统性能，因而需要综合分析和设计控制器，同时考虑到系统中各子系统与控制器之间的交互。任何成功的大型电力系统控制策略都必须满足两个基本要求：第一，控制必须分散，因为仅本地测量结果通常适用于任何指定机器。第二，控制必须具有鲁棒性，因为它必须保证在各种工况和扰动下的性能符合要求。接下来，本文将讨论可再生能源接入电力系统的概况以及风力发电机STATCOM 控制技术。

1.3　不同国家的可再生能源并网情况

非传统可再生能源发电（尤其是风能和太阳能）的渗透率不断增加，这要求可再生能源发电进一步有效提高电力系统的电压控制和无功功率能力。现代风力发电机和日益增多的光伏逆变器也具备相当强大的动态无功功率能力，这可以通过其他发电厂级别的无功支持设备进一步增强，以满足互联要求。可再生能源的间歇性对并网做出了要求，例如有功和无功功率能力、电压和频率容差以及故障电流的影响。如果需要满足互联要求，通过增加静止无功补偿器（SVC）、STATCOM 和其他发电厂级无功支持设备，可进一步增强太阳能和风力发电设备的无功功率能力。

显然，在未来几十年，可再生能源发电将可媲美传统发电。因此，世界各地的多数输电系统运营商（Transmission System Operator，TSO）和监管机构已经提出了互联规则或规范，以要求这些不稳定的可再生能源型发电厂具有与传统发电厂大致相同的工作能力。不同国家的并网规范中，功率因数（Power Factor，PF）要求和无功功率能力大致相似。表 1.1 阐述了这些要求[41]。

表 1.1　功率因数/无功功率要求

国家	PF 要求	电压范围	频率范围
美国	0.95 超前至 0.95 滞后	±10%	未指定
中国	0.97 滞后至 0.97 超前	−3% ~ +7%	49.5 ~ 50.5 Hz
德国	额定有功功率能力 <100MW 时： 0.95 滞后至 0.95 超前	220kV， −13% ~ +12%	47.5 ~ 51.5Hz
	额定有功功率能力 >100MW 时： 功率因数取决于电压	400kV， −8% ~ +10%	
西班牙	0.98 超前至 0.98 滞后，无任何损失	±10%	49.5 ~ 50.5Hz

（续）

国家	PF 要求		电压范围	频率范围
印度	0.95 滞后至 0.95 超前		−10% ~ +5%	47.5 ~ 51.5Hz
丹麦	满负荷生产时： $Q/P_{额定} = 0$ 至 $Q/P_{额定} = 0.1$		−3% ~ +13%	50.5 ~ 52.0Hz
	零负荷生产时： $Q/P_{额定} = -0.1$ 直线变化为 $Q/P_{额定} = 0$			49.5 ~ 47.5Hz
爱尔兰	满负荷生产时： 0.95 滞后至 0.95 超前，有功能力从 100% 负荷生产		−9% ~ +12%	50.5 ~ 52.0Hz 和 49.5 ~ 47.5Hz
	变为 50% 负荷生产时： 每安装 100MW，32.6Mvar			
	从负荷 50% 生产变为闲置时： 0.95 滞后至 0.95 超前			
英国	0.95 滞后至 0.95 超前		−10% ~ +5%	47.5 ~ 52Hz
加拿大	0.90 滞后至 0.95 超前		由 TSO 提供	WECC 要求
澳大利亚	0.93 滞后至 0.93 超前		±10%	47.0 ~ 52.0Hz

1.4 大型风力发电机和光伏发电单元并网概述

近年来，可再生能源（Renewable Energy Source，RES）并网由于技术、环境和社会效益的因素而有所增加，包括利用这些资源作为传统化石燃料发电的补充和替代方案，以满足日益增长的能源需求，确保燃料不会耗尽。现有太阳能、风能、沼气、潮汐等不同类型的可再生能源，其中风能和太阳能是增长最快的资源。

风电是非水力可再生能源中最有前景和成熟的技术。目前的并网发展规模已引起对电力系统未来安全性、稳定性、可靠性和保障性影响的高度关注。与 WT高渗透率并网有关的主要问题之一是它们对电力系统稳定性的影响，这涉及暂态功角稳定性和电压稳定性。

未来几年将重点关注电力系统稳定性和电压稳定性的维持情况，例如在发生短路故障时，确保供电安全，而其他重要任务[42]在风电量增加时也将持续执行。在这种情况下，找到解决方案很有必要，以便维持有大量风电量的电力系统的动态稳定性和可靠运行。然而，详细分析对于确定合适的解决方案越来越重要。近年来，已经做了大量的研究工作来确定用风电替代传统发电机输出的效果[43-45]。文献 [46] 讨论了为改进短时电压而进行的海上风电场建模和控制。

文献［47］中介绍了几个设计和运行参数对恒速风力机（FSWT）暂态稳定性影响的系统研究结果。风电对振荡的影响通过将系统中同步发电机产生的功率逐步替换为常速或变速 WT 的功率，同时观察通过复平面的特征值的移动来进行研究[45]。由于其先进的无功功率和电压控制能力，配备 DFIG 的变速风力发电系统应用更为广泛。DFIG 的换流器模型是多输入、多输出的非线性模型，其控制难度主要来自其非线性特性。

住宅用光伏发电装置由于体积相对较小、运行无噪声以及上网电价补贴政策，其安装量显著增加[48]。光伏发电并入电网的主要问题是太阳辐射的随机特性以及逆变器与电网的连接。间歇性光伏发电随着大气条件的变化而变化。由于与传统能源相比，光伏发电系统的初始投资高、寿命较短，因此实现光伏发电系统的最大功率至关重要[49]。并网光伏发电系统上的控制器用于在大气条件变化、负荷需求变化或系统内的外部故障等扰动下实现预期性能。

一些系统运营商正在出台关于新建风电场和 PV 单元的严格要求，以确保其在电网故障条件下正常运行。它们的动态特性必须适应新要求。为评估严重故障条件下风电场和 PV 单元的特性，并有效、经济地改进其设计，必须展开新研究。

1.5 风力发电机和光伏发电单元控制概述

随着可再生能源组合标准的实施，可再生能源的快速增长及其大规模并网伴随着各种机遇和挑战。电力供应商面临越来越多将可变可再生能源发电与现有发电组合和电网并网的挑战。为实现可靠运行，电网需要不断平衡能源供需，可再生能源（如太阳能和风能）的可变性使这一要求变得愈加复杂。风电场的输出及其总负荷在全天是不断变化的。无功功率不平衡可能严重影响电力系统，因此需要无功功率补偿来维持电力系统的正常电压水平。过去，并网规范并未要求风电场在电网故障或电压扰动期间与电网保持连接。风电场的保护主要集中在 WT 保护上，而不考虑这可能对电力系统造成的影响。这意味着只要超出电压或频率工作限制，WT 就会与电网断开连接。在全球范围内，新电网连接要求确定了在风电场运行中需要考虑的三个方面：电压和无功功率控制、FRT 能力、运行频率范围[50]。这些要求可以通过无功功率补偿设备（如 FACTS 设备）来实现。

近来，各种基于电压源或电流源逆变器的 FACTS 装置已被用于灵活的潮流控制、安全加载、电力系统振荡的阻尼，甚至是保持风力发电机的稳定中。在本书中，我们提出了一种新型 STATCOM 控制器来维持并网 WTGS 的稳定。STAT-COM 还可以满足 LVRT 要求，因为其即使在较低电压下也可以满负荷运行。

WTGS 中的电压稳定性和功率平稳的问题已被广泛研究。STATCOM 在带 IG 的 WTGS 中的应用已经在各种研究中进行了描述，这证明了稳态无功功率和电压控制有所提高[31, 51]。先前已展开了一项全面研究，确认 STATCOM 如何与使用 IG 的 FSWT 结合，来改善风电场对电网的稳态和动态影响[52]。文献［53］的作者采用状态 – 空间线性模型，讨论了自励磁 IG 的控制研究。文献［53］中，风力发电机的非线性模型围绕工作点线性化。文献［54］中，通过变更自励磁集电环 IG 的有效转子电阻来研究电压和频率控制，但是文献［53］中的控制器在严重大扰动条件下无法使系统保持稳定，这促发了先进控制技术的使用，它考虑了非线性交互并确保了大扰动下的稳定性。

目前正在研究用于在电网中接入 PV 单元的不同控制系统。最优潮流技术已用于装有少量 PV 单元的配电系统[55]。文献［56］提出了一种装入串联电抗器的新电压控制程序。文献［57］讨论了另一种使用电容器进行频率控制的下垂控制方法。并网 PV 系统受非线性特性的影响，其中大部分非线性特性因太阳辐射的变化和逆变器的非线性切换功能而产生。对于如文献［55 – 57］中所述的非线性 PV 系统，当系统在平衡点处线性化时，它可在一组固定工作点正常运行。

1.6 风力发电机和光伏发电单元的鲁棒控制

自适应控制是控制器所使用的一种控制方法，它必须适应一个参数变化或者最初不确定的受控系统[58]。它提供了一种实时自动调节控制器的系统方法，以便在发电厂动态模型参数未知或随时间发生变化时实现或保持预期的控制系统性能水平。例如，在电力系统中，其负荷持续变化，此时需要适应这些变化条件的控制法。使用自适应控制器的理由是：①过程动态的变化；②扰动特性的变化；③工程效率。一般来说，要控制受动态变化影响的系统并不容易。有两种方法可以处理这种情况，即鲁棒控制和自适应控制。使用自适应控制技术调整真实标称模型的鲁棒设计将改进鲁棒控制器设计的实现性能。因此，自适应控制在性能改进和运行范围扩展方面的应用将有益于鲁棒控制设计。另一方面，使用基础鲁棒控制器设计来构建自适应控制系统可以大大改进自适应控制器的性能。

参数固定的传统比例 – 积分（PI）控制器主要用于电力系统，因为它们易于设计和实现。由于该控制器需要的反馈信息较少，因此可用于大多数动态模型可实现的发电厂。文献［59］中给出了 WT 的 PI 控制的有用细节，但是这些控制器不能确保变化工况下的稳定性，如在不同的负荷条件下。自适应控制已用于解决 WT 的参数变化。文献［60, 61］中提出了一种适用于 WT 的自适应控制器，来补偿未知和时变参数。在增益调度的背景下，基于所考虑的工作点，介绍了可以制定不同控制目标的自适应控制结构。确定发电厂所采用的控制器可以依据各工作点相关的控制器之间的简单切换程度，也可以依据相当复杂的插补控制策略[62]。除整个工作范围适用的适当加载计划较为复杂且耗时之外，自适应结构还有一个重要缺点，即必须非常准确地了解转子特性。WT 或 PV 单元的动态特性高度依赖于可变风速和太阳辐照度。本书介绍了一种系统化公式重构方法来了解非线性特性，并采用一种先进技术来设计扩展工作范围的鲁棒控制器。

1.7 本书的贡献

本书首先介绍了未来电力系统中可能出现的动态电压失稳问题，然后结合新型鲁棒控制器以提高稳定性。本研究工作的目的在于深入了解有关由电力系统设备和大扰动引起的不同类型动态电压失稳的机制。本书还计划改进现有的电力系统控制设计方法。本书所设计的控制器侧重于改进 IG 的电压稳定性、暂态稳定性和 LVRT 能力以及电力系统控制器提供的鲁棒性。本书在这方面的主要贡献如下。

分析：

- 利用异步电动机和 PV 单元对多机电力系统的动态电压失稳问题和电压崩溃问题的机制进行全面解释，以更深入地了解电压失稳问题；
- 分析和减轻可再生能源对电力系统的影响；
- 研究系统性质的变化及其动态特性，以确定限制风力发电机和 FACTS 装置大规模并网到现有电力系统中出现的关键问题；
- 利用电压和转矩－转差关系，通过仿真分析研究 STATCOM 额定值和风电场并网对 FSIG 的 FRT 能力的影响；
- 研究和量化物理上靠近的 PV 单元之间的交互作用。

控制设计：

- 建模和励磁控制设计，以增强具有大量 IM 负荷的电力系统的大扰动电压稳定性；
- 在存在不确定性与互联效应的情况下，为 STATCOM 设计分散式鲁棒输出反馈控制器，从而增加带 FSWG 的电力系统的动态 ATC；
- 介绍了一种用于 STATCOM 的新型鲁棒控制器，以增强 FSIG 的 FRT 能力；
- 介绍了设计 STATCOM 同步鲁棒多变量控制器和 FSIG 桨距角的程序，目的是增强风电场的 LVRT 能力；
- 设计一个新电压控制器以增强 FSWT 的 LVRT 能力，从而产生相对保守的结果并减少计算量和控制器的大小；
- 提出了一个系统化程序，用于设计大型互联电力系统的分散式多变量控制器，其采用了极小化极大输出反馈控制设计方法，并将控制器设计程序视为涉及秩约束 LMI 的优化问题；
- 重点关注具有成本效益的新兴技术的集成，如用于挑战性系统应用的

STATCOM/ESS 系统，开发可靠、稳定和有效的模型和控制器，以利用 STAT-COM/ESS 概念实现特定的系统增强目标；

- 配电网中光伏发电系统的非交互式控制器设计。

本书设计的电力系统控制方法将通过仿真来加以验证。控制器设计用于测试电力系统，并在大扰动下进行仿真，例如对称和不对称的三相故障、关键输电线路中断以及负荷大幅变化等。

1.8　本书综览概述

基于上述目标，本书大纲如下：

第 1 章　本章旨在讲述本书的背景，包括促成因素和动机。

第 2 章　介绍了电压失稳的概念以及电压与功角失稳之间的区别。分析了电压失稳的驱动力和主要原因，还解释了用于增强电压稳定性的不同方法和装置。讨论了还在研究中的电力系统设备的稳态和动态建模。

第 3 章　简要回顾了传统线性化和模态分析技术。介绍了小信号稳定性分析中常用的分析工具，还介绍了采用中值定理和柯西余项的线性化技术，并将其与传统线性化技术进行了比较。

第 4 章　集中讨论了由大扰动引起的电压失稳的可能机制。本章介绍的详细案例研究用于说明由风力发电机动态引起的一些关键失稳机制，此外还介绍了风电和 FACTS 装置对电力系统动态的影响，随后总结了先前文献的优势与局限性、本研究的优势以及各种案例研究与讨论。

第 5 章　介绍了一种用于带有动态异步电动机负荷的同步发电机的鲁棒励磁控制设计算法，以增强动态电压稳定性。首先介绍了带有动态异步电动机、测试案例、控制任务、不确定性建模和边界的电力系统模型，然后介绍了极小化极大控制方法和控制设计算法。利用仿真和讨论来评估控制器性能，并得出了结论，最后，比较了所设计控制器和传统励磁控制的闭环性能。

第 6 章　提供了运用极小化极大 LQ 控制合成技术的分散式鲁棒 STATCOM 控制器的设计，该技术可使输电线路的 ATC 增强。本章首先介绍了一种确定 ATC 的方法，而后简短描述了输出反馈 LQ 分散式控制方法。分析了关于风力发电机对 ATC 传输影响的不同案例研究，最后验证了所设计控制器的性能，并与传统 STATCOM 控制器的性能进行了比较。

第 7 章　介绍了不同工况下用于增强 WT 的 LVRT 能力的不同鲁棒控制技术。本章包含用于增强风力发电机系统 LVRT 能力的四种不同的控制方法。本章分为四个主要部分：第一，STATCOM 的鲁棒控制器，其用于增强 FSIG 的 FRT 能力；第二，所设计的同步桨距角和 STATCOM 控制，并将其性能与单个 STAT-COM 控制器进行比较；第三，STATCOM 控制器设计，其中包含结构不确定性描述；第四，用于大型互联电力系统分散式多变量控制器设计的系统性程序。

此外，还回顾了以前开发的用于风电场电压调节和无功功率控制的控制技术和算法。描述了临界切除时间（Critical Clearing Time，CCT）、临界速度（Critical Speed，CS）和临界电压背后的基本理念，接着描述了线性化和不确定性建模、控制设计算法和仿真案例及其结果。

第8章　提供了运用极小化极大 LQ 控制合成技术的分散式鲁棒控制器的设计，该技术可增强 DFIG 的 LVRT 能力。本章首先介绍了 DFIG 的完整非线性模型，而后简短描述了输出反馈 LQ 分散式控制方法，接下来介绍了一种系统控制算法，最后验证了所设计的控制器的性能，并与传统 PI 控制器的性能进行了比较。

第9章　介绍了 PV 单元非交互式控制器的设计。本章的第一部分表明，由于其控制交互，配电网中可能存在物理上靠近的 PV 单元的振荡，下一部分包含不确定性建模、边界和控制器设计方法。本章的最后部分纳入了用于验证所设计控制器的仿真研究和讨论。

第10章　提供了有关未来研究方向的书籍摘要、结论和建议。

第11章　为附录。

参 考 文 献

1. Kundur P (1994) Power system stability and control. Mcgraw-Hill, New York
2. Crow ML (1997) The new-but is it improved? Power system [deregulation issues]. IEEE Potentials 16(5):9–10
3. Kilani KB, Schlueter RA (March 2000) Trends in model development for stability studies in power systems. Electric Power Syst Res 53(3):207–215
4. Leung JSK, Hill DJ, Ni Y (2005) Global power system control using generator excitation, PSS, FACTS devices and capacitor switching. Int J Electr Power Energy Syst 27(5–6):448–464
5. Hossain MJ, Pota HR, Mahmud MA, Ramos RA (2011) Impacts of large-scale wind generators penetration on the voltage stability of power systems. In: IEEE Power and Energy Society general meeting, pp 1–8
6. Ganjefar S, Rezaei M (May 2009) A new method to control dynamic stability of power system through wave variables and signal prediction via internet. International J Recent Trends Eng 11(1):62–66
7. IEEE, Special Publication 90TH0358-2-PWR (1990) Voltage stability of power systems: concepts, analytical tools, and industry experience
8. Singh B, Scholar R, Sharma NK, Tiwari AN (2010) Prevention of voltage instability by using FACTS controllers in power systems: a literature survey. Int J Eng Sci Technol 2(5):980–992
9. U.S.-Canada Power System Outage Task Force (2004) Final report on the August 14, 2003 blackout in the United States and Canada: causes and recommendations
10. Greenpeace and Wind Industry Unveil Global Energy Blueprint: (1999) The European wind energy association (EWEA)). http://www.ewea.org/src/press.htm
11. Kundur P, Paserba J, Ajjarapu V, Andersson G, Bose A et al (2004) Definition and classification of power system stability ieee/cigre joint task force on stability terms and definitions. IEEE Trans Power Syst 19(3):1387–1401
12. The IEA WIND Task 25 (2007) Design and operation of power systems with large amounts of wind power: state-of-the-art report. VIT Working Papers 82

13. Georgilakis PS (2008) Technical challenges associated with the integration of wind power into power systems. Renew Sustain Energy Rev 12(3):852–863
14. Zhou W, Lou C, Li Z, Lu L, Yang H (2010) Current status of research on optimum sizing of stand-alone hybrid solar-wind power generation systems. Appl Energy 87(2):380–389
15. Mahmud MA, Pota HR, Hossain MJ (2013) Partial feedback linearizing current control scheme for a single-phase grid-connected photovoltaic system. IEEE Trans Sustain Energy. doi:10.1109/TSTE.2013.2279884
16. Mahmud MA, Pota HR, Hossain MJ (2012) Dynamic stability of three-phase grid-connected photovoltaic system using zero dynamic design approach. IEEE J Photovoltaics 12(4):564–571
17. Roy NK, Pota HR, Mahmud MA, Hossain MJ (2013) D-STATCOM control in distribution networks with composite loads to ensure grid code compatible performance of photovoltaic generators. In: The 8th IEEE conference on industrial electronics and applications, Melbourne, Australia, pp 55–60
18. Hossain MJ, Saha TK, Mithulananthan N (2012) Robust control strategy for PV system integrations in distribution systems. Appl Energy 99:355–362
19. Ni H, Heydt GT, Mili L (2002) Power system stability agents using robust wide area control. IEEE Trans Power Syst 17(4):1123–1131
20. Ackermann T (2005) Wind power in power systems. Wiley, England
21. Hansen LH, Helle L, Blaabjerg F, Ritchie E, Munk-Nielsen S, Bindner H, Sorensen P, Bak-Jensen B (2001) Conceptual survey of generators and power electronics for wind turbines. Technical Report, Riso National Laboratory, Roskilde, Denmark
22. Hossain MJ, Pota HR, Ugrinovskii V, Ramos RA (2009) Excitation control for large disturbances in power systems with dynamic loads. In: IEEE Power and Energy Society general meeting, Calgary, Canada, pp 1–8
23. IEEE Task Force on Load Representation for Dynamic Performance (1995) Standard load models for power flow and dynamic performance simulation. IEEE Trans Power Syst 10(3):1302–1313
24. Overbye TJ (1994) Effects of load modelling on analysis of power system voltage stability. IEEE Trans Power Syst 16(5):329–338
25. Taylor CW (1994) Power system voltagestability. McGraw-Hill, New York
26. Gardner P, Tremblay M, Price D (2009) Technical requirements for high-penetration wind: What system operators need, and what wind technology can deliver. Integration of wide-scale renewable resources into the power delivery system. CIGRE/IEEE PES Joint SymposiumCalgary, Canada, pp 1–1
27. de Alegria IM, Andreu J, Martin JL, Ibañez P, Villate JL, Camblong H (2007) Connection requirements for wind farms: a survey on technical requirements and regulation. Renew Sustain Energy Rev 11(8):1858–1872
28. Johnson GL (2004) Wind energy systems. Prentice-Hall, Manhattan
29. Rathi MR, Mohan N (2005) A novel robust low voltage and fault ride through for wind turbine application operating in weak grids. In: 31st annual conference of IEEE Industrial Electronics Society, pp 2481–2486
30. Qi L, Langston J, Steurer M (2008) Applying a STATCOM for stability improvement to an existing wind farm with fixed-speed induction generators. In: IEEE Power and Energy Society general meeting- Conversion and delivery of electrical energy in the 21st Century, Pittsburgh, PA, pp 1–6
31. Chompoo-inwai C, Yingvivatanapong C, Methaprayoon K, Lee WJ (2005) Reactive compensation techniques to improve the ride-through capability of wind turbine during disturbance. IEEE Trans Ind Appl 41(3):666–672
32. Rao P, Crow ML, Yang Z (2000) STATCOM control for power system voltage control applications. IEEE Trans Power Delivery 15(4):1311–1317
33. Salle SADL, Reardon D, Leithead WE, Grimble MJ (1990) Review of wind turbine control. Int J Control 52(6):1295–1310
34. Hossain MJ, Pota HR, Ugrinovskii V, Ramos RA (2009)A novel STATCOM control to augment LVRT capability of fixed-speed induction generators. In: 48th IEEE conference on decision

and control, Shanghai, China, pp 7843–7848

35. Sun J, Czarkowski D, Zabar Z (2002) Voltage flicker mitigation using PWM-based distribution STATCOM. In: IEEE Power Engineering Society summer meeting, vol 1, pp 616–621

36. Pal B, Chaudhuri B (2005) Robust control in power systems. Springer, New York

37. Muyeen SM, Takahashi R, Murata T, Tamura J, Ali MH (2009) Application of STAT-COM/BESS for wind power smoothening and hydrogen generation. Electric Power Syst Res 79(2):365–373

38. Reed G, Greaf J, Matsumoto T, Sidell AP, Chervus RE, Nebecker CK (2000) Application of a 5 MVA, 4.16 kV D-STATCOM system for voltage flicker compensation at seattle iron and metals. In: IEEE Power Engineering Society summer meeting, Seattle, WA, pp 1605–1611

39. Ribeiro PF, Johnson BK, Crow ML, Arsoy A, Liu Y 2001) Energy storage systems for advanced power applications. Proc IEEE 89(12):1744–1756

40. Siljak DD, Zecevic AI, Neskovic G (2004) Robust decentralized exciter control with linear feedback. IEEE Trans Power Syst 19(2):1096–1103

41. Ellis A, Nelson R, Engeln EV et al (2012) Reactive power interconnection requirements for pv and wind plants recommendations to nerc. Sandia National Laboratories, Albuquerque, New Mexico 87185 and Livermore, California 94550

42. Akhmatov V, Knudsen H, Nielsen AH (2000) Advanced simulation of windmills in the electrical power supply. Int J Electr Power Energy Syst 22(6):421–434

43. Akhmatov V, Knudsen H (2002) An aggregate model of a grid-connected, large-scale, off-shore wind farm for power stability investigations-importance of windmill mechanical system. International J Electr Power Energy Syst 24(9):709–717

44. Chi Y, Liu Y, Wang W, Dai H (2006) Voltage stability analysis of wind farm integration into transmission network. In: International conference on power system technology, vol 1, Chongqing, pp 1–7

45. Slootweg JG, Kling WL (2003) The impact of large scale wind power generation on power system oscillations. Electric Power Syst Res 67(1):9–20

46. Akhmatov V, Knudsena H, Nielsenb AH, Pedersenb JK, Poulsenc NK (2003) Modelling and transient stability of large wind farms. Int J Electr Power Energy Syst 25(2):123–144

47. Ledesma P, Usaola J, Rodriguez JL (2003) Transient stability of a fixed speed wind farm. Renew Energy 28(9):1341–1355

48. Zahedi A (2009) Development of an economical model to determine an appropriate feed-in tariff for grid-connected solar pv electricity in all states of australia. Renew Sustain Energy Rev 13(4):871–878

49. Mahmud MA, Pota HR, Hossain MJ (2012) Nonlinear controller design for dingle-phase grid-connected photovoltaic systems using partial feedback linearization. In: Australian control conference, 15–16 Nov 2012, Sydney, Australia, pp 30–35

50. de Alegria IM, Andreu J Martn JL, Ibañez P, Villate JL, Camblong H (2007) Connection requirements for wind farms: a survey on technical requirements and regulation. Renew Sustain Energy Rev 11(8):1858–1872

51. Singh B, Murthy SS, Gupta S (2004) Analysis and design of STATCOM-based voltage regulator for self-excited induction generators. IEEE Trans Energy Conv 19(4):783–790

52. Saad-Saoud Z, Lisboa ML, Ekanayake JB, Jenkins N, Strbac G (1998) Application of STAT-COMs to wind farms. IEE Proc Gener Transm Distrib 45(15):511–516

53. Abdin ES, Xu W (2000) Control design and dynamic performance analysis of a wind turbine-induction generator unit. IEEE Trans Energy Conv 15(1):91–96

54. Chan TF, Nigim KA, Lai LL (2004) Voltage and frequency control of self-excited slip-ring induction generators. IEEE Trans Energy Conv 19(1):81–87

55. Delfino F, Procopio R, Rossi M, Ronda G (2010) Integration of large-scale photovoltaic systems into the distributed grids: a pq chart approach to access reactive support capability. IET Renew Power Gener 4:329–340

56. Kakimoto N, Piao QY, Ito H (2011) Voltage control of photovoltaic generator in combination with series reactor. IEEE Trans Sustaina Energy 2:374–382

57. Kakimoto N, Takayama S, Satoh H, Nakamura K (2009) Power modulation of photovoltaic generators for frequency control of power systems. IEEE Trans Energy Conv 24:943–949
58. Landau ID, Lozano R, M'Saad M, Karimi A (2011) Adaptive control: algorithm, analysis and applications. Springer, New York
59. Bossanyi EA (2000) The design of closed loop controllers for wind turbines. Wind Energy 3:149–163
60. Johnoson KE, Pao LY, Balas MJ, Fingersh LJ (2006) Control of variable speed wind turbines, standard and adaptive techniques for maximizing energy capture. IEEE Control Syst Mag 26(3):70–81
61. Song Y, Dhinakaran B, Bao X (2000) Variable speed control of wind turbines using nonlinear and adaptive algorithms. J Wind Eng Ind Aerodyn 85:293–308
62. Shamma J, Athans M (1991) Guaranteed properties of gain scheduled control for linear parameter-varying plants. Automatica 27(3):559–564

第 2 章

电力系统电压稳定性与设备模型

摘要 本章介绍了电压失稳的概念以及电压与功角失稳之间的区别。分析了电压失稳的驱动力和主要原因，解释了用于增强电压稳定性的不同方法和设备。讨论了电力系统设备（包括风力发电机和光伏发电单元）的稳态和动态建模。

2.1 简介

自 20 世纪初以来，电力系统的稳定性就一直被认为是系统安全运行的一个重要因素。由于电力系统失稳而造成的许多重大停电事故都说明了这种现象的重要性[1, 2]。几十年来，功角稳定性一直是电力公司的主要关注点。但是在过去的 20 年里，电力系统的运行条件比过去更加严苛。造成这种情况的因素有很多：互联的持续增长，新技术的使用，通过远距离输电线路进行大容量输电；输电扩展的环境压力，重负荷地区的电力消耗增加（建设新发电厂是不可行或不经济的），由于电力市场开放而产生的新型系统加载模式，异步电动机的使用日益增加，风力发电机和局部非协调控制在系统中的大量渗透。在这些压力条件下，电力系统可能呈现一种新型的不稳定特性，即电压失稳。

近年来，在世界各地发生多起电压失稳事故之后，电压失稳已成为电力系统领域的一个主要研究方向[3, 4]。在日本，由于电压失稳，东京都市圈在 1987 年发生了大规模停电（约损失 8GW）[5]。在东京，275kV 地下电缆的电容对电压稳定性特征造成了不利影响，并使电压稳定性成为影响系统安全最重要的因素之一。甚至有人认为导致 2003 年 8 月北美停电的部分原因可能与短期的电压失稳有关[6]。近年来，电压失稳一直是导致多次电网崩溃和停电的原因[7]，并且在许多系统中正受到特别关注。

本章将概述电压稳定性问题以及在电力系统设计和运行中有效解决这些问题的方法。这包括基本概念、该现象的物理性质、分析方法、由于电压失稳而导致的主要电网停电的示例，以及防止电压失稳的方法。本章讨论了电力系统电压稳定性的问题，并明确了在电力系统稳定性分析中至关重要的电力稳定性特性的不同类别。此外，将讨论尚在研究中的电力系统设备建模。

2.2 电力系统稳定性和电压稳定性

电力系统稳定性是给定的初始工况下电力系统在遭受物理扰动之后恢复工作平衡状态的能力，而大部分系统变量是有界的，以便于整个系统实际上保持完整。图2.1所示为电力系统稳定性问题的整体情况，并确定了其类别和子类别。

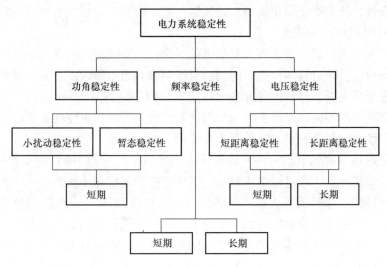

图2.1 电力系统稳定性分类

根据电力系统中加以分析的具体部分，电压稳定性的概念可解释各种不同的现象。例如，如果涉及异步电动机、空调负荷或高压直流（HVDC）输电母线，则可能是一种快速现象，而如果涉及机械分接开关，则可能是迟缓现象。如今，人们普遍认为电压失稳是一个动态过程，这是因为其与动态负荷有关[8, 9]。

电压稳定性是指电力系统在系统所有母线上维持稳定电压的能力，以及在遭受扰动之后根据给定初始工作状态在负荷需求与供给之间维持或恢复平衡的能力。失稳可能会导致一些母线上电压逐渐下降或上升。电压失稳的一个可能结果是导致一个地区出现负荷损失，还可能导致输电线路及其他装置跳闸（由保护系统造成），进而导致出现连锁故障。

电压崩溃比电压失稳更为复杂，并且是一个特殊过程，通过这个过程，伴随着电压失稳出现的一系列问题会导致电力系统的重要部分停电或产生异常低电压。电压崩溃的主要特征是：低电压分布、较高的无功潮流、无功支持不足，以及重负荷系统。这种崩溃通常是由小概率的单个或多个意外事故引起。当电力系统在意外事故发生之后经历无功功率需求的突然增加时，发电机和补偿器的无功功率储备可以满足额外需求，一般来说储备较为充足，且系统维持在稳定的电压水平。但由于意外事件和系统条件的组合，缺少额外的无功功率可能会导致电压崩溃，从而导致系统完全或部分故障。

2.3　电压和功角失稳

电力系统失稳本质上是单一的问题，但是电力系统可能经历的各种形式的失稳无法通过同一种解决方式而得到正确理解和有效处理。由于稳定性问题的高维度和复杂性，其有助于简化模型，以便运用适度的系统表示详情和适当的分析技术来分析特定类型的问题。

电压与功角失稳问题之间没有明确的区别，但在某些情况下，一种形式的失稳占主导地位。区分这两种类型的失稳对于理解其根本原因以开发适当的设计和工作程序至关重要，尽管这种方法可以起效，但还应该考虑系统的整体稳定性。一个问题的解决不应该以产生另一个问题为代价。了解稳定性现象的各个方面并从多个角度审视每个方面，这是至关重要的。

但是在很多情况下，一种失稳形式占主导地位。一篇 IEEE 的报告[10] 指出了以下极端情况：①通过输电线路与大系统连接的远程同步发电机——功角稳定性占主导地位（单机无穷大系统的问题）；②通过远距离输电线路与异步负荷连接的同步发电机或大型系统——电压稳定性占主导地位。图 2.2 和图 2.3 所示为这些极端情况。电压和功角稳定性之间的关系详见文献 [11]。

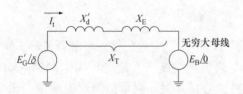
图 2.2　纯功角稳定性

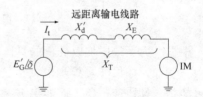
图 2.3　纯电压稳定性

电压稳定性与负荷区域和负荷特性有关。就功角稳定性而言，我们通常关心的是通过远距离输电线路将偏远发电厂整合到大型系统中的情况。基本上，电压稳定性就是负荷稳定性，而功角稳定性就是发电机稳定性。在大型互联系统中，负荷区域在不损失任何发电机的同步性的情况下可能发生电压崩溃。暂态电压稳定性通常与暂态功角稳定性密切相关，但长期电压稳定性与功角稳定性关系不大。可以说，如果在输电系统中远离负荷的某一点处发生电压崩溃，这就是功角失稳问题。如果崩溃发生在负荷区域，则主要是电压失稳问题。

2.4　风力发电和电力系统稳定性

在大多数国家，接到大型电力系统中的风力发电仅占电力系统总负荷的一小部分。但是风力发电量不断增加，因此，未来电力系统中的风电渗透率将有所增加，并将开始取代传统同步发电机。因此，它也可能开始影响整个电力系统的特性。WT 可以利用发电机［例如笼型异步发电机（SCIG）］或通过电力电子换流器进行电网耦合的发电机。这类发电机与电力系统的交互不同于传统同步发电机。因此，WT 以可能不同于同步发电机的方式影响着电力系统的动态特性。应该深入研究风电对电力系统动态的影响，以发现潜在的问题并制定措施来缓解这些问题。

在对风电并网的影响研究中，电压稳定性是影响风电场和电网运行及安全的主要因素[12]。电压稳定性恶化主要是由于 WT 在其连续运行和出现系统意外事故期间吸收了大量的无功功率而引起。目前使用的各类 WT 在电网扰动期间表现各不相同。异步发电机消耗无功功率，且在出现系统意外事故期间与异步电动机的表现类似，并会使当地电网电压稳定性恶化。此外，配备 DFIG 的 VSWT 由于其先进的无功功率和电压控制能力而得到越来越广泛的应用。DFIG 利用电力电子换流器，因此能够调节其自身的无功功率，以在给定的功率因数下运行或控制电网电压。但是由于 PWM 换流器的能力有限[13]，DFIG 的电压控制能力无法与同步发电机的电压控制能力相提并论。当电压控制要求超出 DFIG 的能力时，电网的电压稳定性也可能受到影响。

在讨论电力系统稳定性和风力发电时，可能会提出下述问题：风力发电如何帮助实现电力系统的稳定性？限制 WT 接入到现有电力系统中的因素有哪些？使用静态和动态补偿可以接入多少个额外的风力发电机？本书介绍了一些与风力发电相关的系统稳定性问题案例。

2.5　电压失稳及其时间过程

电压稳定性问题的相关时间过程可能为几秒到几十分钟不等。因此，电压稳定性可能是短期或长期现象。短期电压稳定性涉及快速作用负荷装置（如异步电动机、电子控制负荷和 HVDC 换流器）的动态特性。此处相关研究时间约为几秒，而任何分析都需要求解适当的系统微分方程，这与功角稳定性的分析类似。负荷的动态建模通常十分关键。与功角稳定性相比，负荷附近的短路问题至关重要。

长期电压稳定性涉及慢速作用设备，例如分接头切换变压器、恒温控制负荷和发电机限流器。此时，相关研究时间可延长到几分钟或几十分钟，并且需要针对系统动态性能分析进行长期仿真[14]。稳定性通常取决于设备停机，而非初始扰动的严重程度。失稳是由于长期失衡（例如，当负荷试图将其功率恢复至超过输电网和并网发电的性能时）、干扰后稳态工作点造成不稳定小扰动或缺乏对稳定干扰后均衡的吸引（例如，过晚采取补救措施时）导致的[15, 16]。干扰也可为持续的负荷累积（例如电动机驱动负载增加）。

大扰动电压稳定性是指系统能够在大扰动（例如系统故障、发电损耗或电路意外事故）后保持稳定电压的能力。这种能力由系统和负荷特性以及连续控制和离散控制与保护的交互决定。确定大扰动电压稳定性需要在充足时间内检查电力系统的非线性响应，以了解诸如电机、欠负荷变压器分接开关和发电机励磁限流器等设备的性能和交互。相关研究时间可为几秒钟至数十分钟。

小扰动电压稳定性是指系统在遭受小扰动（例如系统负荷的增量变化）时保持稳定电压的能力。这种稳定性会受到负荷特性、连续控制和给定时刻的离散控制的影响。这种概念对于在任何时候确定系统电压如何响应系统细微变化都较为实用。系统方程可通过适当假设进行线性化分析，从而允许计算有价值的灵敏度信息，这对识别影响稳定性的因素较为实用。然而，这种线性化无法解释非线性效应，如分接开关控制（死区、离散分接档位和时间延迟）。因此，线性和非线性分析组合可互补地[8]用于研究电压稳定性。

2.6 电压稳定性

电压稳定性分析的实际重要性在于它有助于设计和选择防止电压崩溃和提高稳定性的对策。近年来电压稳定性分析变得越来越重要，原因在于：

- 发电集中在更少、更大型的发电厂，这意味着电压控制母线更少，发电设备和负荷之间的电气距离更长；
- 大型异步发电机的接入；
- 大量使用并联电容器补偿；
- 线路故障和发电机停机引起的电压失稳；
- 世界各地（法国、比利时、瑞典、日本、美国等）发生了许多事故[3,4]；
- 系统运行更接近其极限。

2.7 电压稳定性和非线性

电力系统的设计和运行在过去较为保守，这使得负荷增长与新一代发电输电设备的匹配相对而言较为容易。因此，系统在相对线性的特性区域运行。系统只会偶尔被迫极端化，此时非线性特性才开始产生重大影响。然而，近期趋势是电力系统的运行越来越接近其极限。另外，随着电力行业逐渐转型为开放市场，运行策略将变得更难以预测。因此，过去对相对线性特性的依赖须替换为对"非线性特性在电力系统运行中将发挥越来越重要作用"的认可。

电压稳定性问题（使其理解和解决更加困难）的一个重要方面是所涉及现象实际上具有非线性特性。随着系统压力的增加，这种非线性将变得越来越明显。负荷和发电机动态特性的非线性是确定电压失稳的重要因素。因此，设计控制器和分析动态特性应考虑电力系统设备的非线性特性，这一点至关重要。

2.8　电压失稳的主要原因

导致电压失稳通常是由于负荷，为了响应扰动，负荷消耗的功率趋向于通过电动机转差调节、配电电压调节器、分接头切换变压器和恒温器进行恢复。恢复负荷通过增加无功功率损耗并进一步降低电压，以增加高压网络的压力。负荷动态试图将其功耗恢复至超过输电网和并网发电的能力时，会出现导致电压失稳的故障情况[15-18]。

造成电压失稳的主要因素是有功功率和无功功率都流经配电网的感抗时发生的电压降，这限制了输电网的电力传输和电压支持能力。当一些发电机达到其电场或电枢电流、时间过载能力极限时，会进一步限制这些能力。值得注意的是，具有有限无功容量的一台或多台关键发电机在几乎所有的电压失稳事故中均可运行[16]。当扰动使无功功率需求超过可用无功功率资源的备用容量时，电压稳定性会受到威胁。

虽然最常见的电压失稳是母线电压不断降低，但也存在过电压失稳风险，且至少在一个系统曾出现此类风险[19]。这是由于电网的电容特性（在低于浪涌阻抗负荷下运行的 EHV 输电线路）以及欠励磁限制器（防止发电机或同步补偿器吸收多余无功功率）所引起。在这种情况下，失稳与组合发电输电系统无法在一定负荷水平以下运行有关。在试图恢复这种负荷功率时，变压器分接开关可能会导致长期电压失稳。

电压稳定性问题也可能出现在用于远距离或连排式应用的 HVDC 母线的端子上[20]。它们通常与连接弱交流系统的 HVDC 母线有关，可能发生在整流器或逆变站，并且与换流器的不良无功功率负荷特性有关。HVDC 母线的控制策略对这些问题具有非常显著的影响，因为交流/直流连接处的有功功率和无功功率由控制器决定。如果交流输电中产生的负荷超出其容量，则会出现电压失稳。这种现象在相关时限内相对较短（1s 以内）。电压失稳也可能与换流变压器分接开关控制相关，这是一种相对迟缓的现象。与电网换相换流器的极限相比，HVDC 技术（电压源换流器和电容换相换流器）的最新发展已显著增加了弱电系统中 HVDC 母线的稳定运行极限。

导致过电压不受控制的一种电压稳定性问题是同步电机的自励磁。如果同步电机的电容负荷过大，则会出现这种情况。可引发自励磁的过度电容负荷的示例包括开放式高电压线路以及 HVDC 站的并联电容器和滤波器组。发电机负荷变为电容负荷时产生的过电压具有以下特点：变化瞬间，过电压会瞬间升高，然后逐渐升高。电容负荷的升高取决于电容负荷分量和电机电抗之间的关系，以及同步电机的励磁系统。励磁机的负励磁电流能力是一种对其自励磁极限产生积极影响的功能。由于系统无法满足其无功需求或突然扰动过大（例如发电机组或重负荷线路出现损失）、级联事件或各种控制与保护系统之间的协调较差，因此电压崩溃可能会由于过度使用并联电容补偿而恶化。

2.9　提高电压稳定性的方法

电压稳定的控制是通过控制系统中各级无功功率的产生、吸收和流动得以实现的。为了正常运行，电压在整个电力系统中保持与标称值接近非常重要。传统上，输电网和配电网的实现方式有所不同。在输电网中，大型中央发电厂将节点电压保持在与其标称值具有允许偏差的范围内，并且专用电压控制装置的数量会受到限制。

相比之下，配电网包含了用于电压控制的专用设备，并且连接配电网的发电机（如果有）几乎不涉及控制节点电压。配电网中最常用的电压控制设备是分接开关变压器，它可改变匝数比，但也可使用开关电容器和电抗器。然而，最近的一些开发向这种传统方法发起了挑战。其中一项挑战是用于发电的 WT 的使用有所增加。当大型风电场与电网连接时，使用传统无功功率控制装置难以保持节点电压。在这些情况下，还须使用一些专用设备，如 FACTS 设备。FACTS 设备可对三个交流输电系统参数（即电压、线路阻抗和相位角）进行快速可靠的控制，并可动态地控制电压稳定性。

2.9.1　电压稳定性和励磁控制

带有同步电机的自动电压调节器（AVR）是电力系统中最重要的电压控制方法。同步电机能够在其能力极限内产生和提供无功功率以调节系统电压。因此，它是缓解崩溃问题的解决方案中极有价值的一部分。

励磁系统的性能要求由同步发电机以及电力系统的考虑因素决定。基本要求是励磁系统提供并自动调节同步发电机的励磁电流，以便在发电机的持续能力范围内随输出变化而保持预期的端电压。励磁系统须能够通过与发电机的瞬时和短期能力相一致的励磁强励以响应暂态扰动。发电机能力受到若干因素的限制：高励磁电压导致的转子绝缘失效；高励磁电流导致的转子发热；电枢电流负荷导致的定子发热；欠励磁运行期间导致的铁心端发热；过量通量（V/Hz）导致的发热。

励磁系统在提高电力系统性能方面的作用一直在不断增大。早期的励磁系统可手动控制，以保持所需的发电机端电压和无功功率负荷。首次进行电压自动化控制会非常缓慢，它基本上充当着警报操作员的角色[18]。在电压控制领域已采用有效的励磁控制进行了许多研究工作。现代的励磁系统实际上能够提供具有高峰值电压的瞬时响应。高励磁强励能力与辅助稳定信号的结合有助于显著增强整体系统的动态性能。

2.9.2　电压稳定性和 FACTS 设备

在过去 20 年中，电力需求增长对电力行业提出了更高的要求。近年来，电力公司之间峰值负荷需求和输电量的增长使得对系统电压安全性的担忧进一步增加。电压失稳主要与无功功率失衡有关。通过 FACTS 设备改善系统的无功功率处理性能是防止电压失稳并因此防止电压崩溃的改进措施。

随着电力电子学的快速发展，已提议在电力系统中安装 FACTS 设备。它们可用于控制潮流并增强系统稳定性。尤其是随着电力市场的放松管制，使用 FACTS 设备运行和控制具有新负荷和潮流条件的电力系统越来越受到关注。为了更好地利用现有电力系统，即增加其性能和可控性，安装 FACTS 设备变得势在必行。

当前情况下，使用 FACTS 设备时应考虑两个主要方面：根据其潮流控制能力进行灵活的电力系统操作；改善电力系统的暂态和稳态稳定性。FACTS 设备是应对这些挑战的合适设备，并且在不同电力系统中使用不同类型的 FACTS 设备。

现有电网中最常用的装置是并联电容器和机械控制式断路器（Mechanically – Controlled Circuit Breaker，MCCB）。在限制范围内，静态无功源（如并联电容器）可以帮助实现电压支持。但是除非通过机械切换将其转换为热备用源，否则当需要更多的无功功率支持时，它们无法在紧急情况下为支持电压提供帮助。事实上，在需要更多支持时（即在电压降低期间，无功输出（var）与所施加电压的二次方成比例），并联电容器只能提供较少无功支持，这是它的严重缺陷。

较长的开关周期和分散操作使 MCCB 难以顺利地处理频繁变化的负荷且难以快速阻止暂态振荡。为了弥补这些缺点，保留了大量的操作裕度和冗余度，以保护系统免受动态变化影响并使其从故障中恢复正常。但是这不仅增加了成本，降低了效率，而且还增加了系统的复杂性及操作和控制的难度。全球最近发生的严重的电网停电事件表明，传统输电系统无法管理复杂互联和多变潮流的控制要求。

可以通过静止无功补偿器（SVC）、STATCOM、同步电容器和发电机等真实无功功率动态源来提供比机械开关电容器更加平稳受控且更快捷的无功支持。已在最近的文献［21］中就电压稳定性方面对 SVC 和 STATCOM 的应用进行了论述。这两种装置的主要区别在于：SVC 在达到其控制极限时变成一个并联电容，所有电容完全接通，且当达到最大控制范围时，其无功功率输出随着电压的二次方而降低。STATCOM 胜过晶闸管型 SVC 的主要优点是补偿电流不依赖于连接点的电压等级，因此补偿电流不会随着电压下降而降低[22]。STATCOM 有助于满足风电场的互联标准，并为整个风电场提供动态电压调节、功率因数校正和低电压穿越能力。

2.10　电力系统设备建模

电力系统是由发电机组、输电网、配电系统和能耗机组组成的大型互联系统。电力系统的稳定性取决于多个组件，例如传统发电机及其励磁机、风力发电机、光伏发电单元、动态负荷和 FACTS 设备。因此，了解这些设备的特性及其性能建模对于稳定性研究和控制设计具有至关重要的意义。一个电力系统关联着许多动态过程，它们可能会影响其大信号稳定性并导致产生其他类型的稳定性问题。大信号稳定性技术是通过研究其动态过程的详细仿真来分析系统的稳定性。

现代电力系统具有复杂的动态特性，这是由于它们的规模和复杂性所引起的。随着电力系统规模的增加，其动态过程对于分析以及理解其基本物理现象而言变得更具挑战性。电力系统，即使处于其最简单的形式，也表现出非线性和时变的特性。此外，现今的电力系统中有各种各样的设备，即：①同步发电机、光伏发电单元和风力发电机；②负荷；③无功功率控制设备，如电容器组和并联电抗器；④电力电子开关装置，如 SVC 以及目前开发的 FACTS 设备，如 STAT-COM；⑤串联电容器，晶闸管控制的串联电容器（TCSC）等。虽然可在现今的电力系统中找到的设备种类非常完善并且设计也非常统一，但它们的精确建模在整个系统的分析和仿真研究中发挥着重要作用。

系统建模的不同方法会带来不同的分析结果和准确性。错误的模型可能导致高估稳定裕度，这对系统运行和控制可能产生灾难性影响。相反，冗余模型会大大增加计算成本，并且对于工业应用来说可能不切实际。为了研究建模问题，应考虑电力系统所有组件的性能。基于稳定性研究的要求，对于同一设备可以使用不同的建模方案，例如，为了研究电力系统的长期、中期和暂态稳定性，需要用到一个系统或设备的三种模型。

传统的系统建模一直是基于发电机与其控件以及输电系统组件。只是近期的负荷建模越来越关注稳定性分析问题。本书所考虑的测试系统包括传统发电机、WT、PV 单元、发电机控制系统（包括励磁控制）、AVR、电力系统稳定器（PSS）、输电线路、变压器、无功功率补偿装置、新研发的 FACTS 设备以及不同类型的负荷。每件设备都有自己的动态属性，需要对这些属性进行建模，以用于稳定性研究。

通过一组非线性微分方程来描述这些设备的动态特性，而由一组代数方程来表示电网中的潮流。这便产生了一组描述电力系统特性的微分 - 代数方程（Differential - Algebraic Equations，DAE）。在适当地描述这些设备之后，可以根据其导纳矩阵得出系统的网络模型。由于系统中存在大量节点，通常来说，这个矩阵会很大，但是可以通过做出适当的假设来缩减。文献报道了各类电力系统组件的不同类型的模型，取决于其具体应用[18]。本章描述了相关的方程，它们描述了本书中所用特定类型的模型的动态特性。

2.10.1　同步发电机建模

同步电机是最重要的电力系统组件之一。它可以独立产生有功功率和无功功率，并在电压控制中起着重要作用。发电机之间的同步转矩用于使大型电力系统协调一致，并使所有发电机转子同步旋转。此转速决定了电源频率，而该频率非常接近 50Hz 或 60Hz 的标称值。

通常在系统分析中会使用已完善的派克（Park）同步电机模型，但是也可以进行一些改造来简化它，以用于稳定性分析。根据研究的性质，可以利用几种具有不同复杂程度的同步发电机模型[18]。在最简单的情况下，同步发电机由二阶微分方程表示，而研究发电机绕组中的快速暂态需要使用更详细的模型（例如次暂态 6 阶模型）。本书中所使用的模型均为次暂态和三阶暂态发电机模型。

在此处附上关于同步发电机 $d-q$ 轴方向的 IEEE 推荐做法[18]。对于向系统输送电力的过励磁同步发电机，这会产生定子电流的负 d 轴分量。决定多机互联系统中发电机次暂态动态特性的微分方程由文献［23］给出：

$$\dot{\delta}_k = \omega_k \omega_s - \omega_s \tag{2.1}$$

$$\dot{\omega}_k = \frac{1}{2H_k}\left[T_{mk} - \frac{X''_{dk} - X_{lsk}}{X'_{dk} - X_{lsk}}E'_{qk}I_{qk} - \frac{X'_{dk} - X''_{dk}}{X'_{dk} - X_{lsk}}\psi_{1dk}I_{qk} + \frac{X'_{qk} - X''_{qk}}{X'_{qk} - X_{lsk}}\psi_{2qk}I_{dk} \right.$$
$$\left. - \frac{X''_{qk} - X_{lsk}}{X'_{qk} - X_{lsk}}E'_{dk}I_{dk} + (X''_{qk} - X''_{dk})I_{qk}I_{dk} - D_k\omega_k \right] \tag{2.2}$$

$$\dot{E}'_{qk} = \frac{1}{T'_{dok}}\left[-E'_{qk} - (X_{dk} - X'_{dk})\left\{ -I_{dk} - \frac{X'_{dk} - X''_{dk}}{(X'_{dk} - X_{lsk})^2}(\psi_{1dk} - (X'_{dk} - X_{lsk}) \right.\right.$$
$$\left.\left. I_{dk} - E'_{qk}) \right\} + K_{ak}(V_{refk} - V_{tk} + V_{sk}) \right] \tag{2.3}$$

$$\dot{E}'_{dk} = -\frac{1}{T'_{qok}}\left[E'_{dk} + (X_{qk} - X'_{qk})\left\{ I_{qk} - \frac{X'_{qk} - X''_{qk}}{(X'_{qk} - X_{lsk})^2} \right.\right.$$
$$\left.\left. (-\psi_{2qk} + (X'_{qk} - X_{lsk})I_{qk} - E'_{dk}) \right\} \right] \tag{2.4}$$

$$\dot{\psi}_{1dk} = \frac{1}{T''_{dok}}\left[-\psi_{1dk} + E'_{qk} + (X_{dk} - X_{lsk})I_{dk} \right] \tag{2.5}$$

$$\dot{\psi}_{2qk} = -\frac{1}{T''_{qok}}\left[\psi_{2qk} + E'_{dk} - (X_{qk} - X_{lsk})I_{qk} \right] \tag{2.6}$$

式中，$k = 1, 2, \cdots, m$，其中 m 为发电机总数；K_{ak} 为 AVR 增益，V_{tk} 为端电压；V_{sk} 为励磁机的辅助输入信号；δ_k 为发电机的功角；ω_k 为相对于同步参考的转子速度；E'_{qk} 为因励磁磁链产生的暂态电动势；E'_{dk} 为因 d 轴阻尼线圈中的磁链产生的暂态电动势；ψ_{1dk} 为因 d 轴阻尼器中的磁链产生的次暂态电动势；ψ_{2qk} 为因 q 轴阻尼器中的磁链产生的次暂态电动势；ω_s 为以 rad/s 为单位的同步速度的绝对值；H_k 为发电机的惯性常数；D_k 为发电机的阻尼常数；T'_{dok} 和 T''_{dok} 为纵轴开路暂态和次暂态时间常数；T'_{qok} 和 T''_{qok} 为 q 轴开路暂态和次暂态时间常数；I_{dk} 和 I_{qk} 为定子电流的 d 轴和 q 轴分量；X_{lsk} 为电枢漏磁电抗；X_{dk}、X'_{dk} 和 X''_{dk} 分别为沿着 d 轴的同步、暂态和次暂态电抗；X_{qk}、X'_{qk} 和 X''_{qk} 分别为沿着 q 轴的同步、暂态和次暂态电抗。

为了进行稳定性分析，假设定子暂态比摆动动态快得多[23]。因此，通过代数方程而非微分方程来假定定子量与终端母线量相关。定子代数方程如下：

$$V_i\cos(\delta_i - \theta_i) - \frac{X''_{di} - X_{lsi}}{X'_{di} - X_{lsi}}E'_{qi} - \frac{X'_{di} - X''_{di}}{X'_{di} - X_{lsi}}\psi_{1di} + R_{si}I_{qi} - X''_{di}I_{di} = 0 \quad (2.7)$$

$$V_i\sin(\delta_i - \theta_i) + \frac{X''_{qi} - X_{lsi}}{X'_{qi} - X_{lsi}}E'_{di} - \frac{X'_{qi} - X''_{qi}}{X'_{qi} - X_{lsi}}\psi_{2qi} - R_{si}I_{di} - X''_{qi}I_{qi} = 0 \quad (2.8)$$

式中，V_i 为发电机端电压。在典型的假设下，可以用下面的一组非线性微分方程来对单轴同步发电机进行建模[24]：

$$\dot{\delta}_k = \omega_k\omega_s - \omega_s \quad (2.9)$$

$$\dot{\omega}_k = \frac{1}{2H_k}[P_{mk} - E'_{qk}I_{qi} - D_k\omega] \quad (2.10)$$

$$\dot{E}'_{qk} = \frac{1}{T'_{d0k}}[E_{fdk} - E'_{qk} - (X_{dk} - X'_{dk})I_{dk}] \quad (2.11)$$

式中，E_{fdi} 为励磁机线圈中的等效电动势。假定发电机的机械输入功率 P_{mi} 保持不变。

2.10.2 励磁系统建模

同步电机励磁系统的控制对其性能、电压调节和稳定性具有显著的影响[25]。不仅是单个电机的运行受其励磁影响，而且整个系统的特性也取决于发电机的励磁系统，例如，区域间振荡直接与发电机的励磁系统连接[26]。一般来说，整个励磁控制系统包括：

- 一个 PSS；
- 一个励磁系统稳定器；
- 一个 AVR；
- 一个端电压传感器和负荷补偿器。

电力行业中有着不同类型的市售励磁系统。然而，最常见的模型之一是所谓的 IEEE ST1A 型励磁系统。其他用于大型电力系统稳定性研究的励磁系统模型请参见文献［27］。描述 IEEE ST1A 型励磁的主要方程如下：

$$\dot{V}_{trk} = \frac{1}{T_{rk}}[-V_{trk} + V_{tk}] \quad (2.12)$$

$$E_{\text{fd}k} = K_{ak}(V_{\text{ref}k} - V_{\text{tr}k}) \tag{2.13}$$

式中，$V_{\text{tr}k}$ 为传感器滞后环节后测得的电压状态变量；$V_{\text{t}k}$ 为测得的端电压；K_{ak} 为 AVR 增益；$T_{\text{tr}k}$ 为传感器时间常数。本书后面设计了一种鲁棒励磁系统，并将其性能与上述励磁系统进行了比较。

2.10.3　电力系统稳定器

AVR 在使发电机与电网中其他发电机同步方面发挥着重要作用。为此，其应具有快速作用的特点。使用高 AVR 增益来增加作用时间通常会导致出现不稳定和振荡响应。为了增加轻微阻尼模式的阻尼，AVR 使用与转子速度成正比的信号，但也可以使用发电机功率和频率[28]。用于将输入信号改为 AVR 的动态补偿器通常被称为 PSS。大多数发电机都配有 PSS，用以提高稳定性并抑制振荡。

连接电网的同步电机采用 PSS 来增强转子振荡的阻尼。典型的 PSS 使用速度变化 $\Delta\omega$ 作为反馈变量，并将其输出 V_{s} 与参考电压 V_{ref} 混合产生励磁信号。图 2.4 所示的框图显示了配有 AVR 和 PSS 的励磁系统[18]。由 PSS 提供的阻尼量取决于增益环节值（K_{STAB}）。相位补偿环节引入了用来补偿相位滞后所需的相位超前，其被引入励磁机输入端与发电机电磁转矩之间。冲失滤波器被用作高通滤波器，其具有足够大的时间常数 T_{W}，以允许与 ω_{r} 振荡相关的信号在无变化的情况下通过并防止出现缓慢改变的速度变化。它允许 PSS 只响应速度的快速变化。

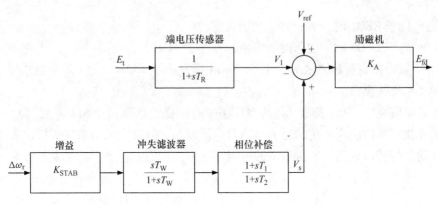

图 2.4　PSS 与 AVR 框图

2.10.4　过励磁限制器

过励磁限制器（OXL）可以采用两种形式：①在连续电流的基础上来限制转子励磁电路热负荷的装置；②限制定子或变压器铁心饱和效应（由于发电机端电压过高、频率不足或两者结合导致）的装置。保护转子免受热过载的 OXL 是保持系统电压稳定性的一个重要控制器。它通常在暂态时间框架内被禁用，以允许励磁系统强制在转子绕组两端施加数倍额定电压，并且超过额定持续电流以帮助保持暂态稳定性。

几秒钟后，限制器在反时限函数中被激活——转子电流越高，限制器激活越快。这会将连续转子电流降低至或低于额定水平，以确保转子不会因过大电流而过热。限制器的作用与转子的实际温度无关。即使在过励磁发生之前转子温度非常低，限制器的时间特性也不会改变。过励磁工作原理如图2.5所示。

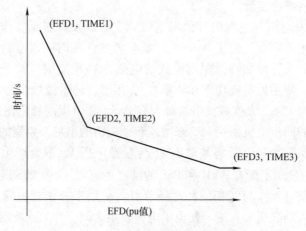

图 2.5　过励磁限制器工作原理

注：

- 低于 EFD1 时，装置处于禁用状态；
- 高于 EFD3 时，运行时间恒定，且等于 TIME3；
- 如果在装置超时之前的任何时间内 EFD 低于 EFD1，则定时器将重置。

2.10.5　负荷建模

几项研究[15,29]已表明，负荷表示法在电压稳定性研究中起着重要作用，因而需要找到比传统所使用的更为精确的负荷模型。假设为电力系统拓扑，系统发生扰动后的特性或发生电压崩溃的可能性在很大程度上取决于如何表示负荷。

负荷可划到不同的组，通常表示为复合模型。主要分类为静态和动态模型。由于静态负荷模型不依赖于时间，因此它可以随时描述有功功率和无功功率与电压或频率的关系。从频率方面来看，负荷的特性对于电压稳定性的现象并不十分重要，但从电压方面来看，负荷的特性则十分关键。另一方面，动态负荷模型表示过去某个时刻（通常包括当前时刻）的电压或频率在任何时刻与有功/无功功率的关系。长期以来，静态负荷模型用于两个目的，即表示静态负荷分量（例如电阻负荷和照明负荷），以及近似动态分量。如果不是负荷表示法在电压稳定性研究中起着关键作用，这种近似法在一些情况下可能已充分适用。由于传统静态负荷模型被动态负荷模型取代，这种情况可能会变得更糟。

负荷建模非常复杂，因为在稳定性分析中表示的典型负荷节点是由大量负荷组成的，如荧光灯和白炽灯、制冷器、加热器、压缩机、电机和电炉等。负荷的确切组成很难估计。此外，其构成根据许多因素而变化，包括时间、天气状况和经济状况。图2.6所示为本书使用的复合负荷模型表示的一个示例。

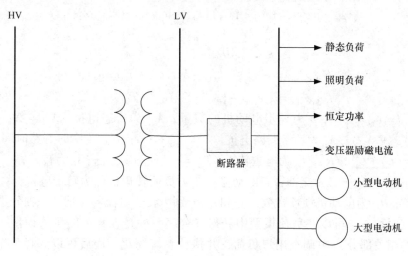

图2.6　复合负荷示例

有功功率和无功功率的通用静态负荷模型用多项式或指数形式表示，并且可以包括频率相关项。在本书中，使用指数形式来表示静态负荷：

$$P(V) = P_0 \left(\frac{V}{V_0} \right)^a \tag{2.14}$$

$$Q(V) = Q_0 \left(\frac{V}{V_0} \right)^b \tag{2.15}$$

当母线电压幅值为V时，P和Q分别为负荷的有功和无功分量。下标0表示初始工况下各个变量的值。这个模型的参数是指数a和b。在这些指数等于0、1或2的情况下，该模型分别表示负荷分量的恒定功率、恒定电流或恒定阻抗特性。

2.10.6　异步电动机建模

住宅和工商业领域的异步电动机（IM）消耗大量电力，这通常因住宅和商业区域的空调和制冷压缩机负荷引起的[18]。这些负荷在所有速度下都需要几乎恒定的转矩，并且从稳定性的角度来看，要求最高。另一方面，泵、风机和压缩机占工业用电机的一半以上。通常电动机消耗总电力系统能量的60%～70%，其动态特性对于电压稳定性和长期稳定性研究非常重要。因此，电动机的动态特性通常是系统负荷动态特性的最重要方面。

对于在电力系统稳定性研究中的异步电动机建模，转子电压关系中的暂态可以忽略不计[15]，这相当于忽略转子暂态电流中的直流分量，从而允许仅表示基频分量。笼型异步电动机的暂态模型由以下 DAE 表示（采用同步旋转参考坐标系）[15]：

$$(v_{dsi} + jv_{qsi}) = (R_{si} + jX'_i)(i_{dsi} + ji_{qsi}) + j(e'_{qri} - je'_{dri}) \tag{2.16}$$

$$\dot{s} = \frac{1}{2H_{mi}}[T_e - T_L] \tag{2.17}$$

$$T'_{doi}\dot{e}'_{qri} = -e'_{qri} + (X_i - X'_i)i_{dsi} - T'_{do}s\omega_s e'_{dr} \tag{2.18}$$

$$T'_{do}\dot{e}'_{dri} = -e'_{dri} - (X_i - X'_i)i_{qri} + T'_{doi}s\omega_s e'_{qri} \tag{2.19}$$

式中，$i = 1$，$\cdots$，p，p 为异步电动机的数量；X'_i 为暂态电抗，$X'_i = X_{si} + X_{mi}$ $X_{ri}/(X_{mi} + X_{ri})$；X_i 为转子开路电抗，$X_i = X_{si} + X_{mi}$；T'_{doi} 为瞬时开路时间常数，$T'_{doi} = (L_{ri} + L_{mi})/R_{ri}$；$T_{ei}$ 为电磁转矩，$T_{ei} = e'_{qri}i_{qsi} + e'_{dr}i_{dsi}$；$s_i$ 为转差；e'_{dri} 为直轴暂态电动势；e'_{qri} 为交轴暂态电动势；T_{Li} 为负荷转矩；X_{si} 为转子电抗；X_{mi} 为励磁电抗；H_{mi} 为电动机惯性常数；i_{dsi} 和 i_{qsi} 分别为转子电流的 d 轴和 q 轴分量。

有两种方法可以在负荷模型中获得复合。一种是在详细的负荷模型（包括网络的相关部分）中调查用户负荷，并执行系统简化。而后可以选择一个简单的负荷模型，以便其具有与详细负荷模型类似的负荷特性。另一种方法是选择负荷模型结构，并通过测量确定其参数。

2.10.7　有载分接开关建模

有载分接头切换变压器不对应于负荷分量，但从输电系统的角度来看，它们可能被视为负荷的一部分。受到干扰后，它们将次输电和配电电压恢复到其干扰前的值，但这也会影响电压敏感性负荷的状态。电压的恢复以及因此产生的这些负荷的增加可能导致系统电压失稳和崩溃。恢复过程需要几分钟的时间。分接开关由其步长、时间常数、参考电压和死区控制。在此模型中，如果负荷电压 V_{rms} 在 $[V_{ref} - D - \varepsilon, V_{ref} + D + \varepsilon]$ 的电压范围之外，则会发生分接头切换（在某个内置时间延迟后）。有载分接开关（OLTC）的动态模型由下式给出：

$$n_{k+1} = n_{k+d}(V_{ref} - V) \tag{2.20}$$

式中，n_{k+1} 和 n_k 分别是分接头切换前后的匝数比；ε，D 和 d 分别是分接头的滞环、死区和步长。

2.10.8　风力发电机建模

近年来，风力发电在世界范围内引起了相当大的关注。随着风力发电在互联电力系统中的渗透率越来越高，为了研究它们的影响以及风电场控制，模拟完整的风能系统变得非常有必要。风能转换系统包括机械和电气设备及其控件。对这些系统建模进行电力系统稳定性研究需要对设备和控制进行仔细分析，以确定在此类研究的时间过程和带宽中重要的特性。

风电场的响应或风电场模型非常依赖于所用设备的类型。目前使用的并网

WT 的四个运行概念是：恒定速度，有限变速，局域变频器变速，全域变频器变速[30]。目前，大多数安装的 WT 都是固定速度型，其中 SCIG 被称为"丹麦概念"，而从市场角度来看，DFIG 则是主导技术 WT。然而，本书的重点是 FSWT 技术。

1990 年，FSWT 在 WT 发展的前 10 年中占主导地位。恒速运行意味着，无论风速如何，WT 的转子速度都是固定的，其由电网频率、传动比和发电机设计决定。通常情况下，FSWT 配备了连接到电网的 SCIG，以及用于减少无功功率损耗的软起动器和电容器组。目的是在特定风速下实现最高效率。虽然也已应用绕线转子同步发电机，但目前最常见的发电机是 IG。

具有 SCIG 的 FSWT 的示意结构如图 2.7 所示。它是 WT 技术中最简单的一种，具有将风力动能转化为机械能的风力机。随后发电机将机械能转化为电能，并将能量直接输送到电网中。需要注意的是，根据极数，发电机的转速相对较高（对于 50Hz 的系统，转速为 1000 ~ 1500r/min）。就风力发电机效率和机械应力而言，这种转速对于风力发电机来说过高。为此，使用变速箱来转换转速。恒速异步发电机（FSIG）技术利用定子从外部电网中吸收无功功率，以影响转子回路。这导致设备显示出较低的满负荷功率因数。安装开关电容器组或电力电子控制无功功率补偿装置（SVC 或 STATCOM）以补偿消耗的无功功率，减少来自电网的无功功率吸收，从而减少传输损耗，并且在某些情况下可以改善电网稳定性。在风力发电中使用 FSIG 主要考虑的是，它吸收电力系统的过量无功功率，以便在由于接通或系统短路故障引起的电压下降情况期间使发电机转子电路磁化。在无功功率储备稀缺的弱电系统中，这些影响更为明显。

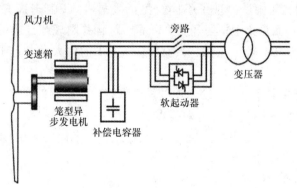

图 2.7　带有直连笼型异步发电机的风力发电系统结构（来源：文献 [31]）

VSWT 的示意图如图 2.8 所示。在这个概念中，还使用了一个变速箱。这些类型的 WT 具有用于馈送转子绕组的连排式电压源换流器（Voltage – Source Converter，VSC）和用于限制在高风速条件下提取功率的桨距角控制，未使用补偿电容器。

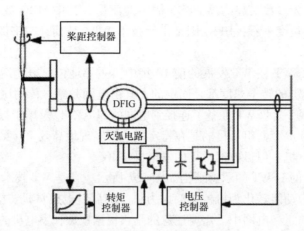

图 2.8　变速双馈异步发电机示意图（来源：文献［32］）

　　风电场需要一个电力采集和输电系统，以将 WT 阵列与风电场的其他分量连接起来，并根据风电场的生产能力和电压等级将生成的电力传输到配电或输电网中[33]。最常见的配置是每个风力发电机组都有一个与之相连的变压器。但是在一些配置中，两个或三个风力发电机组连接一个变压器。变压器的输出功率通过中压地下电缆输送到架空或地下采集线路，该线路将电力传输到风电场分站。此处主变压器将电压升高到电网所需的电压等级。

　　在过去 20 年里，风力发电在 WT 功率额定值以及 WT 的转子直径方面发展迅速。在过去的几年中，出现了不同类型的发展：WT 制造商并没有持续提高WT 的额定功率，而是集中精力开发更可靠、符合并网规范且适用于不同安装环境（陆上和海上）的 WT。近来，具有大多数 WT 的风力发电企业的商业供应量已定为 2～3MW。

　　由于风电场在全球电力系统总发电量中占有较大比例，因此与并网、稳定效应和电压冲击相关的问题变得越来越重要。必须有足够的潮流和动态仿真模型（包括所有重要的空气动力学、机械和电气因素）来评估风电场对电力系统的影响。

2.10.9　负荷潮流表示

　　通常风电场包括大量以径向或平行布置相互连接的单个风力发电机组。在研究风电场对系统的影响时，合理的方法是，建立一个等效的风电场并减少连接到电网的聚合机组。此类聚合表示极具优势，因为它节省了用户的风电场建模时间和精力。西门子 PTI 提供的程序允许用户通过将各组相同的机组并入一台或多台等效机器中来模拟 PSS/E 中的风电场。这些等效机器与其升压变压器一起放置在用户指定的采集器母线上。

WT 机组的有功功率输出是 WT 叶片感应风速以及与所谓的功率曲线和场地相关的空气密度的函数。上面提到的程序能够根据给定的风速计算功率输出，或者在对系统研究来说更合理的情况下，允许用户直接调度单个机组或等效机组。WT 机组的无功功率注入或消耗由其调度和 AC 电压或功率因数控制决定。基于其控制策略，该程序会计算无功输出，并确定需要增加的额外并联电容器的数量，以便提供所需的功率因数。一般来说，风电场在潮流研究中被表示为 PQ 母线。

以下方程用于估算异步发电机的无功功率输出[34]：

$$K_1 = X_r + X_m, \quad Ax^2 + xB + C = 0 \tag{2.21}$$

式中，$X = \dfrac{r_r}{s}$，$A = P(r_s^2 + K_3^2) - V^2 r_s$，$B = 2P(r_s K_2 + K_3 K_4) - V^2(K_2 + K_1 + K_3)$，$C = P(K_2^2 + K_4^2) - V^2 K_1 K_4$，$K_2 = -X_s K_1 - X_r X_m$，$K_3 = X_s + X_m$，$K_4 = r_s K_1$ 和 $P = \dfrac{V^2(xT_1 + K_1 T_2)}{T_3}$。而 IG 无功功率的计算方式如下：

$$Q_g = -\frac{V^2(K_1 T_1 - x_1 T_2)}{T_3} \tag{2.22}$$

2.10.10　风力发电机的动态模型

本书采用适当的 $d - q$ 参考坐标系建立异步发电机模型，以便研究控制策略。图 2.9 描述了恒速风力发电机模型的总体结构，其最重要的组成部分是转子、传动系和发电机，以及风速模型。

图 2.9　恒速风力发电机模型的总体结构

2.10.11　转子模型

WT 是风电场的主要组成部分。它通常安装在塔架上以捕获最大的动能。因为高度越高风速越大，更高的塔架能使风力发电机获得更多能量而生成更多的电力。三片式转子（由叶片和轮毂构成）是 WT 最重要且最为显眼的部分。通过转子，风能转化为机械能，从而转动 WT 主轴。

WT 的转子（半径为 R_i）将风能转化为机械能，使转子轴以 ω_{mi} 的速度转动。风能大小取决于风速 V_{wi}、空气密度 ρ_i 和扫掠面积 A_{wti}。依据由扫掠面积得出的可用功率，转子的功率基于功率系数 $c_{pi}(\lambda_i, \theta_i)$ 给出，该系数又取决于叶片

的桨距角 θ_i，以及叶尖速度与风速之比（称为叶尖速比）$\lambda_i = \dfrac{\omega_{mi} R_i}{V_{wi}}$。有效风速穿过转子而加之于第 i 个风力机的气动转矩计算公式为[30]：

$$T_{aei} = \frac{\rho_i}{2\omega_{mi}} A_{wti} c_{pi}(\lambda_i, \theta_i) V_{wi}^3 \tag{2.23}$$

式中，c_{pi} 为下式得出的近似值[35]：

$$c_{pi} = (0.44 - 0.0167\theta_i)\sin\left[\frac{\pi(\lambda_i - 3)}{15 - 0.3\theta_i}\right] - 0.00184(\lambda_i - 3)\theta_i$$

式中，$i = 1, \cdots, n$，其中 n 为 WT 数量。

配备 WT 的控制器在大约 $8 \sim 16$ mile$^{\ominus}$/h 的风速下起动电机，并在约 55 mile/h 的速度下关闭电机。风速高于 55 mile/h 时，风力机可能因受损而停止运行。2MW 风力机的半径约为 80m，空气密度的典型值为 $1.225\,\mathrm{kg/m^3}$，c_p 的范围为 $0.52 \sim 0.55$，塔架高度为 $60 \sim 90$m（$200 \sim 300$ft$^{\ominus}$），叶片转速为 $10 \sim 22$r/min。

式（2.23）表明气动效率受到叶片桨距角变化的影响。调节转子叶片是高风速或异常情况下调节或限制 WT 功率的有效手段。桨距控制 WT 通过使每个叶片沿迎角方向围绕其轴线旋转来降低功率。与被动失速相比，桨距控制能在额定风速及更高风速下捕获更多风能。桨距控制的气动制动设施可以减少 WT 上的极端负荷并限制其功率输入，从而在风力发电系统失去负荷（例如由于电力系统故障）时控制电机可能超速的情况。桨距控制 WT 的电子控制器每秒会检查几次风力发电机的功率输出。功率输出过高时，它会向桨距机构发出信息，该机构会立即轻微转动转子叶片，试图将该输出恢复至可接受的值。在此期间，俯仰率极限设定为 $12°/\mathrm{s}$ 的典型值。

2.10.12 轴系模型

风力发电机系统（WTGS）的二质块传动机构模型常被用于传动系建模，这种建模因 WT 的低速轴具有一定的柔性[36]，所以可以充分再现 WTGS 的动态特性。因此，虽然有必要将轴表示法整合入 FSWT 模型中，但只需纳入一个低速轴。变速箱和高速轴假定具有无限刚性。变速箱和高速轴相关的共振频率通常位于相关频率带宽之外[37]。因此，我们采用传动系的二质块表示法。

连接到 WT 的传动系将转子上的气动转矩 T_{aei} 转换成低速轴上的转矩，其通过变速箱按比例缩减为高速轴上的转矩。第一个质块项代表叶片、轮毂和低速轴，第二个代表惯性常数分别为 H_{mi} 和 H_{Gi} 的高速轴。轴依据传动比 N_{gi}、抗扭刚度 K_{si} 和扭转阻尼 D_{mi} 以及 D_{Gi} 相互连接，得到扭转角 γ_i。标称电网频率为 f。轴

$\ominus$ 英里（mile），$1\,\mathrm{mile} = 1.6093\,\mathrm{km}$。

$\ominus$ 英尺（ft），$1\,\mathrm{ft} = 0.3048\,\mathrm{m}$。

的动态特性用下式表示[30]：

$$\dot{\omega}_{mi} = \frac{1}{2H_{mi}}\left[T_{aei} - K_{si}\gamma_i - D_{mi}\omega_{mi} \right] \quad (2.24)$$

$$\dot{\omega}_{Gi} = \frac{1}{2H_{Gi}}\left[K_{si}\gamma_i - T_{ei} - D_{Gi}\omega_{Gi} \right] \quad (2.25)$$

$$\dot{\gamma}_i = 2\pi f\left(\omega_{mi} - \frac{1}{N_{gi}}\omega_{Gi} \right) \quad (2.26)$$

发电机通过刚性轴接收来自变速箱的机械功率。机械转矩与扭转角的关系式如下：

$$T_{mi} = K_{si}\gamma_i \quad (2.27)$$

变速箱连接低速轴和高速轴，并将转速从 $30 \sim 60 r/min$ 增至大多数发电机发电所需的转速，约 $1000 \sim 1800 r/min$。

2.10.13　异步发电机模型

IG 可用不同方式表示，这取决于主要以现象数量为特征的细节水平，例如定子和转子磁通动态、磁通饱和、趋肤效应，还包括机械动态。虽然可能有非常详细的模型包含所有动态特性，但由于其增加了模型的复杂度并且仿真非常耗时，这可能对稳定性研究无任何益处。更重要的是，并非所有这些动态特性均可对稳定性研究产生重大影响。

不同异步发电机模型的对比请参见文献［30］。由于模型中包含的铁心损耗是一项复杂任务，这可能会忽略其对稳定性研究的影响。当通量水平高于标称水平时，主要磁通饱和才具有重要意义。因此，这种影响在大多数工况下都可能被忽略。趋肤效应仅在不适用于 FSWT 的高转差率工况下才予以考量。

在模型中包含各种动态的另一个约束是相关数据可否取得。制造商通常不提供饱和以及趋肤效应数据。因此，一般来说，在 WT 应用中使用这些数据并不实际。对于电力系统稳定性研究[38]中 FSIG 模型的表示，电压关系中定子磁链暂态可以忽略不计。

所有这些观点归结为：转子动态仅在 IG 模型的电压稳定性分析中作为主要因素予以考虑。IG 的三阶模型表示给出了与电网模型的兼容性，并提供了更有效的仿真时间。三阶模型的主要缺点是无法预测峰值暂态电流，并且在某种程度上无法准确估计速度。然而对于惯性较高的情况，三阶模型给出的数据已足够准确。

SCIG 的暂态模型由以下 DAE 表示[30,34]：

$$\dot{s}_i = \frac{1}{2H_{Gi}}\left[T_{mi} - T_{ei} \right] \quad (2.28)$$

$$\dot{E}'_{qri} = -\frac{1}{T'_{oi}}\left[E'_{qri} - (X_i - X'_i)i_{dsi} \right] - s_i\omega_s E'_{dri} \quad (2.29)$$

$$\dot{E'}_{\mathrm{dri}} = -\frac{1}{T'_{oi}}\left[E'_{\mathrm{dri}} + (X_i - X'_i)i_{\mathrm{qsi}}\right] + s_i\omega_\mathrm{s}E'_{\mathrm{qri}} \tag{2.30}$$

$$V_{\mathrm{dsi}} = R_{si}i_{\mathrm{dsi}} - X'_i i_{\mathrm{qsi}} + E'_{\mathrm{dri}} \tag{2.31}$$

$$V_{\mathrm{qsi}} = R_{si}i_{\mathrm{dsi}} + X'_i i_{\mathrm{qsi}} + E'_{\mathrm{qri}} \tag{2.32}$$

$$v_{ti} = \sqrt{V_{\mathrm{dsi}}^2 + V_{\mathrm{qsi}}^2} \tag{2.33}$$

式中，X'_i 为暂态电抗，$X'_i = X_{si} + X_{mi}X_{ri}/(X_{mi} + X_{ri})$；$X_i$ 为转子开路电抗，$X_i = X_{si} + X_{mi}$；T'_{oi} 为暂态开路时间常数，$T'_{oi} = (L_{ri} + X_{mi})/R_{ri}$；$v_{ti}$ 为 IG 的端电压；s_i 为转差；E'_{dri} 为直轴暂态电压；E'_{qri} 为交轴暂态电压；V_{dsi} 为 d 轴定子电压；V_{qsi} 为 q 轴定子电压；T_{mi} 为机械转矩；T_{ei} 为电磁转矩，$T_{ei} = E'_{\mathrm{dri}}i_{\mathrm{dsi}} + E'_{\mathrm{qri}}i_{\mathrm{qsi}}$；$X_{si}$ 为定子电抗；X_{ri} 为转子电抗；X_{mi} 为磁化电抗；R_{si} 为定子电阻；R_{ri} 为转子电阻；H_{Gi} 为 IG 的惯性常数；i_{dsi} 和 i_{qsi} 为定子电流的 d 轴和 q 轴分量，其计算公式如下：

$$I_{di} = \sum_{j=1}^{n}\left[E'_{\mathrm{drj}}(G_{ij}\cos\delta_{ji} - B_{ij}\sin\delta_{ji}) + E'_{\mathrm{qrj}}(G_{ij}\sin\delta_{ji} + B_{ij}\cos\delta_{ji})\right] \tag{2.34}$$

$$I_{qi} = \sum_{j=1}^{n}\left[E'_{\mathrm{drj}}(G_{ij}\sin\delta_{ji} + B_{ij}\cos\delta_{ji}) + E'_{\mathrm{qrj}}(G_{ij}\cos\delta_{ji} - B_{ij}\sin\delta_{ji})\right] \tag{2.35}$$

2.10.14 DFIG 建模

除转子短路外，描述 SCIG 的方程与描述 DFIG 的方程相同。本书中所用 DFIG 换流器[30]由两个连排式连接的 VSC 组成。这使得 WT 可以利用解耦控制方案实现变速运行，该方案分别控制电流的有功和无功分量。IG 的潮流和动态分析建模见文献 [30, 34]。

DFIG 的直流母线动态如下：

$$C_i v_{\mathrm{dci}}\dot{v}_{\mathrm{dci}} = -\frac{v_{\mathrm{dci}}^2}{R_{\mathrm{lossi}}} - P_{ri}(t) - P_{gi}(t) \tag{2.36}$$

式中，电阻 R_{lossi} 表示换流器的总传导和开关损耗。此外，$P_{ri}(t)$ 为转子瞬时输入功率，$P_{gi}(t)$ 为 GSC 的瞬时输出功率，其计算公式为

$$P_{ri} = v_{rdi}i_{rdi} + v_{rqi}i_{rqi} \tag{2.37}$$

$$P_{gi} = v_{gdi}i_{gdi} + v_{gqi}i_{gqi} \tag{2.38}$$

2.10.15 风力发电机聚合模型

风电场聚合模型的开发也是一个重要问题，因为随着风电场 WT 规模的扩大和数量的增加，仅用单一 WT 模拟风电场的情况就愈加复杂，且导致仿真颇为耗时，这对于大型电力系统的稳定性研究无任何益处。

WT 的聚合是几个相同的 WT（即使在迎风方向）模型组合成一个额定值更高的单个 WT 模型。这些参数通过保留各机组的电气和机械参数，将标称功率增至相当于聚合过程中相关 WT 的功率而获得[39]。

与具有数十或数百台 WT 及其互联系统不同表示法的详细模型相比，该聚合

模型缩减了计算和仿真时间。但是聚合模型需要特别注意选择聚合的内容，以尽可能接近实际情况。此外，这种类型的建模对于非平行分布的 WT（即海上而非陆上风电场最常见的分布阵列形式）非常困难。

2.10.16　光伏发电单元建模

如图 2.10 所示，光伏电站主要由两部分构成：太阳能转换和电网（电力电子换流器）电力接口。PV 阵列通过 DC – DC 换流器和 DC – AC 逆变器与电网连接。DC – DC 换流器能够将最大功率从太阳能模块传输到换流器中。如图 2.11 所示的 PV 阵列用其 $I-V$ 特性函数[40,41]表示。

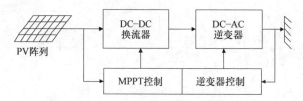

图 2.10　光伏发电系统的框图

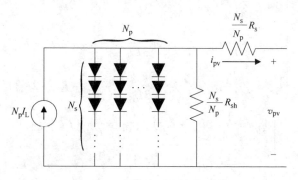

图 2.11　光伏阵列的等效电路

$$i_{pvi} = N_{pi}I_{Li} - N_{pi}I_{si}\left[\exp\left[\alpha_{pi}\left(\frac{v_{pvi}}{N_{si}} + \frac{R_{si}i_{pvi}}{N_{pi}}\right)\right] - 1\right]$$

$$- \frac{N_{pi}}{R_{shi}}\left(\frac{v_{pvi}}{N_{si}} + \frac{R_{si}i_{pvi}}{N_{pi}}\right), \tag{2.39}$$

式中，I_{Li} 为光生电流；I_{si} 为反向饱和电流，选为 9×10^{-11} A；N_{si} 为串联电池的数量；N_{pi} 为并联模块的数量；R_{si} 和 R_{shi} 分别为阵列的串联和并联电阻；I_{pvi} 为流过阵列的电流；v_{pvi} 为阵列输出电压。式（2.39）中的常数 α_{pi} 由下式得出

$$\alpha_{pi} = \frac{q_i}{A_i k_i T_{ri}} \tag{2.40}$$

式中，k_i 为玻耳兹曼常数，$k_i = 1.3807 \times 10^{-23}$ J/K；q_i 为电子电荷，$q_i = 1.6022$

$\times\ 10^{-19}$C；A_i 为 PN 结理想因子，值介于 1 到 5 之间；T_{ri} 为电池参考温度。图 2.12 所示为由开关装置组成的并网光伏发电系统的示意图[42,43]。图 2.12 所示的三相并网光伏发电系统的非线性模型表示方式如下[42,43]：

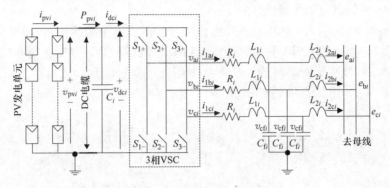

图 2.12　并网光伏发电系统

$$\begin{cases} \dot{i}_{1ai} = -\dfrac{R_i}{L_{1i}}i_{1ai} - \dfrac{1}{L_{1i}}e_{ai} + \dfrac{v_{pvi}}{3L_{1i}}\ (2K_{ai} - K_{bi} - K_{ci}) \\[2mm] \dot{i}_{1bi} = -\dfrac{R_i}{L_{1i}}i_{1bi} - \dfrac{1}{L_{1i}}e_{bi} + \dfrac{v_{pvi}}{3L_{1i}}\ (-K_{ai} + 2K_{bi} - K_{ci}) \\[2mm] \dot{i}_{1ci} = -\dfrac{R_i}{L_{1i}}i_{1ci} - \dfrac{1}{L_{1i}}e_{ci} + \dfrac{v_{pvi}}{3L_{1i}}\ (-K_{ai} - K_{bi} + 2K_{ci}) \end{cases} \qquad (2.41)$$

$$\begin{cases} \dot{v}_{cfai} = \dfrac{1}{C_{fi}}\ (i_{1ai} - i_{2ai}),\quad \dot{v}_{cfbi} = \dfrac{1}{C_{fi}}\ (i_{1bi} - i_{2bi}) \\[2mm] \dot{v}_{cfci} = \dfrac{1}{C_{fi}}\ (i_{1ci} - i_{2ci}),\quad \dot{i}_{2ai} = \dfrac{1}{L_{2i}}\ (v_{cfai} - e_{ai}) \\[2mm] \dot{i}_{2bi} = \dfrac{1}{L_{2i}}\ (v_{cfbi} - e_{bi}),\quad \dot{i}_{2ci} = \dfrac{1}{L_{2i}}\ (v_{cfci} - e_{ci}) \end{cases} \qquad (2.42)$$

式中，K_{ai}、K_{bi} 和 K_{ci} 为二进制输入开关信号。通过在连接直流母线的节点处应用基尔霍夫电流定律，可以得到

$$\dot{v}_{pvi} = \frac{1}{C_i}(i_{pvi} - i_{dci}) \qquad (2.43)$$

换流器的输入电流 i_{dci} 表示方式如下[43]：

$$i_{dci} = i_{ai}K_{ai} + i_{bi}K_{bi} + i_{ci}K_{ci} \qquad (2.44)$$

现在式（2.43）可重新表示为

$$\dot{v}_{pvi} = \frac{1}{C_i}i_{pvi} - \frac{1}{C_i}(i_{ai}K_{ai} + i_{bi}K_{bi} + i_{ci}K_{ci}) \qquad (2.45)$$

可以使用电网的角频率 ω_i 将式（2.41）和式（2.45）变换为 dq 结构：

$$\begin{cases} L_{1i}\dot{i}_{1di} = -R_i i_{1di} + \omega_i L_{1i} i_{1qi} - v_{cfdi} + K_{di}v_{pvi} \\ L_{1i}\dot{i}_{1qi} = -R_i i_{1qi} - \omega_i L_{1i} i_{1di} - v_{cfqi} + K_{qi}v_{pvi} \\ L_{2i}\dot{i}_{2di} = +\omega_i L_{2i} i_{2qi} + v_{cfdi} - E_{di} \\ L_{2i}\dot{i}_{2qi} = -\omega L_2 i_{2d} + v_{cfq} - E_q \\ C_{fi}\dot{v}_{cfdi} = \omega_i C_{fi} v_{cfqi} + C_{fi}(i_{1di} - i_{2di}) \\ C_{fi}\dot{v}_{cfqi} = -\omega_i C_{fi} v_{cfdi} + C_{fi}(i_{1qi} - i_{2qi}) \\ C_i \dot{v}_{pvi} = i_{pvi} - i_{1di}K_{di} - i_{1qi}K_{qi} \end{cases} \quad (2.46)$$

选择 $abc \rightarrow dq$ 变换的同步方案，使得 dq 结构的 q 轴与电网电压向量 $E_{qi}=0$ 对齐，且输送到电网的有功和无功功率可表示为 $P_i = \frac{3}{2}E_{di}I_{di}$ 和 $Q_i = -\frac{3}{2}E_{di}I_{qi}$。

2.10.17　FACTS 设备建模

一般而言，FACTS 设备可用于增加输电能力、稳定裕度和动态表现，并可用来确保改善电力品质。其主要功能是无功功率补偿、电压控制和潮流控制。由于是可控的电力电子器件，FACTS 设备与传统设备（如开关补偿或移相变压器）相比始终可提供快速的可控性。不同的控制方案可带来高灵活性，且设备功能更多。

已经开发了几种 FACTS 设备，并且已有数年实践和研究使用的文件记录证据。其中一些如基于晶闸管的 SVC 装置应用广泛，其他如基于 VSC 的 STATCOM 或基于 VSC 的 HVDC 装置在世界范围内也越来越多地应用于设备中。功能最全面的 FACTS 设备（如统一潮流控制器（Unified Power‑flow Controller，UFPC））仍主要局限于研究和开发应用。在本书中，我们主要使用 STATCOM，在少数情况下，使用 SVC 和晶闸管控制的开关电容器（TCSC）。

2.10.18　STATCOM 模型

STATCOM 的概念由 Gyugyi 于 1976 年提出[44]。STATCOM 是一种并联 FACTS 设备，主要用于控制电网连接点处的电压，如图 2.13 所示。一般来说，一个 STATCOM 系统由三个主要部分组成：一个 VSC，一个耦合电抗器或升压变压器和一个控制器。VSC 输出电压 V_i 的幅值和相位可以通过 VSC 开关的导通/关断进行调节，以便可以控制 VSC 输出电流 I。在此，I 等于 V_i 减去交流公共耦合点（Point of Common Coupling，PCC）处的电压 V_s，再除以耦合电抗器的阻抗 X_s。换句话说，STATCOM 的电容或感应输出电流可以通过将 V_i 的幅值调节成大于或小于 V_s 的幅值来实现。同时，V_i 的相位与 V_s 的相位相同，但具有小的移相角，以补偿换流器的内部损耗，从而保持系统稳定。因此，I 可以固有地独立于 V_s 进行控制。

通过控制其输出电压的幅值和角度，即 $V_i \angle \alpha$，STATCOM 能够控制其与电

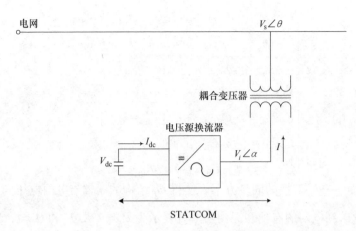

图 2.13　基于 VSC 的 STATCOM 示意图

力系统的有功和无功交换，并因此控制 PCC 处的电压。有功和无功功率表达式如下所示：

$$P = \frac{V_i V_s}{X} \sin(\alpha - \theta)$$

$$Q = \frac{V_i(V_i - V_s \cos(\alpha - \theta))}{X}$$

无功潮流的方向现在可以由逆变器输出电压的幅值来确定。对于大于 V_s 的 V_i 值，STATCOM 处于电容模式，向电网注入无功功率；而对于小于 V_s 的 V_i 值，其处于电感模式，吸收电网中的无功功率。在以电容器作为直流母线的典型 STATCOM 中，有功功率和无功功率的值取决于另一个值。然而，连接电池储能系统的 STATCOM（STATCOM/BESS）能够独立控制有功功率和无功功率的值[45]。

出于稳定性研究的目的，图 2.14 所示的 STATCOM 可以模拟具有可控幅值和相位的交流电压源[46]。这个电压源的动态特性受到大型（非理想）电容器充电和放电的控制。电容器 C_l 及其电阻 R_{Cl} 如图 2.14 所示。电容器的直流电压反向，并通过短输电线路和变压器母线连接外部母线。在文献［44］中描述了各种逆变器方案的细节以及如何实现可控的相位和幅值。图 2.14 中的锁相环（PLL）单元表明，需参考外部母线电压调整逆变器波形的相位移。

出于稳定性分析目的，我们在简化阻抗矩阵中纳入变压器和输电线路（由图 2.14 中的 R_l 和 L_l 表示）。这将可控逆变器输出与系统其余部分直接互联。电容电压可以通过控制线电压 V_l 和 VSC 电压 $E_l(E_l = k_l v_{dcl} \angle \alpha_l)$ 之间的相位差来调节。如果以线电压的相位角为基准，则 VSC 电压的相位角与 VSC 的触发角 α_l 相同。因此，如果触发角稍微提前，则直流电压 $v_{\mathrm{dc}l}$ 降低，且无功功率流入 STATCOM 中。相反，如果触发角稍微延迟，则直流电压会升高，STATCOM 向母线提供无功功率。通过控制 VSC 的触发角，可以由 STATCOM 产生或吸收无功功率，从而实现电压调节。第 l 个 STATCOM 的动态特征值可以通过以下方程计算得出：

$$\dot{v}_{\mathrm{dc}l}(t) = -\frac{P_{sl}}{C_l v_{\mathrm{dc}l}} - \frac{v_{\mathrm{dc}l}}{R_{Cl}C_l} \qquad (2.47)$$

对于 $l = 1$，$\cdots$，m，式中 m 为 STATCOM 的数量；$v_{\mathrm{dc}l}$ 为电容器电压；C_l 为直流电容器；R_{Cl} 为电容器的内部电阻；α_l 为简化电网中 STATCOM 的母线角；P_{sl} 为系统提供给 STATCOM 为电容器充电的功率，其计算公式如下：

$$P_{sl} = |E_l|^2 G_{ll} + \sum_{\substack{p=1 \\ p \neq l}}^{m} |E_l||E_p|$$

$$[B_{lp}\sin\alpha_{pl} + G_{pl}\cos\alpha_{lp}]$$

$$+ \sum_{\substack{j=1 \\ j \neq l}}^{n} |E_l||E'_j|[B_{lj}\sin(\delta_j - \alpha_l)$$

$$+ G_{lj}\cos(\delta_j - \alpha_l)] \qquad (2.48)$$

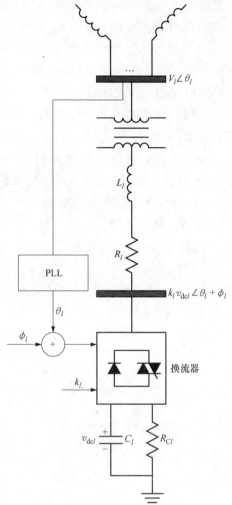

图 2.14 STATCOM 示意图

式中，G_{lp} 和 B_{lp} 为 STATCOM l 和 p 的终端母线之间的等效输电阻抗的实部值和虚部值；G_{lj} 和 B_{lj} 为 STATCOM l 和 IG j 的终端母线之间的等效输电阻抗的实部值和虚部值；E'_j 项表示 $E'_{\mathrm{dr}j}$ 和 $E'_{\mathrm{qr}j}$；$\sin\alpha_{pl} = \sin(\alpha_p - \alpha_l)$。

STATCOM 的端电压采用一阶动态传感器测量：

$$\dot{v}_{\mathrm{tm}l} = -\frac{v_{\mathrm{tm}l}}{T_{\mathrm{m}l}} + K_{\mathrm{m}l}v_{tl} \qquad (2.49)$$

式中，v_{tml} 为传感器输出；v_{tl} 为 STATCOM 连接点的电压；K_{ml} 为常数；T_{ml} 为电压传感器的时间常数。对于线性分析，可以假设已知平衡条件 α_0 且只控制 $\Delta\alpha$，如图 2.15 所示。

k 和 α 的间接传统控制器如图 2.16 和图 2.17 所示。这给出了行业使用的控制器结构的概念。在这项研究中，将直接控制图 2.15 中 STATCOM 的 Δk 和 $\Delta\alpha$，而不是使用传统控制器。

2.10.19　SVC 建模

通过提供动态无功功率，SVC 可用于调节系统电压、在合理的水平上补偿电压、提高输电线路的潮流容量、增强低频振荡的阻尼以及抑制次同步振荡。SVC 还能够抑制负荷波动引起的母线电压变化，这有利于恢复暂态电压和提高系统电压稳定性。

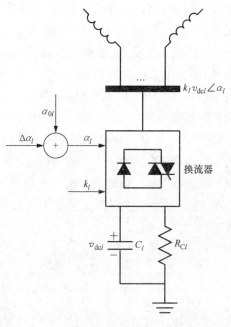

图 2.15　STATCOM（等效）

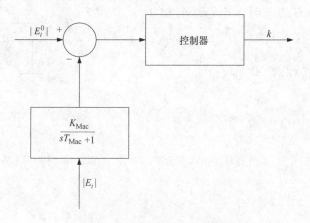

图 2.16　调制指数 k 的控制

对于工业用户，SVC 可以有效控制无功功率，提高功率因数，降低非线性负荷造成的电压影响和谐波干扰，平衡三相负荷，提高电能质量、生产效率和产品质量以及减少能耗。它广泛应用于机械、电力、冶金、电气化铁路、采矿、风力发电等行业。整体性能指标如下：

- SVC 动态电容：0 ~ 400Mvar；

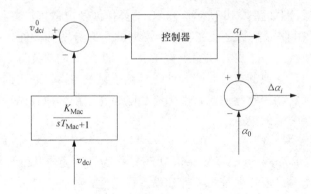

图 2.17　触发角 α 的控制

- 控制目标母线额定电压：$6 \sim 500 \mathrm{kV}$；
- 总动态响应时间：（无功功率输出）：$< 15 \mathrm{ms}$；
- SVC 最大损耗：$< 0.8\%$。

SVC 电路包含电压测量和电压调节器电路，其输出被馈送到晶闸管触发控制电路中。通常情况下，SVC 的电纳（B）会发生变化，以使得中间母线电压 V_{m} 始终在预先指定的容差范围内。辅助稳定信号被添加到电压调节器的输出中。电纳（B）的变化可以通过微分方程相关联：

$$\Delta \dot{B}_l = \left[-\Delta B_l + B_{l0} + K'_{cl} V_{sl} \right] / T_{cl} \tag{2.50}$$

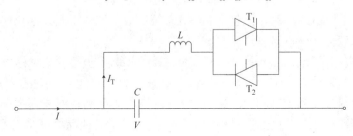

图 2.18　单相 TCSC 的单线图

式中，$l = 1, \cdots, m$，m 为 SVC 的数量；K_{cl} 和 T_{cl} 分别为 SVC 的触发角控制电路的增益和时间常数；V_{sl} 为额外的稳定信号。

2.10.20　晶闸管控制的串联电容器

在 20 世纪 80 年代后期引入 TCSC 后，它在世界各地的多个地方得以实施。作为可控串联补偿装置并且具有灵活控制的可能性，TCSC 已被证明十分有效，特别是在阻尼机电和次同步振荡中。通过设计合理的控制系统，TCSC 可以有效地用于提高电力系统的小信号和暂态稳定性。因此，为了设计最优控制结构，同时防止意外交互，需要很好地了解 TCSC 与其周围网络之间的交互现象。

TCSC 的单线图如图 2.18 所示。TCSC 的操作涉及离散操作并且是周期性的，其中 TCSC 的反并联晶闸管之一在工频半周期的一部分期间导通，并在周期的剩余部分期间关断。另一个反并联晶闸管在下一个半周期内重复导通/非导通过程，反之亦然。晶闸管导通的持续时间和计时是基于触发逻辑，并由同步系统和更高级控制回路控制。晶闸管导通时，电感器和电容器中都会流过循环电流，这会增加或降低电容器两端的电压。

2.10.21 储能装置

储能系统（Energy Storage System，ESS）作为一种促成基础设施的技术，可提供故障穿越能力，增加系统可靠性和动态稳定性，改善电能质量，并提高大功率应用中输电网的输电能力[44]。对于大功率应用，使用短时（周期为数秒）储能与基于电力电子的控制器（称为 FACTS 控制器）集成，可以提供以下三种独特优势：

- 提供系统阻尼，同时在干扰后保持恒压；
- 在具有相同额定值的传统 FACTS 控制器提供的动态无功功率不足的情况下，提供额外的阻尼（此外，可以用较低的成本提供相同的阻尼量。振荡的阻尼通过与系统反复交换少量的有功功率，可成为良好的 ESS 应用）；
- 在电力系统干扰期间提供能量来维持局部连接的异步电动机的速度（这可以防止在异步电动机大量集中的位置发生电压崩溃，否则电动机会失速）。

虽然超导磁储能（SMES）技术从技术角度克服了许多障碍，并且市场上可买到某些特定规格的产品，但整个 SMES 系统的成本和相对复杂性仍然使其成为短期 ESS 的较为昂贵的选择[47]。

超级电容器（Supercapacitor，SCAP）技术的最新进展与非对称设计为业界带来了极大的驱动力，希望开发一种新的更好的短期储能解决方案[48]。作为一种电化学电容器，SCAP 使用相对廉价的材料将电能存储在双电荷层中，提供比传统电解电容器高几千倍的能量密度，并且具有优于其他高功率储能元件的其他优点：功率密度高、成本低、寿命周期长、可靠性高、充放电能力强、响应速度快、工作温度范围广、免维护操作和存储，且安全环保。这些特征使 SCAP 成为短期大功率 ESS 应用的理想储能元件[49]。

2.10.22 电网潮流模型

发电机母线的功率平衡方程如下：

$$V_i\cos(\delta_i - \theta_i)\,I_{qi} - V_i\sin(\delta_i - \theta_i)\,I_{di} - S_{pi} = 0 \tag{2.51}$$

$$-V_i\sin(\delta_i - \theta_i)\,I_{qi} - V_i\cos(\delta_i - \theta_i)\,I_{di} - S_{qi} = 0 \tag{2.52}$$

其中：

$$S_{pi} = \sum_{k=1}^{n} V_i V_k \left[G_{ik}\cos(\theta_i - \theta_k) + B_{ik}\sin(\theta_i - \theta_k) \right] \tag{2.53}$$

$$S_{\mathrm{qi}} = \sum_{k=1}^{n} V_i V_k \left[G_{ik} \sin(\theta_i - \theta_k) - B_{ik} \cos(\theta_i - \theta_k) \right] \qquad (2.54)$$

其中，$i = 1, 2, \cdots, m$。

非发电机母线的功率平衡方程如下：

$$P_{\mathrm{Li}}(V_i) + \sum_{k=1}^{n} V_i V_k \left[G_{ik} \cos(\theta_i - \theta_k) + B_{ik} \sin(\theta_i - \theta_k) \right] = 0 \qquad (2.55)$$

$$Q_{\mathrm{Li}}(V_i) + \sum_{k=1}^{n} V_i V_k \left[G_{ik} \sin(\theta_i - \theta_k) - B_{ik} \cos(\theta_i - \theta_k) \right] = 0 \qquad (2.56)$$

其中，$i = m + 1, m + 2, \cdots, n$，$n$ 为系统中的母线总数；$Y_{ik} = G_{ik} + \mathrm{j} B_{ik}$，其中 Y_{ik} 为母线导纳矩阵 Y 的第 i 行第 k 列的元素。

2.10.23   电力系统建模

如上所述，电力系统建模需要对所有系统组件进行建模，包括发电机、输电线路、变压器、负荷和其他控制装置/系统。完整的电力系统建模方法涉及以 DAE 形式构成的整个系统方程：

$$\dot{x} = f(x, z, p) \qquad (2.57)$$
$$0 = g(x, z, p) \qquad (2.58)$$

式中，x 为状态变量的向量；z 为代数变量的向量；p 为系统参数的向量。微分方程组包括发电机、励磁系统、负荷动态，代数方程组包括负荷潮流方程以及系统组件之间的其他代数关系。

在电力系统建模研究中，参数值选择为固定值或在一定范围内，因为实际系统参数的测量非常困难。特别是由于存在大量负荷分量，某些客户负荷的不可访问性、负荷补偿变化以及许多负荷组件特征的不确定性，很难获得负荷参数值。

2.11   本章小结

本章从基础与实用观点解释了电压不稳定性的基本理念和对其分析的重要性。本章的重点是阐述电压不稳定性的根本原因，以及确定在电力系统稳定性分析中不同类别的稳定性的重要特性，还概述了改善电压稳定性的方法。

此外，本章还讨论了大型电力系统的动态建模。为了在标准仿真工具中提供可靠的实施模型，必须考虑多个因素。第一个重要过程是明确地定义研究目的。每种类型的电力系统研究都需要特定的频率带宽和仿真时限，具体取决于系统动态所需的研究速度。随后，必须仔细了解正在建模的系统性质，且必须适当地利用仿真工具来模拟模型。

电力系统中的线性反馈控制在研究和应用方面有着悠久的历史。线性控制器优于非线性控制器，因为其对实际运用的要求较低。然而，为了设计线性控制器，由于电力系统组件是非线性的，因此需要采用非线性系统的线性模型。下一章将讨论不同的线性化和模态分析技术。

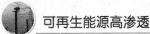

参 考 文 献

1. Vassell GS (1991) Northeast blackout of 1965. IEEE Power Eng Rev 11(1): 4–8
2. Lu W, Besanger Y, Zamai E, Radu D (2006) Blackouts: description, analysis and classification. In: 6th WSEAS international conference on power systems, pp 429–434
3. Custem TV, Vournas CD (1998) Voltage stability of the electric power systems. Kluwer Academic, Norwell
4. Berizzi A (2004) The Italian 2003 blackout. In: IEEE power engineering society general meeting, Denver, CO, pp 1673–1679
5. Ohno T, Imai S (2006) The 1987 Tokyo blackout. In: IEEE PES power systems conference and exposition, Atlanta, GA, pp 314–318
6. Andersson G, Donalek P, Farmer R, Hatziargyriou N, Kamwa I, Kundur P (2005) Causes of the 2003 major grids blackouts in North America and Europe, and recommendationed means to improve system dynamic performance. IEEE Trans Power Syst 20(4): 1922–1928
7. U.S. Canada Power System Outage Task Force (2004) Final report on the Aug 14 2003 blackout in the United States and Canada: causes and recommendations
8. Gao B, Morison GK, Kundur P (1996) Towards the development of a systematic approach for voltage stability assessment of large-scale power systems. IEEE Trans Power Sys 11(3): 1314–1324
9. Hossain MJ, Pota HR, Ugrinovski V (2008) Short and long-term dynamic voltage instability. In: 17th IFAC World Congress, Seoul, Korea, pp 9392–9397
10. IEEE (1990) Special publication 90TH0358-2-PWR: voltage stability of power systems: concepts, analytical tools, and industry experience
11. Vournas CD, Sauer PW, Pai MA (1996) Relationships between voltage and angle stability of power systems. Int J Electr Power Energy Syst 18(8): 493–500
12. Chi Y, Liu Y, Wang W, Dai H (2006) Voltage stability analysis of wind farm integration into transmission network. In: International conference on power system technology, pp 1–7
13. Lei Y, Mullane A, Lightbody G, Yacamini R (2006) Modeling of the wind turbine with a doubly-fed induction generator for grid integration studies. IEEE Trans Energy Convers 21(1): 257–264
14. Morison GK Gao B, Kundur P (1993) Voltage stability analysis using static and dynamic approaches. IEEE Trans Power Syst 8(3): 1159–1171
15. Taylor CW (1994) Power system voltage stability. McGraw-Hill, New York
16. Cutsem TV, Vournas C (1998) Voltage stability of electrical power system. Kluwer Academic, Norwell
17. Cutsem TV (2000) Voltage instability: phenomenon, countermeasures and analysis methods. Proc IEEE 88(2): 208–227
18. Kundur P (1994) Power system stability and control. Mcgraw-Hill, New York
19. Cutsem TV, Mailhot R (1997) Validation of a fast voltage stability analysis method on the Hydro-Quebec system. IEEE Trans Power Syst 12(1): 282–292
20. Ainsworth JD, Gavrilovic A, Thanawala HL (1980) Static and synchronous compensators for HVDC transmission convertors connected to weak AC systems. In: 28th session CIGRE, pp 31–41
21. Molinas M, Suul JA, Undeland T (2008) Low voltage ride through of wind farms with cage generators: STATCOM versus SVC. IEEE Trans Power Electr 23(3): 1104–1117
22. Molinas M, Suul JA, Undeland T (2006) Wind farms with increased transient stability margin provided by a STATCOM. In: IEEE 5th international conference on power electronics and motion control, pp 1–7
23. Pal B, Chaudhuri B (2005) Robust control in power systems. Springer, USA
24. Bergen AR (1986) Power system analysis. Prentice-Hall, New Jersey
25. Das JC, Casey J (1999) Effects of excitation controls on operation of synchronous motors. In: IEEE industrial and commercial power systems technical conference, Sparks, NV, pp 1–5
26. Klein M, Rogers GJ, Kundur P (1991) A fundamental study of inter-area oscillations in power

systems. IEEE Trans Power Syst 6(3): 914–921

27. IEEE Committee Report (1981) Excitation system models for power system stability studies. IEEE Trans Power Apparatus Syst PAS 100(2): 494–509
28. Rogers G (2000) Power system oscillations. Kluwer Academic Publishers, Boston
29. Hill DJ (1993) Nonlinear dynamic load models with recovery for voltage stability studies. IEEE Trans Power Syst 8(1): 166–176
30. Ackermann T (2005) Wind power in power systems. Wiley, England
31. Li H, Chen Z (2008) Overview of different wind generator systems and their comparisons. IET Renew Power Gener 2(2):123–138
32. Morren J, de Haan SWH (2005) Ride-through of wind turbines with doubly-fed induction generator during a voltage dip. IEEE Trans Energy Convers 20(2): 435–441
33. Permitting of Wind Energy Facilities (2002) A handbook prepared by National Wind Coordinating Committee (NWCC) Siting Subcommittee, Aug 2002
34. Nandigam K, Chowdhury BH (2004) Power flow and stability models for induction generators used in wind turbines. In: IEEE power engineering society general meeting, Denver, CO, pp 2012–2016
35. Abdin ES, Xu W (2000) Control design and dynamic performance analysis of a wind turbine-induction generator unit. IEEE Trans Energy Convers 15(1): 91–96
36. Akhmatov V, Knudsen H (2002) An aggregate model of a grid-connected, large-scale, offshore wind farm for power stability investigations-importance of windmill mechanical system. Int J Electr Power Energy Syst 24(9): 709–717
37. Akhmatov V, Knudsen H, Nielsen A (2000) Advanced simulation of windmills in the electrical power supply. Int J Electr Power Energy Syst 22(6): 421–434
38. Feijo A, Cidrs J, Carrillo C (200) A third order model for the doubly-fed induction machine. Electric Power Syst Res 56(2): 121–127
39. Ledesma P, Usaola J, Rodriguez JL (2003) Transient stability of a fixed speed wind farm. Renew Energy 28(9): 1341–1355
40. Mahmud MA, Pota HR, Hossain MJ (201)2 Dynamic stability of three-phase grid-connected photovoltaic system using zero dynamic design approach. IEEE J Photovoltaics 12(4): 564–571
41. Mahmud MA, Pota HR, Hossain MJ (2011) Modeling guidelines and a benchmark for power system simulation studies of three-phase single-stage photovoltaic systems. IEEE Trans Power Deliv 26(2): 1247–1264
42. Tan YT, Kirschen DS, Jenkins N (2004) A model of PV generation suitable for stability analysis. IEEE Trans Energy Convers 19: 748–755
43. Nosrat A, Pearce, J.M.: Dispatch strategy and model for hybrid photovoltaic and tri-generation power systems. Appl Energy 88(9): 3270–3276
44. Hingorani MG, Gyugyi L (2000) Understanding FACTS: concepts and technology of flexible AC transmission systems. IEEE Press, New York
45. Divya KC, Ostergaard J (2009) Battery energy storage technology for power systems—an overview. Electric Power Syst Res 79(4): 511–520
46. Acha E, Fuerte-Esquivel CR, Ambriz-Perez H, Angles-Camacho C (2004) FACTS modeling and simulation in power networks. Wiley, London
47. Karasik V, Dixon K, Weber C, Batchelder B, Campbell G, Rebeiro P (1999) SMES for power utility applications: a review of technical and cost considerations. IEEE Trans Appl Supercond 9(2): 541–546
48. Lasseter RH, Jalali SG (1991) Power conditioning systems for superconductive magnetic energy storage. IEEE Trans Energy Convers 6(3): 381–387
49. Varakin IN, Klementov AD, Litvinenko SV, Starodubtsev NF, Stepanov AB (1997) Application of ultracapacitors as traction energy sources. In: Proceedings of 7th international seminar on double layer capacitors and similar energy storage devices, Florida, USA

第3章

线性化和模态分析

摘要　本章简要回顾了传统的线性化和模态分析技术。介绍了小信号稳定性分析中常用的分析工具，还介绍了采用中值定理和柯西余项的线性化技术，并将其与传统线性化技术进行了比较。

3.1　简介

电力系统的许多重要组件，例如传统发电机、风力发电机、动态负荷和FACTS 设备均具有非线性动态特性。非线性系统的理论可用来分析这些非线性特性，然而，其应用仅限于小型简单的系统[1]。能量函数的概念已作为评估系统安全性、稳定性极限和故障后平衡状态吸引域的有力工具[2]。已建立了合适的类能量函数并对其进行了检验，以查看函数值在扰动后的周期内是否随时间减少。只要传统发电机模型具有恒定阻抗负荷[1]，那么便能得出能量函数。在励磁控制、风力发电机、动态负荷、FACTS 设备和具有转移导纳的网络等复杂大阶模型中，很难获得合适的能量函数。

然而，线性系统分析理论分析互联电力系统的运行特性的前提是必须将系统的动态特性假定为线性，这样此类工具才能适用。更好地理解系统动态特性有助于规划系统安全运行所需的控制策略。本书通篇使用线性化技术来了解控制器设计的核心控制问题。本章概述了本研究所用的传统的和设计的线性化技术以及模态分析。

3.2　传统线性化

通常将多机电力系统动态特性表达为一组非线性微分代数方程（DAE）。代数方程由电网功率平衡和发电机定子电流方程产生。代数变量的初始运行状态（例如母线电压和功角）通过标准的潮流计算方法来获得。将代数变量简单代入微分方程组求解微分方程来获得动态变量的初始值。这组 DAE 随后会围绕平衡点线性化。

完整的电力系统建模方法涉及以 DAE 形式构成的整个系统方程：

$$\dot{x} = f'(\bar{x}, u, z) \tag{3.1}$$

$$0 = g(\bar{x}, u, z) \tag{3.2}$$

$$y = h'(\bar{x}, u, z) \tag{3.3}$$

式中，f' 和 g 分别是微分和代数方程的向量；h' 是输出方程的向量。输入值通常为参考值，例如单独机组的速度和电压，且可以是 FACTS 设备中设置的电压、电抗和潮流。输出可以是单位功率输出、母线频率、母线电压、线路功率或电流等。符号 $\bar{x} \in R^n$、$z \in R^m$、$u \in R^p$ 和 $y \in R^q$ 分别表示状态向量和代数变量，以及输入和输出。在电力系统中，代数方程（3.2）用于消除向量 z 中的变量。使用 $z = g^{-1}(\bar{x}, u)$，可改写整个电力系统模型：

$$\dot{x} = f(x, u) \tag{3.4}$$

$$y = h(x, u) \tag{3.5}$$

其中

$$f(x, u) = f'(\bar{x}, u, g^{-1}(\bar{x}, u)) \tag{3.6}$$

设方程（3.4）等于零向量，我们得出：

$$\dot{x} = f(x, u) = 0 \tag{3.7}$$

由于所有变量均恒定且不随时间变化，所以认为系统处于静止状态或位于平衡点。设 x_0 为状态向量，u_0 为对应于静止系统的输入向量，使得：

$$f(x_0, u_0) = 0 \tag{3.8}$$

假设 x 是与 x_0 相差 Δx 的点：

$$x = x_0 + \Delta x \tag{3.9}$$

$$u = u_0 + \Delta u \tag{3.10}$$

在式（3.7）中，式（3.9）和式（3.10）中的前缀 Δ 表示小偏差。新状态（和每个状态）必须满足式（3.7）。因此：

$$\dot{x} = f(x + \Delta x, u + \Delta u) \tag{3.11}$$

通过对式（3.9）两边进行时间微分，我们得出

$$\dot{x} = \dot{x_0} + \dot{\Delta x} \tag{3.12}$$

从式（3.12）和式（3.7）中，我们得到：

$$\dot{x_0} + \dot{\Delta x} = f(x + \Delta x, u + \Delta u) \tag{3.13}$$

对于式（3.13）中的小偏差 – 非线性函数 $f(x, u)$，用泰勒展开式来表示。一般标量函数 $f(x)$ 的泰勒展开式，在 x_0 附近的闭区间中作为变量函数 x，其在文献［3］中被定义为

$$f(x) = f(x_0) + \frac{f'(x_0)}{1!}(x - x_0) + \frac{f''(x_0)}{2!}(x - x_0)^2 + \cdots + \frac{f^n(x_0)}{n!}(x - x_0)^n + \cdots$$

$$\tag{3.14}$$

如果我们省略了式（3.14）中的二阶项和更高阶项，则可得出：

$$f(x) = f(x_0) + f'(x_0)(x - x_0) \tag{3.15}$$

如图 3.1 所示，我们在 x_0 附近选择的区间越密，式（3.15）中的线性近似值越好。

所以，忽略高阶项，我们可以编写 n 阶系统，$i = 1, 2, \cdots, n$：

$$\dot{x}_{i0} + \Delta \dot{x}_i = f_i(x + \Delta x, u + \Delta u) \tag{3.16}$$

$$= f_i(x_0, u_0) + \frac{\partial f_i}{\partial x_1} \Delta x_1 + \cdots + \frac{\partial f_i}{\partial x_n} \Delta x_n + \frac{\partial f_i}{\partial u_1} \Delta u_1 + \cdots + \frac{\partial f_i}{\partial u_n} \Delta u_n$$

$$\tag{3.17}$$

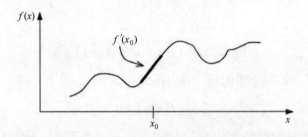

图 3.1 $f(x)$ 在 $(x, f(x))$ 上的近似值

由于 $x_{i0} = f_i(x_0, u_0) = 0$，我们得出

$$\Delta \dot{x}_i = f_i(x + \Delta x, u + \Delta u) \tag{3.18}$$

$$= \frac{\partial f_i}{\partial x_1}\bigg|_{\substack{x=x_0\\u=u_0}} \Delta x_1 + \cdots + \frac{\partial f_i}{\partial x_n}\bigg|_{\substack{x=x_0\\u=u_0}} \Delta x_n + \frac{\partial f_i}{\partial u_1}\bigg|_{\substack{x=x_0\\u=u_0}} \Delta u_1 + \cdots + \frac{\partial f_i}{\partial u_n}\bigg|_{\substack{x=x_0\\u=u_0}} \Delta u_n \tag{3.19}$$

同样，对于输出信号 y_j，我们可以得出：

$$\Delta y_j = \frac{\partial g_j}{\partial x_1}\bigg|_{\substack{x=x_0\\u=u_0}} \Delta x_1 + \cdots + \frac{\partial g_j}{\partial x_n}\bigg|_{\substack{x=x_0\\u=u_0}} \Delta x_n + \frac{\partial g_j}{\partial u_1}\bigg|_{\substack{x=x_0\\u=u_0}} \Delta u_1 + \cdots + \frac{\partial g_j}{\partial u_n}\bigg|_{\substack{x=x_0\\u=u_0}} \Delta u_n$$

$$\tag{3.20}$$

最后，以矩阵形式，我们可改写出：

$$\Delta \dot{x} = A \Delta x + B \Delta u \tag{3.21}$$

$$\Delta y = C \Delta x + D \Delta u \tag{3.22}$$

其中

$$A = \begin{bmatrix} \dfrac{\partial f_1}{\partial x_1} & \cdots & \dfrac{\partial f_1}{\partial x_n} \\ \vdots & \cdots & \vdots \\ \dfrac{\partial f_n}{\partial x_n} & \cdots & \dfrac{\partial f_n}{\partial x_n} \end{bmatrix}\Bigg|_{\substack{x=x_0 \\ u=u_0}}, \quad B = \begin{bmatrix} \dfrac{\partial f_1}{\partial u_1} & \cdots & \dfrac{\partial f_1}{\partial u_n} \\ \vdots & \cdots & \vdots \\ \dfrac{\partial f_n}{\partial u_n} & \cdots & \dfrac{\partial f_n}{\partial u_n} \end{bmatrix}\Bigg|_{\substack{x=x_0 \\ u=u_0}} \quad (3.23)$$

$$C = \begin{bmatrix} \dfrac{\partial g_1}{\partial x_1} & \cdots & \dfrac{\partial g_1}{\partial x_n} \\ \vdots & \cdots & \vdots \\ \dfrac{\partial g_n}{\partial x_n} & \cdots & \dfrac{\partial g_n}{\partial x_n} \end{bmatrix}\Bigg|_{\substack{x=x_0 \\ u=u_0}}, \quad D = \begin{bmatrix} \dfrac{\partial g_1}{\partial u_1} & \cdots & \dfrac{\partial g_1}{\partial u_n} \\ \vdots & \cdots & \vdots \\ \dfrac{\partial g_n}{\partial u_n} & \cdots & \dfrac{\partial g_n}{\partial u_n} \end{bmatrix}\Bigg|_{\substack{x=x_0 \\ u=u_0}} \quad (3.24)$$

式中，Δx 为维度 n 的状态向量；Δu 为维度 r 的输入向量；Δy 为维度 m 的输出向量；A 为 $n \times n$ 大小的状态矩阵；B 为 $n \times r$ 大小的输入矩阵；C 为 $m \times n$ 大小的输出矩阵；D 为 $m \times r$ 大小的前馈矩阵。

3.2.1 扰动线性化

在偏导数很难或不便计算的众多情况中，可以使用扰动分析来获得线性化模型。式（3.21）矩阵 A 的第 (i, j) 个元素可以用数值方式获得：

$$a_{ij} = \frac{f_i(x_0 + \varepsilon_j, u_0) - f_i(x_0, u_0)}{\varepsilon} \quad (3.25)$$

式中，ε_j 是大小与 x 相同的向量，除了它的第 j 个元素是小数字 ε 之外，所有元素均为零。矩阵 B 的第 (i, j) 个元素可以通过数值方式获得：

$$b_{ij} = \frac{f_i(x_0, u_0 + \varepsilon_j) - f_i(x_0, u_0)}{\varepsilon} \quad (3.26)$$

3.3 设计的线性化

上述传统的线性化方法已广泛用于设计可保证电力系统稳定性的控制器上，但有一些不容忽视的严重局限性。当系统工作点偏离选定的平衡点时，通过近似线性化方法获得的状态方程不代表原始非线性系统。通过传统线性化根据数学模型进行精心设计的控制器仅能在小扰动而不能在大扰动下提高系统稳定性，这种情况很正常。因此需要鲁棒控制器，它能确保系统在更广泛工作区内的稳定性，所述区域包括比传统线性化方法所提及的工况区域更远离平衡点。

在典型鲁棒控制设计中，标称系统在反馈布置中具有未建模的动态特性，并且未建模的动态特性规格用于鲁棒控制设计中。在本章开发的技术中，除了线性项外，还使用了包含所有其他项的柯西余项。柯西余项是存在性结果，并不指定需要计算系统雅可比行列式的区间点。此项也可以是线性的，但其不得在系统平衡点上进行计算，而是在连接平衡点和当前工作点的线段上的点上进行计算。我们确实不知道这是哪一点，但对于计算来说，在各积分步长上计算该点是不可行的。相反，我们可在兴趣区域（如何选择此区域是我们方法的要点）上获得图3.2所示的未建模动态大小的最大值$\phi(t)$，并用其来设计控制器。

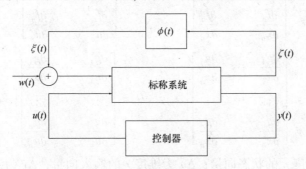

图3.2　不确定性系统的框图

在本书中，鲁棒线性控制方法用来设计电力系统中大扰动的稳定控制。为此，需要量化线性化模型的有效性范围，这可使用泰勒级数的柯西余项公式来实现[4]。在本书的线性控制器设计中，将柯西余项作为不确定项纳入到鲁棒控制设计过程中，从而量化偏离平衡点的程度。接下来描述中值定理和线性化过程。

3.3.1　中值定理

假定$f: R^n \to R$在开放集$S \in R^n$的每个点x上是连续可微分的。将x和y设为S中的两个点，使线段$L(x, y) \in S$。

那么，$L(x, y)$上存在点z，使得[3]

$$f(y) - f(x) = \left(\frac{\partial f}{\partial x}\right)' \bigg|_{x=z} (y-x) \tag{3.27}$$

定理1　首先调用有余项的泰勒级数，为$x \in R^n$定义$f = f(x)$。随后

1）如果$f(x)$在x_0附近是连续可微分的：

$$f(x) = f(x_0) + \left(\frac{\partial f}{\partial x}\right)' \bigg|_{x=\xi^*} (x-x_0) \tag{3.28}$$

2）如果$f(x)$是x_0附近的连续迭代二阶偏导数：

$$f(x) = f(x_0) + \left(\frac{\partial f}{\partial x}(0)\right)' (x-x_0) + \frac{1}{2}(x-x_0)' \left(\frac{\partial^2 f}{\partial x^2}\right) \bigg|_{x=\xi^*} (x-x_0) \tag{3.29}$$

对于某些$\xi^* \in R^n$的情况，可得出$\| \xi^* - x_0 \| < \| x - x_0 \|$；这里$\frac{\partial^2 f}{\partial x^2} = \left[\frac{\partial^2 f}{\partial x_i \partial x_j}\right]$是$f$的黑塞（Hessian）矩阵。

证明引入函数 $g(t) = f[tx + (1-t)x_0]$，$t \in [0, 1]$。该函数在 t 中的连续导数数量与 f 的连续迭代偏导数数量一样多。我们将应用泰勒定理，说明若 $g(t)$ 可实现 k 次连续可微分，则

$$g(t) = g(0) + \sum_{s=1}^{k} \frac{g^s(0)}{k!} t^k + R_k(t) \qquad (3.30)$$

$$R_k(t) = \int_0^t \frac{(t-\tau)^k}{k!} g^{(k+1)}(\tau) d\tau = \frac{g^{(k+1)}(\lambda)}{(k+1)!} t^{k+1} \qquad (3.31)$$

对于某些 $\lambda \in [0, t]$ 的情况，$R_k(t)$ 为余项。第一个（整数）表达式称为柯西余项，第二个为拉格朗日余项。请注意：

$$g'(t) = \left[\frac{\partial f}{\partial x}(tx + (1-t)x_0)\right]'(x - x_0) \qquad (3.32)$$

$$g''(t) = \sum_{i=1}^{n} \sum_{j=1}^{n} \frac{\partial^2 f}{\partial x_i \partial x_j}[tx + (1-t)x_0](x_i - x_{i0})(x_j - x_{j0}) \qquad (3.33)$$

$$= (x - x_0)' \frac{\partial^2 f}{\partial x_i^2}[tx + (1-t)x_0](x_i - x_{i0}) \qquad (3.34)$$

1）每个 $\lambda \in [0, 1]$ 时，设 $k = 0$，$t = 1$ 并定义 $\xi(\lambda) = \lambda x + (1-\lambda)x_0$，而对于某些 $\lambda^* \in [0, 1]$ 的情况，我们得出

$$f(x) = g(1) \qquad (3.35)$$

$$= g(0) + g'(\lambda^*)t \text{（本质上，我们应用了中值定理）} \qquad (3.36)$$

$$= f(x_0) + \left(\frac{\partial f}{\partial x}(0)\right)'(x - x_0) + \frac{1}{2}(x - x_0)'\left(\frac{\partial^2 f}{\partial x^2}\right)\Bigg|_{x = \xi^*}(x - x_0) \qquad$$

$$(3.37)$$

式中，$\xi^* = \xi(\lambda^*)$，请注意，要求 $\|\xi^* - x_0\| = \|\lambda^*(x - x_0)\| \leqslant |\lambda^*| \cdot \|x - x_0\| \leqslant \|x - x_0\|$。

2）以同样的方式设 $k = 1$，$t = 1$ 并在每个 $\lambda \in [0, 1]$ 时定义 $\xi(\lambda) = \lambda x + (1-\lambda)x_0$，而对于某些 $\lambda^* \in [0, 1]$ 的情况，我们得出：

$$f(x) = g(1) \qquad (3.38)$$

$$= g(0) + g'(0) + \frac{1}{2}g''(\lambda^*)t \quad \text{泰勒方程，} k = 1, t = 1 \qquad (3.39)$$

$$= f(x_0) + \left(\frac{\partial f}{\partial x}(0)\right)'(x - x_0) + \frac{1}{2}(x - x_0)'\left(\frac{\partial^2 f}{\partial x^2}\right)\Bigg|_{x = \xi^*}(x - x_0)$$

$$(3.40)$$

3.3.2　公式重构方法

将 (x_0, u_0) 设为控制空间中的任意点，使用中值定理，测试系统动态可改写为[3, 5]：

$$\dot{x} = f(x_0, u_0) + L(x - x_0) + M(u - u_0) \tag{3.41}$$

其中

$$L = \left[\frac{\partial f_1}{\partial x} \bigg|_{\substack{x=x^{*1} \\ u=u^{*1}}}, \cdots, \frac{\partial f_n}{\partial x} \bigg|_{\substack{x=x^{*n} \\ u=u^{*n}}} \right]^{\mathrm{T}}, M = \left[\frac{\partial f_1}{\partial u} \bigg|_{\substack{x=x^{*1} \\ u=u^{*1}}}, \cdots, \frac{\partial f_n}{\partial u} \bigg|_{\substack{x=x^{*n} \\ u=u^{*n}}} \right]^{\mathrm{T}}$$

这里，(x^{*p}, u^{*p}) 和 $p=1, \cdots, n$ 表示位于连接点 (x, u) 和 (x_0, u_0) 的线段上的点，$f = [f_1, \cdots, f_n]^{\mathrm{T}}$ 表示用于代表系统动态特性的微分方程右侧的向量函数。式（3.41）是系统方程的精确公式重构。该系统的非线性通过非线性依赖关系 $x^{*p} = \phi(x, u, x_0, u_0)$ 和 $u^{*p} = \psi(x, u, x_0, u_0)$，$p=1, \cdots, n$ 来获得。应该注意的是，无法提供函数 ϕ 和 ψ 的确切形式，因此，它们的界限用于控制设计，而非精确表示式（3.41）中的 L 和 M。设 (x_0, u_0) 是平衡点（轨迹在其附近到达稳定），并定义 $\Delta x \triangleq x - x_0$ 和 $\Delta u \triangleq u - u_0$，则可将式（3.41）改写为

$$\begin{aligned}
\dot{\Delta x} &= \dot{x} - \dot{x}_0 \\
&= L(x - x_0) + M(u - u_0) \\
&= \left[\frac{\partial f_1}{\partial x} \bigg|_{\substack{x=x_0 \\ u=u_0}}, \cdots, \frac{\partial f_n}{\partial x} \bigg|_{\substack{x=x_0 \\ u=u_0}} \right]^{\mathrm{T}} \Delta x + \left(\left[\frac{\partial f_1}{\partial x} \bigg|_{\substack{x=x^{*1} \\ u=u^{*1}}}, \cdots, \frac{\partial f_n}{\partial x} \bigg|_{\substack{x=x^{*n} \\ u=u^{*n}}} \right]^{\mathrm{T}} \right. \\
&\quad \left. - \left[\frac{\partial f_1}{\partial x} \bigg|_{\substack{x=x_0 \\ u=u_0}}, \cdots, \frac{\partial f_n}{\partial x} \bigg|_{\substack{x=x_0 \\ u=u_0}} \right]^{\mathrm{T}} \right) \Delta x + \left[\frac{\partial f_1}{\partial u} \bigg|_{\substack{x=x_0 \\ u=u_0}}, \cdots, \frac{\partial f_n}{\partial u} \bigg|_{\substack{x=x_0 \\ u=u_0}} \right]^{\mathrm{T}} \Delta u \\
&\quad + \left(\left[\frac{\partial f_1}{\partial u} \bigg|_{\substack{x=x^{*1} \\ u=u^{*1}}}, \cdots, \frac{\partial f_n}{\partial u} \bigg|_{\substack{x=x^{*n} \\ u=u^{*n}}} \right]^{\mathrm{T}} - \left[\frac{\partial f_1}{\partial u} \bigg|_{\substack{x=x_0 \\ u=u_0}}, \cdots, \frac{\partial f_n}{\partial u} \bigg|_{\substack{x=x_0 \\ u=u_0}} \right]^{\mathrm{T}} \right) \Delta x \\
&= A\Delta x + (L - A)\Delta x + B_1 \Delta u + (M - B_1)\Delta u
\end{aligned} \tag{3.42}$$

式中，$A = \frac{\partial f}{\partial x} \bigg|_{\substack{x=x_0 \\ u=u_0}}$，$B_1 = \frac{\partial f}{\partial u} \bigg|_{\substack{x=x_0 \\ u=u_0}}$，$\Delta x$ 为状态向量。由于 x^{*p} 和 $p=1, \cdots, m$ 是未知的，难以获得 $(L-A)$ 的确切值，但有可能获得 $\|(L-A)\|$ 的界限。

在大多数系统中，$(L-A)\Delta x$ 项并不取决于所有状态变量，而只取决于状态向量 Δx 的一个子集 ξ。系统（3.42）如图 3.2 的框图所示。我们引入了信号 ξ，可以得出

$$(L - A)\Delta x + (M - B_1)\Delta u = B_2 \xi \tag{3.43}$$

和

$$\xi = \widetilde{\phi}(\widetilde{C}_1 \Delta x) + \widetilde{\psi}(\widetilde{D}_1 \Delta u), \phi = (1/\sqrt{\beta}) \lceil \widetilde{\phi} \widetilde{\psi} \rceil \tag{3.44}$$

式中，$\xi(t)$ 为不确定性输入，而 $\widetilde{\phi}(t)$ 为不确定增益矩阵。在典型鲁棒控制设计中，图 3.2 中的模块 $\phi(t)$ 包含未建模动态，而模块 $\phi(t)$ 的大小用于控制设计。如果在整个区域内计算 $\phi(t)$ 的最大值，则该值会过大以致限制了已设计的控制器的性能。在本章中，在整个兴趣区域内计算 $\phi(t)$ 的大小，该区域是根据详细

仿真来估计的。

B_2 和 $\widetilde{C}_1$ 有多种选择，以便使式（3.43）的等式成立。一般情况下，若 x^{*p}，$p=1$，…，m 是未知的，则难以获得（$L-A$）的确切值，但有可能在整个工作范围内获得 $\widetilde{\phi}$ 和 $\widetilde{\psi}$ 的界限，并选择参数 β 来确保，

$$\|\phi\|^2 \leqslant 1 \tag{3.45}$$

式中，β 为尺度参数。我们由此得出

$$\|\xi(t)\|^2 \leqslant \beta \|(\widetilde{C}_1 \Delta x + \widetilde{D}_1 \Delta u)\|^2 \tag{3.46}$$

并且恢复范数有界约束[6]，

$$\|\xi(t)\|^2 \leqslant \|\zeta(t)\|^2 \tag{3.47}$$

可以为任何电力系统模型确定用于得出 $\widetilde{\phi}$ 和 $\widetilde{\psi}$ 的表达式。

系统现在可改写为

$$\dot{\Delta x} = A\Delta x + B_1 \Delta u + B_2 \xi \tag{3.48}$$

输出矩阵 C_2 取决于电力系统的测量输出。

最后，选择 β 的值，使图 3.2 所示的不确定性 $\phi(t)$ 满足下式：

$$\|\phi\|^2 \leqslant 1 \tag{3.49}$$

我们由此得出：

$$\|\xi\|^2 \leqslant \beta \|\widetilde{C}_1 \Delta x\|^2 \tag{3.50}$$

并恢复以下 IQC（积分二次约束）[7]：

$$\|\xi\|^2 \leqslant \|\zeta\|^2 \tag{3.51}$$

为了便于控制设计，电力系统模型总结为

$$\dot{\Delta x}(t) = A\Delta x(t) + B_1 \Delta u(t) + B_2 \xi(t) \tag{3.52}$$

$$y(t) = C_2 \Delta x(t) + D_2 \xi(t) + D_2 w(t) \tag{3.53}$$

$$\zeta(t) = C_1 \Delta x(t) \tag{3.54}$$

式中，ζ 称为不确定性输出；$y(t)$ 为测量输出；而 C_2 为输出矩阵。

式（3.52）~式（3.54）为电力系统模型提供了一种新的表示形式，其中一部分为线性，而另一部分具有高阶项。本节介绍的新公式用于设计非线性电力系统的鲁棒控制器。

3.3.3 设计的技术在简单系统中的应用

单个风电场无穷大系统的单线图如图 3.3 所示，该系统的参数见表 3.1。风力发电机的简单框图如图 3.4 所示。

如图 3.3 所示，风电场和连接到无穷大母线的 STATCOM 可用下列方程[8, 9]来表示：

$$\dot{\omega}_m = (1/2H_m)[T_{aei} - K_s\gamma - D_m\omega_m] \tag{3.55}$$

$$\dot{\omega}_G = (1/2H_G)[K_s\gamma - T_e - D_G\omega_G] \tag{3.56}$$

$$\dot{\gamma} = 2\pi f (\omega_{\mathrm{m}} - (1/N_{\mathrm{g}})\omega_{\mathrm{G}}) \tag{3.57}$$

$$\dot{s} = (1/2H_{\mathrm{G}})[T_{\mathrm{m}} - T_{\mathrm{e}}] \tag{3.58}$$

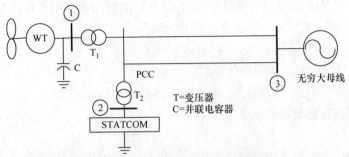

图 3.3 单一风电场无穷大系统

表 3.1 单一风电场无穷大系统的电机和电网参数

异步电机	
功率：2MW	$R_{\mathrm{s}} = 0.0121\mathrm{pu}$
电压：690V	$X_{\mathrm{s}} = 0.0742\mathrm{pu}$
频率：50Hz	$X_{\mathrm{m}} = 2.7626\mathrm{pu}$
自阻尼：0.008pu	$R_{\mathrm{r}} = 0.008\mathrm{pu}$
额定转差：0.02	$X_{\mathrm{r}} = 0.1761\mathrm{pu}$
二质量模型	STATCOM
$H_{\mathrm{m}} = 2.6\mathrm{s}$，$H_{\mathrm{G}} = 0.22\mathrm{s}$	容量：10kV·A
$D_{\mathrm{m}} = 3\mathrm{pu}$，$K_{\mathrm{s}} = 141\mathrm{pu}$	$R_{\mathrm{c}} = 0.01\mathrm{pu}$
变速器减速比：23.75	$C = 300\mu\mathrm{F}$
电网和线路	风力发电机参数
$x_{\mathrm{g}} = 0.1126\mathrm{pu}$	轮毂高度：30m
$r_{\mathrm{g}} = 0.01126\mathrm{pu}$	转子直径：23.2m
$X_{13} = 0.75\mathrm{pu}$	额定速度：42r/min
$r_{13} = 0.075\mathrm{pu}$	
并联补偿器	负荷
电容器：25kvar	空

$$\dot{E}'_{\mathrm{qr}} = -(1/T'_{\mathrm{o}})[E'_{\mathrm{qr}} - (X - X')i_{\mathrm{ds}}] - s\omega_{\mathrm{s}}E'_{\mathrm{dr}} \tag{3.59}$$

$$\dot{E}'_{\mathrm{dr}} = -(1/T'_{\mathrm{o}})[E'_{\mathrm{dr}} + (X - X')i_{\mathrm{qs}}] + s\omega_{\mathrm{s}}E'_{\mathrm{qr}} \tag{3.60}$$

$$\dot{v}_{\mathrm{dc}}(t) = -P_{\mathrm{s}}/Cv_{\mathrm{dc}} - v_{\mathrm{dc}}/(R_{C}C) \tag{3.61}$$

$$V_{\mathrm{ds}} = R_{\mathrm{s}}i_{\mathrm{ds}} - X'i_{\mathrm{qs}} + E'_{\mathrm{dr}} \tag{3.62}$$

$$V_{\mathrm{qs}} = R_{\mathrm{s}}i_{\mathrm{qs}} + X'i_{\mathrm{ds}} + E'_{\mathrm{qr}} \tag{3.63}$$

$$V_{\mathrm{t}} = \sqrt{V_{\mathrm{ds}}^{2} + V_{\mathrm{qs}}^{2}} \tag{3.64}$$

式中，$X' = X_{\mathrm{s}} + X_{\mathrm{m}}X_{\mathrm{r}}/(X_{\mathrm{m}} + X_{\mathrm{r}})$ 为暂态电抗；$X = X_{\mathrm{s}} + X_{\mathrm{m}}$ 为转子开路电抗；$T'_{\mathrm{o}} =$

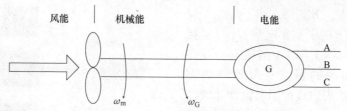

图 3.4　风力发电机的框图

$(L_r + L_m)/R_r$ 为暂态开路时间常数；V_t 为 IG 的端电压；s 为转差；E'_{dr} 为纵轴暂态电压；E'_{qr} 为正交轴暂态电压；V_{ds} 为 d 轴定子电压；V_{qs} 为 q 轴定子电压；T_m 为机械转矩；$T_e = E_{dr}i_{ds} + E_{qr}i_{qs}$ 为电磁转矩；X_s 为定子电抗；X_r 为转子电抗；X_m 为磁化电抗；R_s 为定子电阻；R_r 为转子电阻；H_G 是 IG 的惯性常数；i_{ds} 和 i_q 分别为定子电流的 d 轴和 q 轴分量；v_{dc} 为电容器电压；C 为直流电容器；R_c 为电容器的内部电阻；P_s 为系统提供给 STATCOM 为电容器充电的功率，其计算公式如下：

$$P_s = |E|^2 G_{22} + |E \| V_\infty | [B_{23}\sin\alpha + G_{23}\cos\alpha] + |E \| E'_{dr} \| [B_{21}\sin(\delta - \alpha) + G_{21}\cos(\delta - \alpha)] + |E \| E'_{qr} | [B_{21}\cos(\delta - \alpha) - G_{21}\sin(\delta - \alpha)] \quad (3.65)$$

d 和 q 轴定子电流由下式给出：

$$i_{ds} = E'_{dr} G_{11} + E'_{qr} B_{11} - V_\infty (G_{13}\sin\delta + B_{13}\cos\delta) + kv_{dc}[G_{12}\sin(\alpha - \delta) + B_{13}\cos(\alpha - \delta)]$$

$$i_{qs} = E'_{dr} B_{11} + E'_{qr} G_{11} + V_\infty (G_{13}\cos\delta + B_{13}\sin\delta) + kv_{dc}[G_{12}\cos(\alpha - \delta) - B_{13}\sin(\alpha - \delta)]$$

式（3.55）~式（3.61）可通过以下简写形式改写，具体如下：

$$\dot{x} = A_1 x + f_i(\zeta) + B_1 u \quad (3.66)$$

式中，$A_1 x$ 为线性部分；$f_i(\zeta)$ 是非线性部分。

对于此测试系统：

$$A_1 = \begin{bmatrix} 0 & 0 & 0 & 0 & 0 & 0 & 0 \\ 0 & -\dfrac{1 - B_{11}(X - X')}{T'_o} & \dfrac{G_{11}(X - X')}{T'_o} & 0 & 0 & 0 & 0 \\ 0 & -\dfrac{B_{11}(X - X')}{T'_o} & -\dfrac{1 + G_{11}(X - X')}{T'_o} & 0 & 0 & 0 & 0 \\ 0 & 0 & 0 & -\dfrac{D_m}{2H_m} & 0 & -\dfrac{K_s}{2H_m} & 0 \\ 0 & 0 & 0 & 0 & -D_G & 0 & 0 \\ 0 & 0 & 0 & 0 & 2\pi f & -\dfrac{1}{N_G} & 0 \\ 0 & 0 & 0 & 0 & 0 & 0 & -\dfrac{1}{R_c C} \end{bmatrix}$$

$$(3.67)$$

$x = \left[s, E'_{qr}, E'_{dr}, \omega_m, \omega_G, \gamma, v_{dc} \right]$；$\zeta$ 是状态向量 x 的子集；向量 $f_1(\zeta)$ 包括式(3.55) ~ 式(3.61)中的所有非线性项。框图相关的系统（3.66）如图 3.5 所示。此表达式可用来设计非线性控制器[10, 11]或将 $f_1(\zeta)$ 作为建模不确定性，并设计线性鲁棒控制器[12, 13]。

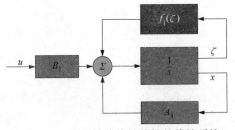

图 3.5　具有反馈非线性特性的线性系统

在许多线性控制方法中，非线性系统首先在平衡点附近进行线性化，随后将该模型用于控制器设计[14, 15]。在本书介绍的方法中，我们对线性控制器的有效性区域进行了量化，还使用式（3.66）中的公式大大降低了已设计控制器的保守性。

使用所设计的方法设计鲁棒控制器的第一步是在依据 x_0 和 $\bar{x}$ 得出的区域内使系统线性化。所需平衡点是 x_0，而 $\bar{x}$ 是由兴趣区域的端点组成的向量。由 x_0 和 $\bar{x}$ 定义的区域是一个"多面体"区域 Ω，其中心位于 x_0 处，角点由 $\bar{x}$ 给出。中值定理用来获得以下线性模型[3]：

$$\Delta \dot{x} = L\Delta x + B_1 \Delta u \tag{3.68}$$

式中，L 和 B_1 为状态，并控制在区域 Ω 某一点处计算出的雅可比矩阵。

线性化系统式（3.68）改写为以下形式[16]：

$$\Delta \dot{x} = A\Delta x + (L - A)\Delta x + B_1 \Delta u \tag{3.69}$$

式中，A 是在平衡点 x_0 处计算所得的雅可比矩阵。以式（3.69）形式编写系统的理念可利用线性鲁棒控制方法，其中 $\Delta \dot{x} = A\Delta x + B_1 \Delta u$ 是系统模型，$(L - A)$ 是建模不确定性。框图相关的系统式（3.69）如图 3.6 所示，其中

$$(L - A)\Delta x = B_2 \phi(\zeta) \tag{3.70}$$

系统现在可改写为

$$\Delta \dot{x} = A\Delta x + B_1 \Delta u + B_2 \phi(\zeta) \tag{3.71}$$

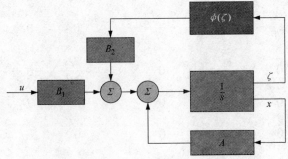

图 3.6　带有柯西留数的线性化系统

对于风电场系统（参数见表 3.1），所需平衡点 $s_0 = 0.10\mathrm{pu}$，$E'_{dr0} = 0.925\mathrm{pu}$，

$E'_{qr0} = 0.96\text{pu}$，$\omega_{m0} = 1.1\text{pu}$，$\omega_{G0} = 1.1\text{pu}$，$\gamma_0 = 8.5°$，$v_{dc0} = 1\text{pu}$，周围的状态雅可比矩阵为

$$A = \begin{bmatrix} 0 & 4.950 & 329.5 & 0 & 0 & 0 & -0.4491 \\ -4.978 & -19.72 & 89.96 & 0 & 0 & 0 & 6.595 \\ -3.381 & -0.01185 & -0.7888 & 0 & 0 & 0 & -0.3736 \\ 0 & 0 & 0.000 & -18.92 & 4.947 & -27.15 & 0 \\ 0 & 0 & -4.975 & -19.71 & -89.95 & 6.596 & 0 \\ 0 & 0 & 0.000 & -3.382 & 377 & -0.04 & 0 \\ 0 & -7.171 & -1.016 & -7.172 & 0 & 0 & -39.82 \end{bmatrix}$$

$$(3.72)$$

基于各种故障条件的仿真，我们确定了需要控制器进行有效工作的区域 Ω。区域 Ω 由具备以下值的角点 $[\bar{s}, \bar{E}'_{dr}, \bar{E}'_{qr}, \bar{\omega}_m, \bar{\omega}_G, \bar{\gamma}, \bar{v}_{dc}]^T$ 和 $[\underline{s}, \underline{E}'_{qr},$
$\underline{E}'_{dr}, \underline{\omega}_m, \underline{\omega}_G, \underline{\gamma}, \underline{v}_{dc}]^T$ 得出：

$\bar{s} = s_0 + 0.225\text{pu}$，$\underline{s} = s_0 - 0.225\text{pu}$，$\bar{E}'_{dr} = E'_{dr0} + 0.242\text{pu}$，$\underline{E}'_{qr} = E'_{qr0} -$
0.242pu，$\bar{E}'_{qr} = E'_{qr0} + 0.225\text{pu}$，$\underline{E}'_{qr} = E'_{qr0} - 0.225\text{pu}$，$\omega_m = \omega_{m0} + 0.395\text{pu}$，
$\underline{\omega}_m = \omega_{m0} - 0.395\text{pu}$，$\bar{\omega}_G = \omega_{G0} + 0.328\text{pu}$，$\underline{\omega}_G = \omega_{G0} - 0.328\text{pu}$，$\bar{\gamma} = \gamma_0 + 25°$，
$\underline{\gamma} = \gamma_0 - 25°$，$\bar{v}_{dc} = v_{dc0} + 0.334\text{pu}$，$\underline{v}_{dc} = v_{dc0} - 0.334\text{pu}$，

式（3.66）和式（3.69）中的未建模非线性部分的界限位于区域 Ω 中：

$$\| f_1(\zeta) \|^2 \leqslant 1.75 \; \| \zeta \|^2 \qquad (3.73)$$

$$\| \phi(\zeta) \|^2 \leqslant 0.69 \; \| \zeta \|^2 \qquad (3.74)$$

从上述两个界限可清楚得知，$\phi(\zeta)$ 的大小约为 $f_1(\zeta)$ 大小的 $1/3$，这也是在此工作中使用公式获得高性能控制器相关数据的原因之一。同样使用这种线性化方法可保证所设计的控制器在整个兴趣区域 Ω 上均有效。

确实存在 A 矩阵在不同工作点上进行计算的控制设计方法，例如对于不同负荷条件，并且 A 矩阵之间的差异通常称为 ΔA，其用于设计鲁棒控制器[17-19]。矩阵 ΔA 由端点 A 矩阵进行估算。上述 $\phi(\zeta)$ 的界限是在区域内部的一个点上获得的，即 $s^* = 0.175\text{pu}$，$E^*_{dr} = 0.825\text{pu}$，$E^*_{qr} = 0.765\text{pu}$，$\omega^*_m = 1.28\text{pu}$，$\omega^*_G = 1.325\text{pu}$，$\gamma^* = 17.5°$，$v^*_{dc} = 0.725\text{pu}$。这清楚表明当使用常用的 ΔA 来设计鲁棒控制器时必须格外谨慎。

3.4　电力系统模态分析

本节介绍了一些用于理解控制器设计方法所必需的模态分析基础知识。通过在工作点附近使非线性电力系统模型线性化，总线性化系统模型可表示为

$$\Delta \dot{x} = A\Delta x + B\Delta u \qquad (3.75)$$

$$\Delta y = C\Delta x + D\Delta u \tag{3.76}$$

式中，Δx 为长度状态向量，等于状态 n 的数量；Δy 为长度 m 的输出向量；Δu 为长度 r 的输入向量；A 为 $n\times n$ 状态矩阵；B 为控制或输入矩阵（大小为 $n\times$ 输入 r 的数量）；C 是大小为 $m\times n$ 的输出矩阵；D 是大小为 $m\times r$ 的前馈矩阵。

通过对上述方程进行拉普拉斯变换，我们得出：

$$s\Delta x(s) - \Delta x(0) = A\Delta x(s) + B\Delta u(s) \tag{3.77}$$

$$\Delta y(s) = C\Delta x(s) + D\Delta u(s) \tag{3.78}$$

状态方程的形式解导出：

$$\Delta y(s) = C(sI-A)^{-1}[\Delta x(0) + B\Delta u(s)] + D\Delta u(s) \tag{3.79}$$

其中 I 代表单位矩阵。方程

$$\det(sI-A) = 0 \tag{3.80}$$

称为矩阵 A 的特征方程，而满足此特征方程的 s 值是矩阵 A 的特征值。系统响应的固有模式与特征值有关。A 的特征特性分析提供了有关系统稳定特性的有价值的信息[20]。

系统矩阵 A 是 $n\times n$ 矩阵，并有 n 个特征值的解：

$$\lambda = \lambda_1, \lambda_2, \cdots, \lambda_n \tag{3.81}$$

对于任何特征值 λ_i，满足（3.82）的 n 列向量 φ_i 称为与特征值 λ_i[20] 相关的 A 的右特征向量，其表达式如下：

$$A\phi_i = \lambda_i \phi_i \tag{3.82}$$

同样，n 行向量 ψ_i 满足下式：

$$\psi_i A = \lambda_i \psi_i \tag{3.83}$$

被称为与特征值 λ_i 相关的左特征向量。

实际上，右特征向量描述了如何在系统状态之间分配每种振荡模式，其称为模式形状。左特征向量连同输入系数矩阵和扰动决定了特定情况下时域解的模式幅值[20]。

为了简洁表达 A 的特征特性，还引入了模态矩阵：

$$\phi = \phi_1, \phi_2, \cdots, \phi_n \tag{3.84}$$

$$\psi = \psi_1, \psi_2, \cdots, \psi_n \tag{3.85}$$

如果我们定义一个变换后的向量 z，则在 $x = \Phi z$（因为 $\Phi\Psi = I$，我们得出 $z = \Psi x$）的情况下，（$u=0$）时：

$$\dot{z} = \Phi^{-1}A\Phi z = \Lambda z \tag{3.86}$$

这意味着 $z_i(t) = \mathrm{e}^{\lambda_i t}z(0) = \mathrm{e}^{\lambda_i t}\psi_i tx(0)$，最后：

$$x(t) = \sum_{i=1}^{n}\phi_i\psi_i x(0)\mathrm{e}^{\lambda_i t} \tag{3.87}$$

- $z(t)$ 的第 i 个元素称为特征值 λ_i 相对应的第 i 个系统模式。

- 第 i 个右特征向量 ϕ_i 是特征值 λ_i 的相应模式形状。
- 左特征向量的第 j 个元素 ψ_i、ψ_{ij} 用于表示第 i 个模式下的第 j 个状态。
- 对于复特征值 $\lambda_i = \alpha_i + jb_i$ 及其特征向量，$\phi_i = U_i + jV_i$，我们得出：

$$AU_i = a_i U_i - b_i V_i \tag{3.88}$$

$$AV_i = a_i V_i + b_i U_i \tag{3.89}$$

3.5　特征值灵敏度

使用特征值灵敏度来确定特征值对状态矩阵 A 元素变化的灵敏度。特征值 λ_i 对状态矩阵元素 a_{kj} 的灵敏度等于左特征向量元素 ψ_{ik} 和右特征向量元素 φ_{ji} 的乘积：

$$A\phi_i = \lambda_i \phi_i \tag{3.90}$$

$$\frac{\partial A}{\partial a_{kj}} \phi_i + A \frac{\partial \phi_i}{\partial a_{kj}} = \frac{\partial \lambda_i}{\partial a_{kj}} \phi_i + \lambda_i \frac{\partial \phi_i}{\partial a_{kj}} \tag{3.91}$$

$$\psi_i \frac{\partial A}{\partial a_{kj}} \phi_i = \frac{\partial \lambda_i}{\partial a_{kj}} \tag{3.92}$$

$$\frac{\partial \lambda_i}{\partial a_{kj}} = \psi_{ik} \phi_{ji} \tag{3.93}$$

由于我们知道 $\varphi_i \psi_i = I$，$\psi_i(A - \lambda_i) = 0$，因此最终只有 A 的第（k，j）个元素由 a_{kj} 确定。

从上述灵敏度公式中，我们可以了解到如果改变 A 矩阵的第（k，k）个元素会发生什么情况，即针对状态变量 x_k 的 $\dot{x}_k$，在状态方程中提供反馈：

$$\frac{\partial \lambda_i}{\partial a_{kk}} = \psi_{ik} \phi_{ki} = P_{ki} \tag{3.94}$$

从这我们可以得知改变第 i 种模式的最佳方式是将控制应用于状态变量 k 上，使得 p_{ki} 成为最大参与因子。

3.6　参与矩阵

参与矩阵 P 将左右特征向量组合为状态变量与模式之间的关联测度，它表示了相对于状态矩阵对角元素的特征灵敏度。

$x_j = \sum_{i=1}^{n} \phi_i \psi_i x(0) e^{\lambda_i t}$ 状态的动态由各种模式的动态组成，我们发现 φ_{ji} 在状态 x_j 中是模式 z_i 的参与项。

我们得出 $z_i = \sum_{i=1}^{n} \psi_{ij} x_j$，这表示 $\phi_{ji} \psi_{ij}$ 在状态 x_j 中是模式 i 的参与项，反之亦然。参与矩阵 P 由下列元素组成

$$P_{ki} = \phi_{ki} \psi_{ki} = P_{ki} \tag{3.95}$$

- p_{ki} 在第 k 个模式中是第 i 个状态的参与因子，反之亦然。

- 系统的状态并非唯一；它可以缩放并且特征向量也可以通过任意常数来缩放。
- 参与因子与规模无关。
- 参与因子有助于安置励磁机和 STATCOM。

3.7 留数

p_1，$\cdots$，p_n 处有极点的系统传递函数如下：

$$G_s = \frac{R_1}{(s - p_1)} + \frac{R_2}{(s - p_2)} + \cdots + \frac{R_n}{(s - p_n)} \tag{3.96}$$

式中 R_i，$i = 1$，$\cdots$，n 是系统。接下来让我们看看 R_i 和模态矩阵之间的关系。将相同系统的状态空间表示为

$$\Delta \dot{x} = A\Delta x + B\Delta u \tag{3.97}$$

$$\Delta y = C\Delta x + D\Delta u \tag{3.98}$$

定义 $x = \phi z$，给定 $\dot{z} = \phi^{-1}A\phi z + \phi^{-1}Bu$，$y = C\phi z$，

$$G_s = C\phi(sI - A)^{-1}\phi^{-1}B = \sum_{i=1}^{n}\frac{C\psi_i\phi_i B}{s - p_i} \rightarrow R_i = C\psi_i\phi_i B \tag{3.99}$$

留数提供了相应特征值灵敏度，从而将传递函数输出反馈至其输入中。它们有助于发现对研究模式影响最大的反馈信号。

3.8 母线参与因子、特征值和电压稳定性

母线参与因子提供了与系统每个模式（特征值）相关的区域以及特定模式的相对母线参与项。这种分析是在最大功率传输水平下完成的，从而根据负荷潮流方程而非动态方程来找出易受电压失稳影响的薄弱点和区域。为评估电压稳定裕度和电压薄弱点，进行模态分析。

模态分析涉及计算简化系统稳态雅可比矩阵（J_R）特征值，该矩阵在网络中保留 $Q - V$ 关系。应注意的是，（J_R）代表了母线电压幅值和母线无功功率注入的递增量变化间的线性关系，并不代表动态系统。正特征值表示模态电压与模态无功功率处的方向相同，因此系统电压稳定，另一方面，负特征值表示模态电压与模态无功功率的方向相反，因此系统电压失稳。

线性化稳态电源电压方程由文献［21］给出：

$$\begin{bmatrix} \Delta P \\ \Delta Q \end{bmatrix} = \begin{bmatrix} J_{P\Theta} & J_{PV} \\ J_{Q\Theta} & J_{QV} \end{bmatrix} \begin{bmatrix} \Delta \Theta \\ \Delta V \end{bmatrix} \tag{3.100}$$

假定 $\Delta P = 0$，则 $\Delta Q = J_R \Delta V$，$\Delta V = J_R^{-1} \Delta Q$，其中 $J_R = [J_{QV} - J_{Q\Theta}J_{P\Theta}^{-1} J_{PV}]$。假定

$$J_{\mathrm{R}} = \zeta \Lambda \eta \tag{3.101}$$

式中，ζ 和 η 分别是左右特征向量，并且 $\Lambda = \mathrm{diag}\{\lambda_1, \cdots, \lambda_n\}$，因此特征值 J_{R} 为

$$J_{\mathrm{R}}^{-1} = \zeta \Lambda^{-1} \eta \tag{3.102}$$

从式（3.102）中，我们得出

$$\Delta V = \zeta \Lambda^{-1} \eta \Delta Q \tag{3.103}$$

或

$$\Delta V = \sum_i \frac{\zeta_i \eta_i}{\lambda_i} \Delta Q \tag{3.104}$$

式中，ζ_i 为第 i 列右特征向量；η_i 为 J_{R} 的第 i 行左特征向量；依据左右特征向量的基本定义得出；ζ_i 和 η_i 为正交向量。

在此分析中，我们希望找到无功功率损耗变化对电压的灵敏度。无功功率变化公式如下：

$$\Delta Q_{\mathrm{m}i} = K_i \zeta_i \tag{3.105}$$

正规化常数 K_i 由下式得出：

$$K_i^2 \sum_j \zeta_{ji}^2 = 1 \tag{3.106}$$

式中，ζ_{ji} 为特征向量 ζ_i 的第 j 个元素。相应的第 i 个模态电压变化为

$$\Delta V_{\mathrm{m}i} = \frac{1}{\lambda_i} \Delta Q_{\mathrm{m}i} \tag{3.107}$$

最小特征值 λ_i 越小，电压对无功功率变化越敏感。

接下来，在式（3.104）中，设 $\Delta Q = \eta_k$，其中 η_k 的所有其他元素均为零，但第 k 个元素为 1。由此：

$$\Delta V = \sum_i \frac{\eta_{ik}\zeta_i}{\lambda_i} \tag{3.108}$$

式中，η_{ik} 是特征向量 η_i 的第 k 个元素。母线 k 的 $V - Q$ 灵敏度：

$$\frac{\partial \Delta V_k}{\partial \Delta Q_k} = \sum_i \frac{\zeta_{ki}\eta_{ik}}{\lambda_i}$$

$$= \sum_i \frac{p_{ki}}{\lambda_i} \tag{3.109}$$

式中 $p_{ki} = \zeta_{ki}\eta_{ik}$ 是母线参与因子。

针对给定的无功功率注入计算支路和发电机参与因子 $\Delta Q_{\mathrm{m}i}$。而 $\Delta V_{\mathrm{m}i} = J_{\mathrm{R}}^{-1} \Delta Q_{\mathrm{m}i}$，$\Delta Q_{\mathrm{m}i} = -J_{\mathrm{P}\Theta}^{-1} J_{\mathrm{PV}} \Delta V_{\mathrm{m}i}$，该信息可用于计算流经所有输电线路并由发电机提供的无功功率。支路和发电机参与因子包含传输或产生的单一无功功率除以整个系统最大值的比率[21]。

3.9　本章小结

本章介绍了传统的和所设计的线性化技术及模态分析技术。状态矩阵的特征

值检查对电力系统给定工作点某个邻域中的小扰动电压稳定性提供了足够信息。它贯穿全书，以获得设计控制器所需的临界模式和参与因子的概念。

　　设计控制器之前，必须清楚电力系统发生电压失稳的方式。下一章将介绍一些可能出现的电压崩溃机制，以更深入地了解电压失稳现象的动态机制。

参 考 文 献

1. Pal B, Chaudhuri B (2005) Robust control in power systems. Springer, New York
2. Pavella M, Murthy PG (1994) Transient stability of power systems: theory and practice. Wiley, Chichester
3. Khalil HK (1992) Nonlinear systems. Prentice-Hall, New York
4. Leith DJ, Leithead WE (2000) Survey of gain-scheduling analysis and design. Int J Control 73(11):1001–1025
5. Hossain MJ, Pota HR, Mahmud MA, Ramos RA (2011) New approach of modelling power systems for robust control. In: IEEE power and energy society general meeting, Michigan, pp 1–8
6. Ugrinovskii VA, Petersen IR (2001) Minimax LQG control of stochastic partially observed uncertain systems. SIAM J Control Optim 40(4):1189–1226
7. Petersen IR, Ugrinovskii VA, Savkin AV (2000) Robust control design using H_∞ methods. Springer, London
8. Ackermann T (2005) Wind power in power systems. Wiley, London
9. Nandigam K, Chowdhury BH (2004) Power flow and stability models for induction generators used in wind turbines. In: IEEE power engineering society general meeting, Denver, CO, pp 2012–2016
10. Gao L, Chen L, Fan Y, Ma H (1992) A nonlinear control design for power systems. Automatica 28(5):975–979
11. Wang Y, Guo G, Hill DJ (1997) Robust decentralized nonlinear controller design for multi-machine power systems. Automatica 33(9):1725–1733
12. Kwang MS, Park JK (2000) On the robust LQG control of TCSC for damping power system oscillations. IEEE Trans Power Syst 15(4):1306–1312
13. Boukarim GE, Wang S, Chow JH, Taranto GN, Martins N (2000) A comparison of classical, robust, and decentralized control designs for multiple power system stabilizers. IEEE Trans Power Syst 15(4):1287–1292
14. Rao P, Crow ML, Yang Z (2000) STATCOM control for power system voltage control applications. IEEE Trans Power Delivery 15(4):1311–1317
15. Ko HS, Lee KY, Kim HC (2004) An intelligent based LQR controller design to power system stabilization. Electric Power Syst Res 71(1):1–9
16. Hossain MJ, Pota HR, Ugrinovski V, Ramos RA (2009) Robust STATCOM control for the enhancement of fault ride-through capability of fixed-speed wind generators. In: IEEE multi-conference on systems and control. Saint Petersburg, pp 1505–1510
17. Ramos RA, Martins ACP, Bretas NG (2005) An improved methodology for the design of power system damping controllers. IEEE Trans Power Syst 20(4):1938–1945
18. Ramos RA, Alberto LFC, Bretas NG (2004) A new methodology for the coordinated design of robust decentralized power system damping controllers. IEEE Trans Power Syst 19(1):444–454
19. Li L, Ugrinovskii VA, Orsi R (2007) Decentralized robust control of uncertain markov jump parameter systems via output feedback. Automatica 43(11):1932–1944
20. Kundur P (1994) Power system stability and control. Mcgraw-Hill, New York
21. Klein M, Rogers GJ, Moorty S, Kundur P (1992) Analytical investigation of factors influencing power system stabilizers performance. IEEE Trans Energy Convers 7(3):383–390

第 4 章

利用风力发电机和 FACTS 设备 进行动态电压失稳分析

摘要 近年来，由于使用 FACTS 设备，现有输电线路的运行接近其极限，并且由于具备更多间歇性特征和更低惯性响应的新型发电机的（如风力发电机）渗透率越来越高，使得电力系统的复杂性增加。电力系统的这种变化性质对其动态特性产生相当大的影响，导致出现功率波动，不同电力系统设备之间发生动态交互并且同步耦合减少。本章对电力系统的这种变化性质及其动态特性进行了一些分析，以剖析限制风力发电机和 FACTS 设备大规模并网的关键问题。此外，本章还介绍了不同电网拓扑高补偿的一些常见问题。本章研究了不同扰动下的新英格兰和纽约电力系统模型。从分析中可知，在某些工况下，高补偿可降低安全极限，并且与工作转差和轴刚度有关的模式极为重要，因为它们可能会限制风力发电的大规模并网。

4.1 简介

电力系统是随经济增长和不断增加的电力需求而发展的复杂系统。随着人口日益增长以及发展中国家的工业化，需要更多的能源来满足基本需求并提高人类福利标准[1]。现代电力系统的结构正变得越来越复杂，可通过减少碳排放和使用可再生能源来节约能源。

在数字化时代，为住宅和商业用户提供可靠高效的电力供应通常是一项非常巨大的挑战。输电线路建设中的监管不确定性、成本以及长期延迟，正是目前造成许多国家输电能力严重不足的重要原因[2]。解决这些问题需要创新思维。越来越多的电力利益相关者现在意识到，从长期成本效益来看，对环境影响小的技术（FACTS 设备和直流母线）适合提高可靠性和输电能力[2]。

近年来，由于资源不足和环境限制，电力需求大幅增加，输电线路扩建也受到严重限制。造成的结果是，一些输电线路负荷严重，与此同时系统稳定性也成为一种电力传输限制因素。FACTS 控制器已被用于解决各种电力系统稳态控制问题，除主要用于潮流控制之外，还可以增强电力系统稳定性[3]。

诸如晶闸管控制的 TCSC、MSC、SVC 和 STATCOM 之类的动态无功设备无需占用大量面积，而在与主流新型超高电压（Extra – High Voltage，EHV）输电线路相比时，这一优点尤为明显[4]。这些特性使得它们更容易为政府机构和公众所接受，因此也更容易为负责提供可靠电力传输服务的输电系统运营商所接受。

在多数情况下，这些动态无功设备的造价比同等数量的新输电线路造价要低。而在缓解电压或无功问题并实现灵活性方面，在适度运用时，这些设备无疑是对系统规划人员和运营商所用的一系列办法中非常实用的补充。但是如过度使用，这些设备可能会增加系统崩溃失控的风险，并显著增加系统设计和操作的复杂性。这种复杂性可能会在系统中引入新的故障模式，并以意想不到的方式降低输电系统的整体可靠性[5]。

近年来，继可再生能源法规发布后，丹麦、德国、美国、中国、爱尔兰、澳大利亚和印度政府均不断推动可再生能源发展，目前大量风电场均在 220kV 的电压等级上与输电网互联，也提供了更高的装机容量。连接到更高的电压等级后，其影响也进一步扩大。欧洲风能协会（The European Wind Energy Association，EWEA）预计，2020 年和 2030 年欧洲风电总装机容量将分别达到 230GW 和 300GW。这将使风力发电的数量级与 20 世纪所开发的传统技术的贡献相同。风力发电的历史发展以及目前世界范围内并网和独立风力发电的现状均在文献［6］中进行了概述。目前的并网发展规模已引起对这一课题的高度关注：即风电渗透规模对电力系统未来安全性、稳定性、可靠性和保障性的影响[7]。

由于异步发电机接入到电网中，电压稳定性也将受到影响。现今存在几个技术限制，可能会限制风电接入到电力系统中，包括稳态或动态稳定性方面。大部分大型风电场，包括拟建的大型风力发电项目，均在地理位置上远离负荷中心并连接到相对较薄弱的输电网络[8]。在此类薄弱输电网络中存在风电场，也造成了人们对系统安全性和稳定性的严重担忧。对电力系统设施的担忧正在从电能质量问题转向风电并网所带来的稳定性问题。在风电并网的影响研究中，电压稳定性问题是一个关键问题，因为大部分现有风电场均是以配有简单 SCIG 的 FSWT 为基准的[9]。文献［10］中讨论了风力发电机对配电系统电压分布的影响。

SCIG 消耗无功功率，在系统发生意外事件期间表现与 IM 类似，同时还会使当地电网电压稳定性恶化[11]。目前，配备有 DFIG 的 VSWT 由于其无功功率和电压控制能力而得到越来越广泛的应用。DFIG 利用电力电子换流器，能够调节其自身的无功功率，以在给定的功率因数下运行或控制电网电压。然而，由于PWM 换流器的能力有限，DFIG 的电压控制能力无法与同步发电机的电压控制能力相提并论。当电压控制要求超出 DFIG 的能力时，电网的电压稳定性也可能受到影响。

近年来，已经广泛研究了 FACTS 设备在电压调节、潮流控制、暂态稳定以及功率振荡阻尼等应用过程中所面临的一些主要运行问题[3, 12-14]。目前研究的目标是调查 FACTS 设备的应用、优势和位置，以迎接新的挑战，例如可再生能源的渗透率不断增加，特别是应对风力发电、需求增长、资源有限和竞争激烈的电力市场。然而，标准的电力系统 FACTS 控制器是局部非协调线性控制器[15]。这些局部控制器的交互有可能会造成不利影响，并导致不同控制器的控制工作不当。而随着 FACTS 设备密度的迅速增长，非常有必要考虑未来电力系统中控制器之间的交互[15]。

最近，已经大量分析了风力发电机大规模并网对动态稳定性的影响。而在风电对振荡和阻尼的影响方面，研究过程中已经逐渐将定速或变速风力发电机的功率取代系统中同步发电机所产生的功率[16, 17]。尽管电压模式也受到风力发电机的渗透影响，但文献 [16] 中仅研究了对机电模式的影响。文献 [9] 对处于不同风电并网水平和电网替代方案的电压稳定性极限进行了说明，其中考虑了系统中存在和不存在额外稳定控制的情况以及风力发电机组的不同特性。文献 [9] 并没有详细分析动态负荷建模和故障分析。然而，负荷特性与电压失稳密切相关[18, 19]。

文献 [20] 中讨论了将大型风力发电场与电网相互连接的问题，并介绍了使用 AC 和 DC 输电技术以及具有储能 FACTS 设备过程中所出现预期问题的可能解决方案。由于在最常见的暂态仿真软件包中缺乏这种发电机模型，所以详细研究了并网大型 DFIG 类风电场对电力系统暂态稳定性的影响，包括整个发电机模型[21]。如文献 [21] 所示，当采用 DFIG 型风电场替代指定同步发电机时，电力系统暂态稳定性可以在一定程度上得到改善。本章未考虑当故障电流超过换流器额定值时转子短路的影响[21]。然而，在大扰动期间，DFIG 的特性与传统 SCIG 相似，转子电阻增加[22]。

文献 [23] 中讨论了在系统中容纳越来越多的风能的挑战及其对系统运行的影响，文献 [24] 中介绍了将分布式发电（特别是大型海上风电）并入丹麦电力系统的相关情况。后一篇文章主要关注短期电压稳定性的研究，主要关注的问题之一是评估电网对输电系统中短路故障的响应。文献 [25] 中还提及了将大型风电并入弱电网（具有远距离输电线路）的相关技术问题，以及风力发电设施面临的最重大挑战，包括电压控制、无功功率管理、动态功率波动稳定性和电网扰动后的特性。文献 [25] 表明，具有电网的可变风电厂的解耦特性能够确保实现稳定性能，该性能超过了具有相同额定值且安装在相同位置的传统同步发电机。

大型风力发电设施的发展与传统发电厂越来越类似，它们与输电网络、其他发电机组和 FACTS 设备进行交互的能力越来越像传统发电设备，但这不会影响其性能或系统可靠性。但在应用成为现实之前，仍需解决许多挑战，并实现新突破。

预计风力发电在全球许多国家和地区都有很高的渗透率。FACTS 设备将主要用于将大规模风能并入电力系统中。在不久的将来，电力系统的动态可能主导风力发电机和 FACTS 设备的动态。因此，将风电和 FACTS 设备整合到现有电力系统网络之前，需要就其对电力系统稳定性和可靠性的影响进行全面分析。本章将分析系统及其动态特性的变化性质，以确定未来需要解决的问题，或者将限制因素定义到可以接受的程度。本章将考虑以下情况：

1）较高 FACTS 密度对分布式电力系统动态性能的可能影响；

2）FACTS 设备间的关键交互；

3）风力发电能力和 FACTS 设备是否存在一定界限，超过该界限后系统动态特性即变得不稳定且可控性差。

4.2 案例研究

本节考虑了一个包含 16 机、69 节点的系统[26]。该系统的单线图如图 4.1 所示，其参数在附录 X 中给出。该系统是互联新英格兰（NETS）和纽约电力系统（NYPS）的降阶等效模型。该系统涉及五个地理区域，其中 NETS 和 NYPS 由一组发电机表示，而来自其他三个相邻区域 3、4 和 5 的每一个输入则近似为发电机等效模型。来自其他邻近地区的发电机、负荷和输入是 20 世纪 70 年代初工况的代表。系统的总负荷为 $P_L = 17620.65\mathrm{MW}$，$Q_L = 1971.76\mathrm{Mvar}$ 以及发电 $P_G = 18408.00\mathrm{MW}$。系统的线损为 152.2MW。发电机 G_1 和 G_9 是 NETS 发电机的等效表示，而发电机 $G_{10} \sim G_{13}$ 则是 NYPS 发电机的等效表示。发电机 $G_{14} \sim G_{16}$ 是连接到 NYPS 的三个相邻区域的动态等效物。在连接母线 60—61、53—54 和 27—53 的 NETS 和 NYPS 之间有三个主要的输电通道。所有这些通道均具有双回路联络线。在稳定状态下，NETS 和 NYPS 之间的联络线功率交换总计为 700MW。NYPS 需要从 5 区输入 1500MW。

所有测试系统的发电机（$G_1 \sim G_{16}$）均由子暂态模型表示[26]。假定发电机的机械输入功率在扰动期间是恒定的。发电机 $G_1 \sim G_8$ 配备慢速励磁系统（IEEE – DC1A），而 G_9 配备快速反应静态励磁系统（IEEE – ST1A）[26]，该系统具有 PSS 以为局部模型提供辅助阻尼控制。其余的发电机均处于手动励磁控制下[26]。负荷建模为 20% 大 IM 负荷[19]、25% 小 IM 负荷[19] 和 55% 静态负荷。静态负荷的有功分量由恒定电流模型表示，无功分量由恒定阻抗模型表示，如文献［27］中对动态仿真的建议处理。

在本节中，FSWT 和 DFIG 均用于分析。在文献［28，29］中讨论了用于潮流和动态分析的 IG 建模。文献［30］给出了一个用于表示 VSWT 在电力系统动态仿真中的通用模型。本节从不同的 FACTS 设备中选择了 SVC[26]、TCSC[26] 和

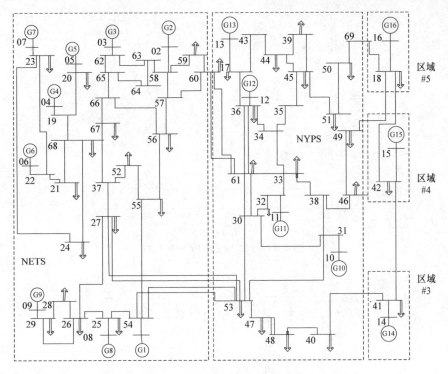

图 4.1　16 机 69 节点测试系统

STATCM[11]。

可以通过许多案例深入地了解这些复杂的问题。

4.2.1　高输入负荷区

该测试系统的负荷区内需要大量补偿。这是由于负荷对无功功率的高需求、馈电线需要大量的无功功率以及负荷区内缺少能够将无功功率当作副产物传输的发电机组。大量的无功补偿导致 $P-V$ 曲线平缓延伸到某一点，并从那一点开始急剧下降，而在得到适度补偿的系统中，该 $P-V$ 曲线逐步下降，并朝临界点弯曲。结果是电压长时间处于良好水平，且未发现任何问题。但电压失稳的安全裕度实际上非常小，且一个小事故就可能会毁坏系统。

如图 4.2 所示，高度补偿（750Mvar）NETS 区中母线 49 的 $P-V$ 曲线，且负荷（$P=1350$MW 和 $Q=29$Mvar）由 NETS 提供。该系统在母线 49 处以 864MW 的负荷运行，且在该负荷条件下电压保持恒定。线路 60—61 其中一条线路中间出现了三相故障，而母线 49 处产生的电压如图 4.3 所示，其中显而易见的是，虽然系统得到高度补偿且以恒定电压运行，但安全裕度小会引起失稳。

4.2.2　DFIG 型风电场和若干同步发电机

静态情况下，DFIG 常常不会提供与同步发电机同样多的无功功率，在动态

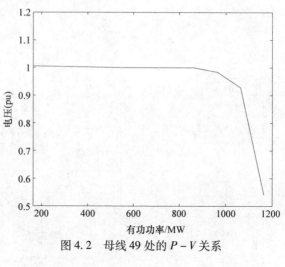

图 4.2　母线 49 处的 $P-V$ 关系

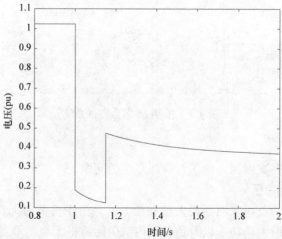

图 4.3　线路 60—61 中一条线路中间出现三相故障时母线 49 处的电压

情况下，它们也不能产生相同的短路电流。馈电无功功率所提供的故障后电压支持对于 DFIG 来说通常比同步发电机更差。尽管最近的研究表明对电压支持区域的改进是可能的，但由于与同步发电机相比，DFIG 的性能较差，因此由其所主导的系统表现比同步发电系统更差，结果是这种系统在通常情况下需要更多的无功补偿。在深度电压骤降期间，同步发电机馈送的无功电流比基于 DFIG 的风电场更多，因此可为电网电压提供更强的支持。此外，DFIG 在暂态期间表现为 SCIG 时会消耗无功功率，并会降低电压稳定性极限。

图 4.4 所示为在线路 60—61 中一条线路中间出现三相故障期间，由容量相同的同步发电机（G_{10}）和 DFIG 提供的无功功率。图 4.5 所示为仅有同步发电

机（SG）的电力系统的电压瞬变，以及针对同一故障时 60% 为 DFIG 和 40% 为同步发电机的电力系统的电压瞬变。同步发电机提供更多的无功功率，因此，在恢复故障后电压时，与 DFIG 相比，它可提供更好的性能。在一些国家，并网规范非常严格，以至于必须将 DFIG 与 STATCOM 结合起来才能实现与同步发电机类似的性能。在这些情况下，可以认为风力发电等同于传统发电。

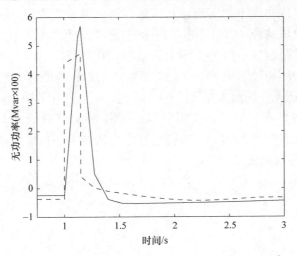

图 4.4　线路 60—61（实线：发电机，虚线：DFIG）中一条线路中间
出现三相故障时的无功功率

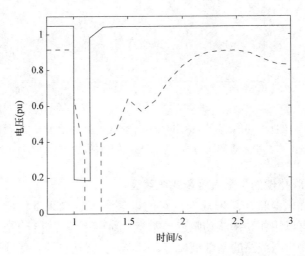

图 4.5　线路 60—61 中一条线路中间出现三相故障时母线 49 处的电压
（实线：同步发电机；虚线：60% DFIG 和 40% SG）

4.2.3 不同 FACTS 设备之间的交互

多机系统中 FACTS 设备之间的交互会由于各个 FACTS 设备而对阻尼性能产生不利影响。在一些关键情况下，甚至可能会放大功率波动或增加电压偏差。由于许多电力系统中使用了本地不协调的控制策略，FACTS 控制之间的交互可能会失稳。如果并联和串联连接设备（例如 SVC 或 STATCOM 和 TCSC）存在于同一区域中，则可能会发生此问题，尤其是在切除关键故障后。FACTS 控制之间的交互会对发电机的转子阻尼产生不利影响，而对于弱互联系统条件，这甚至会引起动态失稳并限制发电机的工作功率范围。开展了以下两个案例研究：母线 31 处的 STATCOM 和母线 31 处的 STATCOM、母线 53 处的 MSC 以及线路 30—31 中间的 TCSC。图 4.6 所示为在母线 60—61 之间的线路中其中一条线路中间出现三相故障时两种情况下的功角。很明显，在离 STATCOM 最近处添加 TCSC 和 MSC 使得功角振荡有所增加。为了提高整个系统的动态性能，必须最小化或防止 FACTS 控制之间的交互。

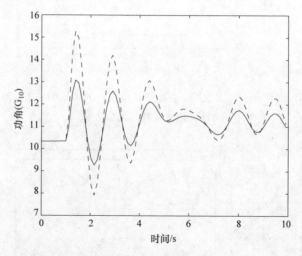

图 4.6　线路 60—61（实线：STATCOM；虚线：STATCOM ＋ TCSC ＋ MSC）
中一条线路中间出现三相故障时的功角 G_{10}

4.2.4 带有串联补偿的少量大容量输电线路

可以通过优化串联补偿来减少线路的电气长度。如果补偿配备了晶闸管控制，则它甚至可以用作功率波动阻尼。本章针对以下情况进行了案例研究：①通过线路 60—61 中一条线路的基础潮流（200MW）；②通过同一线路的具有 380MW（几乎是 2 倍）的 TCSC 的额外潮流。图 4.7 所示为两种情况下通过线路 60—61（2）的潮流，这两种情况都不会引发配置故障。串联补偿可以实现稳定的输电。

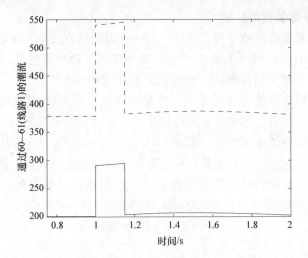

图 4.7　输电线路 60—61 （实线：基础潮流；虚线：具有 TCSC 的额外潮流）
中一条线路断电的潮流 （线路 60—61 （2））

4.2.5　中间具有并联补偿的纵向系统

如果距离不太大，可通过在系统中间进行补偿来实现线路无功功率要求，从而使补偿装置到系统节点之间的距离最小化。对于这种情况，STATCOM 放置在线路 60—61 其中一条线路中间。图 4.8 所示为 150ms 下母线 60 和 61 中一条线路出现三相故障时这两条母线的电压曲线。从图 4.8 可以看出，两条母线的故障后电压都处于良好状态。

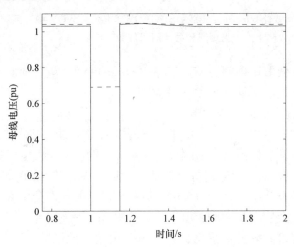

图 4.8　线路 60—61 （实线：母线 60；虚线：母线 61）中一条线路中间出现三相故障时
母线 60 和 61 处的电压

4.2.6 不同补偿装置的比较

评估补偿装置电压稳定性"质量"的一种可能的方式是，在电网接受最低电压（而非额定电压）时观察无功功率输出。在其下观察到性能的电压可能是由于欠电压（或其他欠电压标准）而导致发电厂跳闸的电压。

SVC 具有恒定阻抗，且其无功功率输出与电压的平方成比例下降。它是一种主动快速反应装置，如果它在故障发生前还未达到极限，则其可以通过激活备用量来改善故障后的电压恢复。STATCOM 是一个恒流源，其无功功率输出随电压呈线性下降。它也是一种能量存储有限的主动快速反应装置。因为它可以注入恒定电流，所以故障后可以更好地改善电压恢复情况。图 4.9 所示为线路 60—61 中间出现三相故障时具有 STATCOM 和 SVC 的母线电压。

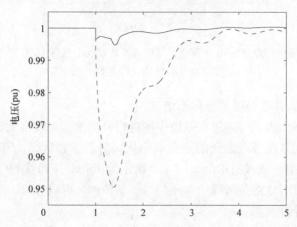

图 4.9　线路 60—61（实线：STATCOM；虚线：SVC）中一条线路中间
出现三相故障时母线 60 处的电压

很明显，在低电压期间，STATCOM 作出更好的反应，而具有 STATCOM 的线路的较低电压远高于具有 SVC 的线路的电压。

4.2.7 靠近负荷中心的传统发电

当发电机靠近负荷中心时，由于线路所需的无功功率相对较低，且负荷的无功功率消耗可由发电机提供，因此只需少量的补偿。同步发电机提供高质量的动态补偿，即在连接点处电压降低的情况下，其无功功率输出不会降低。额外补偿的工作是提供基本补偿，以便为发电机运行提供足够的安全裕度。

在 NYPS（纽约）通过增加 10% 的负荷进行了一项研究，第一种情况是负荷由当地供电。在最后一种情况下，额外负荷由偏远地区的风力发电机（新英格兰）供电。图 4.10 所示为线路 60—61 中一条线路中间出现三相故障时母线 49 处的电压。由于连接远距离线路的输电损耗较高，且风力发电机的性能与同步发电机不同，所以最后一种情况下电压未恢复。

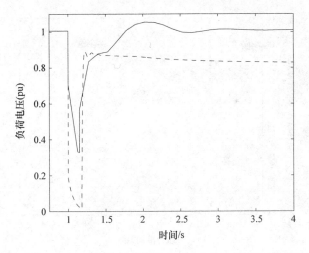

图 4.10 线路 60—61（实线：传统的本地发电机；虚线：远距离 FSWT）
中一条线路中间出现三相故障时母线 49 处的电压

4.2.8 大型 FSWT 并网的影响

并网风力发电机发电系统由机械和电气系统组成，这些系统连接配电系统，构成现有电力公司网络的一部分。本节所述的分析表明，对于互联电力系统，稳定性可能受到构成的配电系统和风力发电机的机械和电气性能产生的各种因素的影响。通过用恒速风力发电机取代同步发电机对测试系统进行了模态分析。图 4.11 所示为不同 FSWT 并网水平下的单调模式。图 4.12 所示为作为轴刚度函数的机械模式的阻尼和频率。从参与因子中，我们发现失稳主要是由于轴刚度和运行转差造成的。

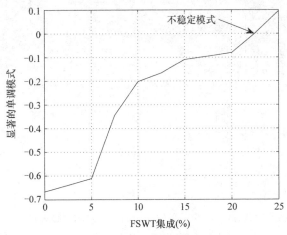

图 4.11 作为 FSWT 并网函数的单调模式

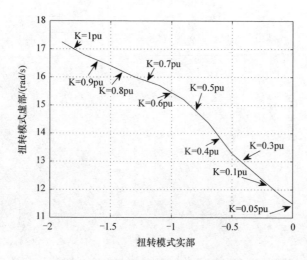

图 4.12 作为轴刚度函数的机械模式

风力发电机必须具有故障穿越能力。如果不强制要求，则发电机将根据一定的欠电压标准（例如 80%）跳闸。这意味着，在出现故障的情况下，许多机组将跳闸，系统将出现严重失衡。如果失衡量超过主要控制备用量，则系统可能会崩溃。通过用风电场取代 G_3 分析了这种情况。图 4.13 所示为风电场有 LVRT 能力和无 LVRT 能力时母线 3 处的电压。从图 4.13 可以明显看出，无 LVRT 能力的风电场可能会导致失稳，这从图 4.14 中也可以看出。为了获得系统中风能的最佳并网，大型风电场必须能够抵抗电网扰动。

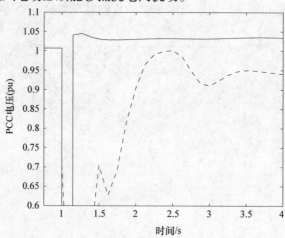

图 4.13 线路 60—61 中一条线路中间出现三相故障处的 PCC 电压
（实线：有 LVRT；虚线：无 LVRT）

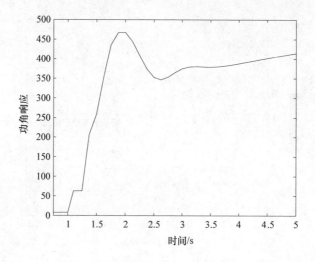

图 4.14　线路 60—61 中一条线路中间出现三相故障时的功角响应

4.2.9　使用 STATCOM 进行的 FSWT 并网

在拥有可再生能源的情况下，FACTS 设备在与风力发电机并网时特别有利。随着风电场成为总发电量的一个较大部分，以及其渗透率的增加，与暂态稳定性和电压控制等并网相关的问题变得越来越重要。对于风力发电应用，FACTS 可以用并联 SVC 或 STATCOM 配置的形式实现电压控制。

重复将 FSWT 和 STATCOM 整合到系统中，以确定在哪一等级系统变得不稳定。补偿的上限（如 STATCOM 和并联电容器）见表 4.1。我们发现，需要带有 500Mvar 电容器的 100MVA STATCOM 来将 24.5% 的 FSWT 接入到测试系统的不同区域。为了确定上限情况下暂态期间失稳的性质，使用了特征值跟踪方法[31]。在这种方法中，将系统在仿真期间的选定时刻重复进行线性化，并在每个快照处计算系统特征值。在补偿水平固定的情况下，接入一定量的 FSWT 后，系统变得不稳定。在线线性化和特征值跟踪表明，故障切除后，图 4.15 所示的单调模式与发电机转差相关，且首先变得不稳定的是机械状态。从图 4.15 得出的结论表明可能出现失稳。

表 4.1　FSWT 并网和 STATCOM

FSWT/MW	4500	6300	7325	8120	8600
STATCOM/Mvar	100	200	300	400	500
电容器/Mvar	500	1000	1500	2000	2500

从以上分析可以得出以下结论：
- 精确的动态负荷建模对于短期和长期动态电压失稳分析至关重要；

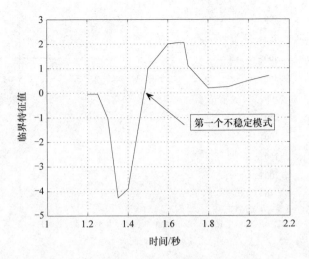

图 4.15　不稳定情况下临界特征值的演变

- 虽然静态和动态补偿均可提高安全水平，但高补偿会降低某些工况下的安全限制，且由于许多电力系统中使用了本地不协调的控制策略，FACTS 控制之间的交互可能会失稳。
- 虽然本地并联 FACTS 控制之间的交互会对发电机的转子阻尼产生不利影响，但是诸如 TCSC 等的串联补偿不会对潮流产生不利影响；
- 当风力发电的位置距离现有电网很远时，可能需要新的输电线路；
- 与工作转差和轴刚度有关的模式是非常重要的，因为它们可能会限制风力发电的大规模并网。

4.3　本章小结

本章通过静态（$P-V$ 和 $Q-V$）和动态分析讨论了电压失稳问题的不同方面。使用时域分析探讨了在低压暂态期间传统发电机、风力发电机、AVR、PSS、OXL、IM、OLTC 和 FACTS 设备等的动态特性对电力系统电压稳定性的影响。本章特别从物理而非数学角度分析了电压崩溃现象的机制，并给出了有意义的物理解释。

研究了负荷表示法对电压稳定性的影响。系统中，在相同的条件下，负荷表示法会影响 $P-V$ 曲线中的工作点位置，导致系统更接近或更远离崩溃点。由于对于系统稳定性而言，负荷特性非常重要，因此需要采用更准确的模型。由于传统静态模型不足以表示负荷动态，因此引入动态负荷模型。

对于 IM 负荷，发生大扰动后如果及时消除扰动，则 IM 应该仍能保持电压稳定性。否则，系统电压将会变得不稳定甚至崩溃。如果扰动后的平衡电压低于可接受限值，在给定工作状态下受到给定扰动的 IM 会发生电压崩溃。除非对其采取有效的控制措施，否则 IM 失稳可能会发展成为电压失稳甚至是电压崩溃。

通过使用励磁机或补偿装置可以提高电压稳定性，其中励磁机的价格最低，而且如果负荷距离发电机较近时，其在分布式电力系统中是有效的。在各种不同的控制方法中，鲁棒控制技术近年来越来越受关注，并且可以确保其稳定性，避免出现不确定性。下一章将介绍一种新型鲁棒励磁控制技术。

参 考 文 献

1. Anderson PM, Fouad AA (2002) Power system control and stability. Wiley, New York
2. Reed G, Paserba J, Salavantis P (2004) The key to resolving transmission gridlock: the case for implementing power electronics control technologies. In: Conference on electricity transmission in deregulated markets: challenges, opportunities, and necessary R&D Agenda, Pittsburgh PA, USA, pp 1–5
3. Qiao W, Harley RG, Venayagamoorthy GK (2006) Effects of FACTS devices on a power system which includes a large wind farm. In: IEEE PES power systems conference and exposition, Atlanta, GA, pp 2070–2076
4. Grunbaum R, Halvarsson B, Wilk-Wilczynski A (1999) FACTS and HVDC light for power system interconnections. In: Power delivery conference, Madrid, Spain, pp 1–18
5. Hossain MJ, Pota HR, Mahmud MA, Ramos RA (2012) Investigation of the impacts of large-scale wind power penetration on the transient and voltage stability of power systems. IEEE Syst J 6(1):76–84
6. Ackermann T, Soder L (2002) An overview of wind energy-status 2002. Renew Sustain Energy Rev 6(1–2):67–128
7. Hossain MJ, Pota HR, Mahmud MA, Ramos RA (2011) Impacts of large-scale wind generators penetration on the voltage stability of power systems. In: IEEE power and energy society general meeting, Michigan, USA, pp 1–8
8. Rathi MR, Mohan N (2005) A novel robust low voltage and fault ride through for wind turbine application operating in weak grids. In: 31st annual conference of IEEE industrial electronics society, pp 2481–2486
9. Palsson MP, Toftevaag T, Uhlen K, Tande JOG (2002) Large-scale wind power integration and voltage stability limits in regional networks. In: IEEE power engineering society summer meeting, Chicago, IL, USA, pp 762–769
10. Boulaxis NG, Papathanassiou SA, Papadopoulos MP (2002) Wind turbine effect on the voltage profile of distribution networks. Renew Energy 25(3):401–415
11. Hossain MJ, Pota HR, Ugrinovski V, Ramos RA (2009) Robust STATCOM control for the enhancement of fault ride-through capability of fixed-speed wind generators. In: IEEE multi-conference on systems and control, Saint Petersburg, Russia, pp 1505–1510
12. Hossain MJ, Pota HR, Ramos RA (2010) Investigation of the dynamic performance of compensation devices for voltage stability during low voltages. In: Australasian Universities power engineering conference, Christchurch, New Zealand, pp 1–6
13. Galiana FD, Almeida K, Toussaint M, Griffin J, Atanackovic D, Ooi BT, McGillis DT (1996) Assessment and control of the impact of FACTS devices on power system performance. IEEE Trans Power Syst 11(4):1931–1936
14. Salehi V, Afsharnia S, Kahrobaee S (2006) Improvement of voltage stability in wind farm connection to distribution network using FACTS devices. In: 32nd annual conference on IEEE industrial electronics, Paris, pp 4242–4247
15. Qiao W, Venayagamoorthy GK, Harley RG (2007) DHP-based wide-area coordinating control of a power system with a large wind farm and multiple FACTS devices. In: Proceedings of international joint conference on neural networks, Orlando, FL, pp 2093–2098

16. Slootweg JG, Kling WL (2003) The impact of large scale wind power generation on power system oscillations. Electr Power Syst Res 67(1):9–20
17. Hagstrom J, Norheim I, Uhlen K (2005) Large-scale wind power integration in Norway and impact on damping in the Nordic grid. Wind Energy 8(3):375–384
18. Hossain MJ, Pota HR, Ugrinovskii V, Ramos RA (2009) Excitation control for large disturbances in power systems with dynamic loads. In: IEEE power and energy society general meeting, Calgary, Canada, pp 1–8
19. Hossain MJ, Pota HR, Ugrinovski V (2009) Short and long-term dynamic voltage instability. In: 17th IFAC World Congress, Seoul, Korea, pp 9392–9397
20. Enslin J, Knijp J, Jansen C, Bauer P (2003) Integrated approach to network stability and wind energy technology for on-shore and offshore applications. In: International conference for power electronics, intelligent motion and power, quality, pp 1–8
21. Shi L, Dai S, Ni Y, Yao L, Bazargan M (2009) Transient stability of power systems with high penetration of DFIG based wind farms. In: IEEE power and energy society general meeting, Calgary, Canada, pp 1–6
22. Hansen AD, Michalke G (2007) Fault ride-through capability of DFIG wind turbines. Renew Energy 32(9):1594-1610
23. Smith JC, Milligan MR, DeMeo EA, Parsons B (2007) Utility wind integration and operating impact state of the art. IEEE Trans Power Syst 22(3):900–908
24. Akhmatova V, Knudsenb H (2007) Large penetration of wind and dispersed generation into Danish power grid. Electr Power Syst Res 77(9):1228–1238
25. Piwko R, Miller N, Sanchez-Gasca J, Yuan X, Dai R, Lyons J (2006) Integrating large wind farms into weak power grids with long transmission lines. In: IEEE 5th international conference on power electronics and motion, control, pp 1–7
26. Pal B, Chaudhuri B (2005) Robust control in power systems. Springer, USA
27. IEEE Task Force (1993) Load representation for dynamic performance analysis. IEEE Trans Power Sys 8(1):472–482
28. Ackermann T (2005) Wind power in power systems. Wiley, England
29. Nandigam K, Chowdhury BH (2004) Power flow and stability models for induction generators used in wind turbines. In: IEEE power engineering society general meeting, Denver, CO, pp 2012–2016
30. Slootweg JG, de Haan SWH, Polinder H, Kling WL (2003) General model for representing variable speed wind turbines in power system dynamics simulations. IEEE Trans Power Syst 18(1):144–151
31. Potamianakis EG, Vournas CD (2006) Short-term voltage instability: effects on synchronous and induction machines. IEEE Trans Power Syst 21(2):791–798

第 5 章

动态负荷下的电压稳定控制

摘要 本章介绍了一种新型建模和励磁控制设计，以提高有大量 IM 负荷的电力系统的大扰动电压稳定性。使用极小化极大 LQG 控制器综合方法设计励磁控制器。用线性和非线性项重新阐述非线性电力系统模型。非线性项是泰勒级数展开式中的 Cauchy 余项，其界限可用于鲁棒控制设计中。对于励磁控制设计，相对于现有的线性化方案，此方法的一个优点是在严谨的框架中处理非线性动态负荷模型。在各种负荷类型下通过在基准电力系统上仿真大扰动，验证设计的控制器性能。

5.1 简介

在过去的几十年中，电力系统一直在日益严峻的条件下运行。这是由于输电扩建使得用电量增加，而且电力市场放松管制也使得新的负荷模式有所增加。在这些严峻的条件下，慢压降甚至电压崩溃已经成为一个严重的运行问题，因此，电压稳定性问题方面的电力系统动态分析和控制设计也变得越来越重要[1-3]。由于空调、冰箱、加热器等负荷的增加（其电压特性接近恒定功率），现在趋势已经转变为落实电力系统电压稳定性要求。城镇地区 275kV 电缆系统的扩建，以及集中大规模电源远距离输电系统的出现，也是造成电压失稳的重要因素。

由于电压失稳已经导致了一些主电网崩溃[4]，电力系统电压稳定性评估近年来受到了越来越多的关注。与传统电动机失稳问题相比（用转子动力学处理），电压失稳与负荷特性密切相关[5]。各种不同研究已经表明了负荷表示法在电压稳定性分析中的重要性[4,6,7]。目前，虽然在电力行业中通常使用静态负荷模型来模拟无功负荷的动态特性，但是这些模型不能充分表示负荷[8]。异步电动机在电压动态中起着关键作用[9,10]。在许多记录的电压失稳问题和电压崩溃中，电动机特性是主要影响因素[11,12]。由于动态电动机负荷越来越多地用于空调、热泵、制冷等领域[13,14]，电压失稳问题很可能会有所增加。因此，需要动态负荷模型来分析电压失稳并设计控制器以提高稳定性。

即使电压下降[9]后，IM 的有功功率损耗也应保持不变。此外，如果扰动使得电磁转矩无法平衡机械负荷，则电动机会减速并吸收较高的无功电流，从而导致进一步压降而且偶尔会导致电压崩溃。通常采用并联电容器补偿异步电动机以提高其功率因数。但是由并联电容器提供的无功支持会随着电压的平方而变化，所以在电压下降期间会大大减少。因此，为了避免异步电动机失稳，可能需要动态和快速无功补偿。

电压等级的控制是通过控制电力系统中各级无功功率的产生、吸收和流动得以实现的。有两种控制电压的基本方法。一种方法是采用励磁控制器调节发电厂的电压。但是当输电线路较长且发电机远离主要的负荷中心时，该方法在提高负荷端的电压方面效果不大[5]。在现代分布式电力系统中，在很多情况下仍然可以使用励磁控制器来稳定电压。

通常使用高增益电压调节器，但是它会通过减少机电模式振荡而降低系统的小扰动稳定性[3, 15]。需要在主励磁控制回路中增设 PSS，以抑制机电振荡。另一种方法是使用 FACTS 设备，它可以直接作用于整个输电线路中的潮流。但是这些设备相当昂贵[16]，因此如有可能，为提高电压稳定性，使用发电机励磁控制是非常理想的。

电力系统具有高度非线性特性，因此通过线性化获得的数学模型仅满足小扰动下的安全要求。使用系统动态方程线性化的稳态法可以有效地研究给定工作点的小扰动电压稳定性。但是大扰动电压稳定性与电力系统的非线性特性密切相关[3]，因此采用线性模型设计的控制器在剧烈扰动期间不能保证稳定性。所以最好有一个鲁棒控制器，它可以保证在工况下距平衡点更远的较宽工作区的系统稳定性。在此动机下，近年来由 IEEE 工作组对纳入电力系统中小信号（模态）分析高阶项的需求进行了详细研究[17]。文献［18］表明，纳入高阶项可以准确预测大系统扰动的系统特性。

传统励磁控制器的设计通常是基于给定工况下获得的近似线性化模型，因此当工况改变时可能无法正常工作[19]。已经研究出基于线性二次型调节器（LQR）理论的线性最优励磁控制器，以提高电力系统的稳定性[20]。在小扰动下，对于提高电力系统稳定性而言，它比传统励磁控制器更有效、具有更好的阻尼特性。但是由于并非所有状态变量都是可以直接测量的，此方法通常很难实现。为了克服此困难，在文献［21 - 23］中提出了一种输出反馈线性二次型高斯（LQG）励磁控制方案。

由于其设计仅使用可测量的输出并从中估计状态变量[24]，LQG 控制器更贴近实际。众所周知，它在增益裕度和相位裕度方面提供了良好的鲁棒性[25]。但是 LQR 和 LQG 控制器无法对工况下的不确定性提供鲁棒性[26]。在文献［27］和［28］中提出了抑制电力系统振荡的晶闸管控制的 TCSC 鲁棒 LQG 控制器，其采用了回路传输恢复（Loop Transfer Recovery, LTR）方法进行设计。文献

［29］中介绍了大型不确定性电力系统采用 H_∞ 方法进行的鲁棒励磁控制。使用线性化模型设计的文献［28］和［29］中的控制器只能抑制由机电模式引起的振荡。

反馈线性化方案也广泛用于电力系统鲁棒控制设计中，以使非线性电力系统模型线性化[30, 31]。反馈线性化控制器（Feedback Linearising Controller，FBLC）用于连接在无穷大母线[32]上的同步发电机控制器的设计。直接反馈线性化（Direct Feedback Linearisation，DFBL）理论对于电力工程师来说更容易理解，但目前其应用仅限于单输入单输出系统。文献［33］中介绍了另一种能抑制电力系统机电振荡的 FBLC，但它需以降低励磁系统电压调节能力为代价。

文献［34］表明，基于 FBLC 理论的励磁机控制的实现需要一个固定且已知的电力系统平衡点，这在实践中通常无法明确界定。此外，使用 FBLC 需要关于电力系统的拓扑信息，而且状态必须是可测量的。在实践中，很难测量电力系统的所有状态。此外，反馈线性化方案需要精确的发电厂参数，以消除固有的系统非线性。虽然在反馈线性化理论领域已经提出了许多发展方式，但尚未应用于具有动态负荷的系统中。

近年来使用成熟的非线性控制设计工具提高暂态稳定性的电力系统控制受到了极大关注[35-37]。并非像常规 PSS 设计中那样使用线性化模型，而是使用非线性模型并采用非线性反馈线性化技术对它们进行线性化，其优点是不像线性化模型那样依赖于工况。使用非线性控制器可以显著提高电力系统暂态稳定性。但是非线性控制器的结果通常较为复杂，在实践中更难实施。

本章介绍了适用于具有大量异步电动机负荷的电力系统的一种新型大扰动控制器。与标准线性化技术不同，如果设计过程包含柯西余项，则使用线性化作为有界不确定性。本章详述了获得柯西余项界限的过程，此界限用于设计鲁棒极小化极大 LQG 大扰动控制器。通过各种负荷类型和大扰动下在基准四节点电力系统上进行仿真来评估所设计的控制策略的有效性。本章其余部分组织结构如下：第 5.2 节简要介绍电力系统稳定性和励磁机控制的背景；第 5.3 节讨论正在研究中的电力系统设备数学建模。第 5.4 节介绍测试系统和控制任务；第 5.5 节描述线性化技术和获得不确定性界限的方法；第 5.6 节包含适用于我们所遇问题的极小化极大 LQG 控制器设计技术的基本细节；第 5.7 节概述控制器设计的控制算法和性能；第 5.8 节为本章小结。

5.2 电力系统稳定性和励磁控制

电力系统稳定性包括：

1) 即使当负荷发生变化时，也可以恢复和保持恒定电压的电压稳定性；

2) 发电机之间产生的功率扰动被快速抑制并保持恒定功率的功率稳定性。

考虑到最严酷的工况，必须保证这两种类型的稳定性。

提高电力系统稳定性的方法包括通过提高系统电压、铺设额外的输电线路、安装串联电容器和 SVC 等来改进主电路，以及发电机励磁控制方法。虽然主电路改进方法是一项基本措施，但其重建规模非常大。另一方面，通过改进控制算法，控制方法使从发电机中提取最大功率成为可能。

负荷增加时稳定电压的常用方法是在负荷终端处安装一个电力电容器或同步相位补偿器。然而，现代分布式电力系统中的本地同步发电机可用于控制动态负荷电压。同步发电机可以产生或是吸收无功功率，具体取决于励磁。过励磁时提供无功功率，欠励磁时吸收无功功率。同步发电机通常配备有 AVR，它可以持续调节励磁以控制电枢电流相位。

发电机励磁控制是提高电力系统动态电压性能和电压稳定性最有效和最经济的技术之一。早在 20 世纪 50 年代，一些学者就强调了同步发电机磁场调节对提高电力系统稳定性的重要性[38]。此后，该领域的研究受到极大关注，包括两个方面：主励磁系统的改善和励磁控制策略的改进[39, 40]。

在过去 20 年中，励磁控制系统进展一直受到固态电子学发展的影响。模拟集成电路的发展使得轻松实现复杂控制策略成为可能。近来，静态励磁技术也取得了很大进展。由于带晶闸管控制自并励励磁的静态励磁机具有结构简单、可靠性高、成本低等优点，因而用于世界上许多大型电力系统中。本章将探讨的鲁棒励磁控制（包括动态负荷）的设计原理和方法主要针对这种励磁。

通过使用典型控制和线性控制技术，虽然励磁控制问题已经取得富有成果的进展，但这适用于本地机组。由于电力系统各种组件的非线性和交变负荷的固有特性，电力系统工作点在日常周期内可能会发生变化。因此，在大扰动下，传统励磁控制设计在工作点周围可能不起作用。

5.3 电力系统模型

根据模型预期用途，电力系统运行可在几个不同的复杂性水平下进行建模。在此设计中，由于其对电压稳定性分析的适用性，考虑使用具有大 IM 的基准电力系统模型[9]。

除非进行一些简化，否则实际电力系统中同步发电机的实际暂态特性非常复杂，难以精确建模[41]。由于可忽略更小（例如阻尼绕组的影响）或更大（调节器动态特性）时间常数的动态现象，文献［41］中指出，设计励磁控制器时，可以可靠地使用典型三阶单轴发电机动态模型。输电网络被认为是一个无源电路，并通过一组代数约束模块建模，以表示发电机和 IM 动态模型间的互联。在典型的假设下，可以用下面的一组非线性微分方程来对同步发电机进行建模[42]：

$$\dot{\delta} = \omega \omega_s - \omega_s \tag{5.1}$$

$$\dot{\omega} = \frac{1}{2H}\left[P_m - E'_q I_q - D\omega \right] \tag{5.2}$$

$$\dot{E}'_q = \frac{1}{T'_{do}}\left[E_{fd} - E'_q - (X_d - X'_d)I_d \right] \tag{5.3}$$

式中，E_{fd} 为励磁线圈中的等效电动势；δ 为发电机的功角；ω 是相对于同步参考的转子速度；E'_q 为因励磁磁链产生的暂态电动势；ω_s 为以 rad/s 为单位的同步速度的绝对值；H 为发电机的惯性常数；D 为发电机的阻尼常数；T'_{do} 为发电机的直轴开路暂态时间常数；X_d 为同步电抗；X'_d 为暂态电抗；I_d 和 I_q 分别为定子电流的直轴和正交轴分量。假定发电机的机械输入功率 P_m 保持不变。

励磁系统是一个高增益静态系统，它使用具有一阶动态的传感器测量端电压：

$$E_{fd} = K_a V_c$$

$$\dot{V}_{tr} = \frac{1}{T_r}\left[-V_{tr} + V_t \right] \tag{5.4}$$

式中，V_{tr} 和 T_r 分别为电压传感器的输出和时间常数；K_a 为励磁放大器的增益，$V_t = \left[(E'_q - X'_d I_d)^2 + (X'_d I_q)^2 \right]^{\frac{1}{2}}$ 为发电机端电压，V_c 为励磁机输入（设计的控制器的输出）。

图 5.1 所示的输出反馈控制器表示为

$$\dot{\hat{x}}_c = A_c \hat{x}_c(t) + B_c V_{tr} \quad V_c = C_c \hat{x}_c(t)$$

式中，A_c、B_c 和 C_c 为后文式（5.25）和式（5.26）中控制器的对应矩阵。

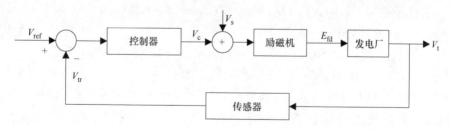

图 5.1　励磁控制示意图

IM 的暂态模型由写入同步旋转参考坐标系[4]的以下代数微分方程描述：

$$\dot{s} = \frac{1}{2H_m}\left[T_e - T_L \right]$$

$$T'_{dom}\dot{e}'_{qm} = -e'_{qm} + (X - X')i_{dm} - T'_{dom}S\omega_s e'_{dm}$$

$$T'_{dom}\dot{e}'_{dm} = -e'_{dm} - (X - X')i_{qm} + T'_{dom}S\omega_s e'_{qm}$$

$$(v_{ds} + jv_{qs}) = (R_s + jX')(i_{dm} + ji_{qm}) + j(e'_{qm} - je'_{dm})$$

式中，$X' = X_s + X_m X_r/(X_m + X_r)$ 为暂态电抗；$X = X_s + X_m$ 为转子开路电抗；$T'_{dom} = (L_r + L_m)/R_r$ 为暂态开路时间常数；$T_e = e'_{qm} i_{qm} + e'_{dm} i_{dm}$ 为电磁转矩；s 为转差；e'_{dm} 为直轴暂态电压；e'_{qm} 为正交轴暂态电压；T_L 为负荷转矩；X_s 为定子电抗；X_m 为磁化电抗；R_s 为定子电阻；H_m 为电动机的惯性常数；v_{ds} 为 d 轴定子电压；v_{qs} 为 q 轴定子电压；i_{dm} 和 i_{qm} 分别为定子电流的 d 轴和 q 轴分量，但是这些方程表示的是感应电机本机的直轴和交轴，这不同于发电机的 d 轴和 q 轴。表示同一参考坐标系中动态元素的变化式请见第 11.2 节。而经修改的三阶感应电机模型可以改写为

$$(V_d + jV_q) = -(R_s + jX')(I_{dm} + jI_{qm}) + jE'_{qm}$$

$$\dot{s} = \frac{1}{2H_m}[T_m - E'_m I_{qm}] \tag{5.5}$$

$$\dot{E}'_m = -\frac{1}{T'_{dom}}[E'_m + (X - X')I_{dm}] \tag{5.6}$$

$$\dot{\delta}_m = s\omega_s - \omega_s - \frac{X - X'}{T'_{dom} E'_m}I_{qm} \tag{5.7}$$

为了完成该模型，发电机和电动机的 d 轴和 q 轴电流分量由以下网络接口方程给出：

$$I_d = -(E'_q B_{11} - V_\infty(G_{13}\sin\delta - B_{13}\cos\delta) - E'_m(G_{12}\sin(\delta_m - \delta)$$
$$- B_{12}\cos(\delta_m - \delta))) \tag{5.8}$$

$$I_q = E'_q G_{11} + V_\infty(G_{13}\cos\delta + B_{13}\sin\delta) + E'_m(G_{12}\cos(\delta_m - \delta)$$
$$- B_{12}\sin(\delta_m - \delta)) \tag{5.9}$$

$$I_{dm} = -(E'_m B_{22} - V_\infty(G_{23}\sin\delta_m - B_{23}\cos\delta_m) - E'_q(G_{21}\sin(\delta - \delta_m)$$
$$- B_{21}\cos(\delta - \delta_m))) \tag{5.10}$$

$$I_{qm} = E'_m G_{22} + V_\infty(G_{23}\cos\delta_m + B_{23}\sin\delta_m) + E'_q(G_{21}\cos(\delta - \delta_m)$$
$$- B_{23}\sin(\delta - \delta_m)) \tag{5.11}$$

式中，参数 G_{ij} 和 B_{ij} 分别为第 i 条和第 j 条母线之间简化电网等效转移阻抗的实部和虚部。完整模型由包含式（5.8）~式（5.11）的直轴和正交轴电流的式（5.1）~式（5.5）给出。

5.4 测试系统和控制任务

本章使用的测试系统由一条远距离输电线路组成，该输电线路将无穷大母线连接到带有同步电机和负荷的母线上（$P_L = 1500\text{MW}$，$Q_L = 150\text{Mvar}$）[9]。此负荷的大部分功率由远程系统（$P = 1200\text{MW}$，$Q = 185\text{Mvar}$）通过一条狭长的双回路输电线路提供，剩余功率（大约 $P = 300\text{MW}$，$Q = 225\text{Mvar}$）由母线 1 处的本地发电机提供。标称输电电压为 380kV，母线 3 和 4 之间的输电线路长度为

534km（长度是文献［9］中给出相同电线长度的两倍）。

测试系统的单线图如图 5.2 所示，其参数值在第 11.1 节中给出。母线 2 表示配电馈线。此母线处的功率消耗对应于由中压（MV）配电线、并联电容器等供电的大量单一负荷。母线 2 处的负荷由三部分组成：①恒定阻抗负荷；②等效 IM；③用于补偿的 250Mvar 并联电容器。负荷选择应是 50% 静态负荷，50% 动态负荷（IM）。在这些负荷值下，测试系统的工作点是：$\delta_0 = 19.788°$，$\omega_0 = 1\text{pu}$，$E'_{q0} = 1.1672\text{pu}$，$s_0 = 0.05\text{pu}$，$E'_{m0} = 0.758\text{pu}$，$\delta_{m0} = 22.38°$，$V_{tr0} = 1\text{pu}$。

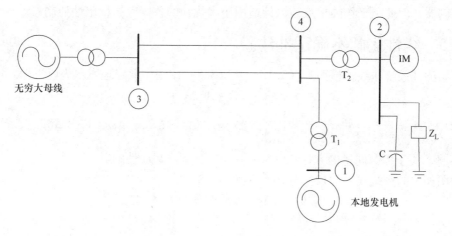

图 5.2　具有大 IM 的测试系统

由于大型发电机的惯性和低阻尼，PPS 设计用于抑制机电振荡。PPS 的设计目的是通过向 AVR 添加辅助信号以增加机电模式阻尼。PPS 的设计使得超出谐振模式频率集中的窄带的频率范围内有非常低的增益。这就需要控制器设计来维持其他不稳定或轻阻尼模式的系统稳定性。

这种情况下考虑的控制问题不同于设计 PPS 时考虑的问题[3]。这里的控制目的是使不稳定的电压模式稳定下来，这会导致在大扰动期间出现电压失稳。在 50% 的动态负荷下，本节中的测试系统有两个不稳定模式，分别对应 3.6507 和 0.36118 处的两个正特征值。表 5.1[3] 给出了对应这两种模式的参与向量。参与向量显示，$\Delta E'_q$ 和 $\Delta E'_m$ 状态对这种不稳定模式的影响最大。这两种模式不能由 PPS 阻尼。

表 5.1　参与因子

状态	$\Delta E'_q$	$\Delta E'_m$	Δs	ΔV_0	$\Delta \omega$	$\Delta \delta$	$\Delta \delta_m$
模式 1 的参与因子	1.0	0.846	0.313	0.277	0.148	0.108	0.021
模式 2 的参与因子	1.0	0.701	0.081	0.058	0.047	0.008	0.001

基于近似线性化模型的控制器在从大扰动恢复期间可能无法稳定系统。为解决此问题，提出了用于励磁控制器设计的鲁棒稳定方法，其目的是在相对大扰动后稳定响应。使用参与向量和特征向量分析，表明此系统由于电压模式而变得不稳定。在此设计中，通过留数法选择受控变量和控制器输入－输出，这可以保证电压模式由设计的控制器来稳定。

　　设计的控制器的框图如图 5.1 所示，与 PPS 不同的是端电压被用作反馈信号。参照图 5.1 中电压稳定性的辅助输入，可以设计一个协调 PPS 和电压稳定性控制器，但此项工作的重点是设计适用于大扰动的鲁棒电压稳定性控制器。

5.5　线性化和不确定性建模

　　测试系统非线性模型式（5.1）～式（5.5）使用中值定理表示为以下形式：

$$\dot{\Delta x} = A\Delta x + (L - A)\Delta x + B_1 \Delta u \tag{5.12}$$

式中，$A = \left.\dfrac{\partial f}{\partial x}\right|_{\substack{x=x_0\\u=u_0}}$；$B_1 = \left.\dfrac{\partial f}{\partial u}\right|_{\substack{x=x_0\\u=u_0}}$；$\Delta x = [\Delta\delta、\ \Delta E'_q、\Delta\omega、V_{tr}、\Delta\delta_m、\Delta E'_m、$

$\Delta s]^T$。关于控制向量的方程式（5.1）～式（5.5）是线性的。

框图相关的系统式（5.12）如图 5.3 所示，其中

$$(L - A)\Delta x = B_2\xi,\ \xi = \tilde{\phi}(\tilde{C}_1\Delta x) \tag{5.13}$$

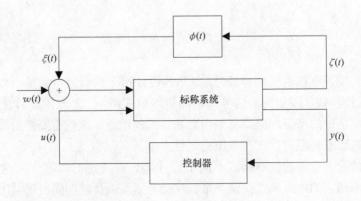

图 5.3　鲁棒控制方案框图

　　$\xi(t)$ 被称为不确定性输入。

　　B_2 和 $\tilde{C}_1$ 有多种选择，以便使式（5.13）的等式成立。请注意，此系统中的非线性仅因 δ、E'_q、δ_m 和 E'_m 引起，我们选择

$$B_2 = \mathrm{diag}\left(0, \frac{X_d - X'_d}{T'_{do}}, \frac{1}{2H}, \frac{1}{T_r}, \frac{X - X'}{T'_{dom}}, \frac{1}{2H_m}, \frac{X - X'}{T'_{dom}}\right) \tag{5.14}$$

$$\widetilde{C}_1 = \begin{bmatrix} 1 & 0 & 0 & 0 & 0 & 0 & 0 \\ 0 & 1 & 0 & 0 & 0 & 0 & 0 \\ 0 & 0 & 0 & 0 & 1 & 0 & 0 \\ 0 & 0 & 0 & 0 & 0 & 1 & 0 \end{bmatrix} \tag{5.15}$$

第 11.3 节中给出了得出 $\widetilde{\phi}$ 的表达式。

为了便于控制设计，电力系统模型总结为

$$\Delta \dot{x}(t) = A\Delta x(t) + B_1 \Delta u(t) + B_2 \xi(t) \tag{5.16}$$

$$y(t) = C_2 \Delta x(t) + D_2 \xi(t) + D_2 w(t) \tag{5.17}$$

$$\zeta(t) = C_1 \Delta x(t) \tag{5.18}$$

式中，ζ 被称为不确定性输出；$y(t)$ 为测得的输出；输出矩阵 C_2 被定义为

$$C_2 = [\,0\ 0\ 0\ 1\ 0\ 0\ 0\,] \tag{5.19}$$

式（5.16）~式（5.18）提供了一个电力系统非线性部分模型的新表示方法，另一部分用高阶项表示。本节介绍的新方程与极小化极大 LQG 控制理论一起用于设计非线性电力系统的电压控制器。

5.6　极小化极大 LQG 控制

在本章中，我们使用文献［43］和［44］中关于极小化极大 LQG 控制问题主要结论的简化版本。此方法的完整描述见文献［45］。在这种情况下，极小化极大 LQG 方法适用于图 5.3 所示形式的不确定系统。

与不确定系统式（5.16）~式（5.18）相联系，我们推算出以下形式的成本泛函 J：

$$J = \lim_{T \to \infty} \frac{1}{2T} E \int_0^T (x(t)^{\mathrm{T}} R\Delta x(t) + u(t)^{\mathrm{T}} G\Delta u(t))\,\mathrm{d}t, \tag{5.20}$$

式中，$R \geqslant 0$；$G > 0$；$R \in \mathbf{R}^{n \times n}$；$G \in \mathbf{R}^{m \times m}$；$E$ 为期望值。

二次型性能式（5.20）特别适用于电力系统励磁控制器设计。每台发电机都配备有一个过励磁限制器，它可以基于电压的时间积分限制励磁电压。这意味着发电机可以短时间适用于大电压，只要它们是有过励磁限制器的发电机。因此在这种情况下，二次型性能优化比以 H_∞ 为规范的设计更适合。

针对所有容许的不确定性，极小化极大最优控制可使控制器具有最小的 J。成本函数 J 满足以下关系[45]：

$$\sup_{\|\xi\|^2 \leqslant \|\zeta\|^2} J(u^*) \leqslant \inf_\tau V_\tau \tag{5.21}$$

其中 V_τ 由下式给出：

$$V_\tau = \frac{1}{2}\mathrm{tr}\Big[Y_\infty R_\tau + (Y_\infty C_2^{\mathrm{T}} + B_2 D_2^{\mathrm{T}})(D_2 D_2^{\mathrm{T}})^{-1}(C_2 Y_\infty + D_2 B_2^{\mathrm{T}})X_\infty \Big(I - \frac{1}{\tau}Y_\infty X_\infty\Big)^{-1} \Big]$$

$$\tag{5.22}$$

式中，τ 为自由向量，矩阵 X_∞ 和 Y_∞ 为以下一对参数依赖代数 Riccati 方程[45] 的解：

$$(A - B_2 D_2^T (D_2 D_2^T)^{-1} C_2) Y_\infty + Y_\infty (A - B_2 D_2^T (D_2 D_2^T)^{-1} C_2)^T$$

$$- Y_\infty (C_2^T (D_2 D_2^T)^{-1} C_2 - \frac{1}{\tau} R_\tau) Y_\infty + B_2 (I - D_2^T (D_2 D_2^T)^{-1} D_2) B_2^T = 0 \quad (5.23)$$

和

$$X_\infty (A - B_1 G_\tau^{-1} \gamma_\tau^T + (A - B_1 G_\tau^{-1} \gamma_\tau^T) X_\infty$$

$$+ (R_\tau - \gamma_\tau G_\tau^{-1} \gamma_\tau^T) - X_\infty (B_1 G_\tau^{-1} B_1^T - \frac{1}{\tau} B_2 B_2^T) X_\infty = 0 \quad (5.24)$$

这些解需满足以下条件：$Y_\infty > 0$，$X_\infty > 0$，矩阵谱半径 $X_\infty Y_\infty$ 为 $p(X_\infty Y_\infty) < \tau$，$R_\tau - \gamma_\tau^T G_\tau^{-1} \gamma_\tau \geqslant 0$ 应满足 $R_\tau = R + \tau C_1^T C_1$，$G_\tau = G + \tau D_1^T D_1$ 和 $\gamma_\tau = \tau C_1^T D_1$。

为制造极小化极大 LQG 控制器，应选择参数 $\tau > 0$ 以使 V_τ 最小化。进行线性搜索以找到 $\tau > 0$ 的值，这可得出成本函数的最小值 V_τ。此线性搜索包含求解黎卡提（Riccati）方程 (5.23) 和方程 (5.24) 的不同 τ 值，并找出给出最小 V_τ 的 τ 值。

极小化极大 LQG 最优控制器由下述方程给出：

$$\hat{x}_c = (A - B_1 G_\tau^{-1} \gamma_\tau^T) \hat{x}_c - \left(\left(B_1 G_\tau^{-1} B_1^T - \frac{1}{\tau} B_2 B_2^T \right) X_\infty \right) \hat{x}_c + \left(I - \frac{1}{\tau} Y_\infty X_\infty \right)^{-1}$$

$$(Y_\infty C_2^T + B_2 D_2^T) \times (D_2 D_2^T)^{-1} \left(y - \left(C_2 + \frac{1}{\tau} D_2 B_2^T X_\infty \right) \hat{x}_c \right) \quad (5.25)$$

$$u = -G_\tau^{-1} (B_1^T X_\infty + \gamma_\tau^T) \hat{x}_c \quad (5.26)$$

在下一节，我们为测试电力系统设计了一个极小化极大控制器并评估其性能。

5.7 控制器设计和性能评估

在控制器设计之前，我们进行了几次大扰动仿真以了解取值的兴趣区域。$\| \phi(t) \|$ 的最大值是在此区域（而非全局）内取得。如果在整个不确定性区域评估 $\| \phi(t) \|$ 的最大值，则计算量将非常大并会导致产生保守的控制器设计。这种评估 $\| \phi(t) \|$ 最大值的方法不同于文献［46］中使用的全局最大值方法。控制器的设计如下：

步骤 1 从故障系统仿真中得到所有状态变量的变化范围并形成一个数集 Ω，角点由 $(x_{0p} - x_{fp})$ 和 $(x_{0p} + x_{fp})$ 给出，$p = 1, \cdots, 7$，其中 $2x_{fp}$ 是第 p 个状态变量平衡值 x_{0p} 的最大变化。一般情况下，如果 $|x - x_{0p}| \leqslant |x_{fp} - x_{0p}|$，则 $x \in \Omega$。

步骤 2 获得

$$\alpha^* = \max_{x^{*p} \in \Omega} \{\alpha : \| \phi(t) \|^2 < 1\}$$

获得 α^* 的过程包括通过数集 Ω 获得 $\| \tilde{\phi}(t) \|$ 的最大值。

步骤 3　检查是否存在一个 $\alpha = \alpha^*$ 的可行控制器，即存在一个标量 τ，如此耦合黎卡提方程（5.23）和方程（5.24），便可得到可行解。

步骤 4　如果我们在上述步骤中获得可行控制器，则要么扩大数集 Ω，即增加控制器的工作区，要么在达到最大可能数集的情况下，通过标量参数 τ 执行最优搜索，以获得 V_τ 的下确界。如果选定 $\alpha = \alpha^*$ 后无可行解，则减小数集 Ω，然后转到步骤2。

在成本函数式（5.20）中，$x(t)'Rx(t)$ 项对应于标称系统输出的范数平方值，而 $u'Gu$ 则被视为影响控制器增益的设计参数。尽管需要一定量的反复试验，但可以确定，成本函数式（5.20）中 $G = 10^{-4}$ 的值和矩阵 $R = \mathrm{diag}$(1, 3, 1, 1, 1, 2, 1) 可确保控制器具有良好的性能。可以看到与其他状态变量相比，代表暂态电动势的状态变量具有更高的权重，因为我们希望控制器可以快速响应来补偿无功功率失配。此外，理论要求 $D_2 D_2' > 0^{[43]}$，所以我们选择 $D_2 = 10^{-6}$ [1, 1, 1, 1]。

上述过程使得能够选择获得可行控制器的最大范围。对于给定的电力系统模型，我们获得了参数 $\tau = 3.42$ 和 $a^* = 0.64$ 的最优值，对于多顶点区域 Q，其角点 $[\bar{\delta}, \bar{\omega}, \bar{E}'_q, \bar{V}_{tr}, \bar{\delta}_m, \bar{s}, \bar{E}'_m]$ 和 $[\underline{\delta}, \underline{\omega}, \underline{E}'_q, \underline{V}_{tr}, \underline{\delta}_m, \underline{s}, \underline{E}'_m]$ 由下式给出：$\bar{\delta} = \delta_0 + 42.38°$，$\underline{\delta} = \delta_0 - 42.38°$，$\bar{\omega} = \omega_0 + 0.345\,\mathrm{pu}$，$\underline{\omega} = \omega_0 - 0.345\,\mathrm{pu}$，$\bar{E}'_q = E'_{q0} + 0.25\,\mathrm{pu}$，$\underline{E}'_q = E'_{q0} - 0.25\,\mathrm{pu}$，$\bar{V}_{tr} = V_{tr0} + 0.275\,\mathrm{pu}$，$\underline{V}_{tr} = V_{tr0} - 0.275\,\mathrm{pu}$，$\bar{\delta}_m = \delta_{m0} + 41.19°$，$\underline{\delta}_m = \delta_{m0} - 41.19°$，$\bar{s} = s_0 + 0.225\,\mathrm{pu}$，$\underline{s} = s_0 - 0.225\,\mathrm{pu}$，$\bar{E}'_m = E'_{m0} + 0.25\,\mathrm{pu}$ 和 $\underline{E}'_m = E'_{m0} - 0.25\,\mathrm{pu}$。

输出反馈控制器是

$$\dot{x}_c = A_c x_c(t) + B_c y(t), \ u(t) = C_c x_c(t) \tag{5.27}$$

其中

$$A_c = \begin{bmatrix} 0 & 375.96 & 0 & 0 & 0 & 482.85 & 0.3433 \\ -0.25 & -15.32 & -0.13 & 0 & -0.54 & -19.83 & -0.48 \\ -1175.90 & 1.5875e6 & -625.12 & -0.57 & -2592.7 & 4.157e6 & 0.73 \\ -3.96 & 121.09 & 39.14 & -66.67 & -2.174 & 136.9 & 36.70 \\ 0 & 464.7 & 0 & 377 & 0 & 463 & 0.9386 \\ -1057 & 1.223e4 & -953.4 & -1.25 & -579.3 & -40 & 0 \\ -3.712 & 109.82 & 15.45 & -60.00 & -3.9386 & 160.25 & -20.65 \end{bmatrix}$$

$$\tag{5.28}$$

$$B_c = \begin{bmatrix} -225.92 \\ 40.64 \\ -356.09 \\ -222.235 \\ -107.02 \\ 20.47 \\ -183.17 \end{bmatrix} \quad C_c = \begin{bmatrix} -42.76 \\ 5.143e4 \\ -25.24 \\ 0.87 \\ -79.41 \\ 7.72e4 \\ -31.46 \end{bmatrix} \tag{5.29}$$

闭环系统见表 5.2。闭环系统的主模为 $-1.189 \pm j1.8794$，阻尼比为 0.12971。从特征值可以明显看出，闭环系统获得良好阻尼。通过模拟对测试系统上三种意外事故的响应来测试设计的鲁棒励磁控制器的性能，这三种意外事故分别是：①一条输电线路中断；②母线 3 和母线 4 之间其中一条输电线路出现三相短路；③负荷功率突然变化。所有情况下的仿真采样时间为 2.5ms。

表 5.2　闭环特征值

$-2.946 \pm i6.14$	$-4.846 \pm i5.46$	$-1.189 \pm i3.16$	-27.470

5.7.1　意外事故 I：一条输电线路中断

输电线路中断会增加线路阻抗并削弱互联。由于线路电抗的增加，需要额外的无功功率来维持负荷母线上的电压。AVR 通过增加对电压稳定性有利的发电机励磁电压来响应这种情况。这种控制类型的有效性取决于励磁系统快速增加励磁电压，以满足所需无功功率的能力。

这里，通过在 1s 时使线路开路并在 5 个周期后重新接通来进行输电线路中断仿真。图 5.4 和图 5.5 分别显示了设计的励磁控制器和 IEEE ST1A 励磁机的发

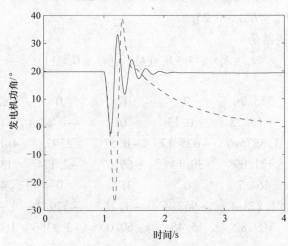

图 5.4　发电机功角：一条线路中断（实线：设计的控制器；
虚线：IEEE ST1A 励磁机）

电机功角和端电压响应。对于与 25% 动态负荷下相同的意外事故，重复仿真，其中发电机的端电压如图 5.6 所示。根据这些响应，可以得出结论：设计的控制器可以在此大扰动的 2s 内稳定发电机的电压和功角。尽管励磁控制器设计为50% 动态和 50% 静态负荷，但如果总负荷的组成包含小于 50% 的动态负荷，它仍能表现良好。

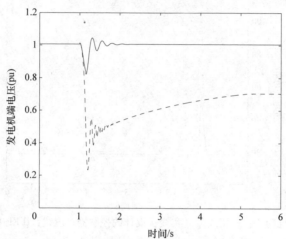

图 5.5 发电机端电压（50% 动态负荷）：一条线路中断（实线：设计的控制器；虚线：IEEE ST1A 励磁机）

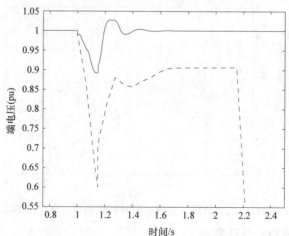

图 5.6 发电机端电压（25% 动态负荷：一条线路中断（实线：设计的控制器；虚线：IEEE ST1A 励磁机）

5.7.2 意外事故 Ⅱ：三相短路

最严重的扰动之一（可能导致电压崩溃）是一条关键传输电路出现三相故障。从电力系统的角度来看，励磁系统应有助于电压的有效控制和系统稳定性的提高。励磁系统应能够通过调制发电机磁场迅速响应扰动，从而增强电压稳定性。

此处针对一条输电线路上的三相故障进行仿真。在 0.15s 后使断路器自动重合闸可切除故障。图 5.7 和图 5.8 分别显示了本地发电机的功角和端电压响应，由此可以看出，所设计的控制器在故障发生的五个周期内可稳定电压，并抑制功角振荡。

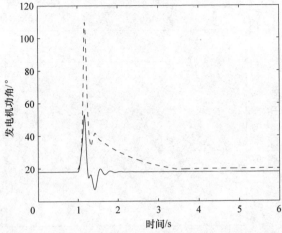

图 5.7　发电机功角：三相故障（实线：设计的控制器；虚线：IEEE ST1A 励磁机）

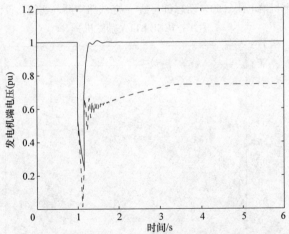

图 5.8　发电机端电压：三相故障（实线：设计的控制器；虚线：IEEE ST1A 励磁机）

5.7.3　意外事故Ⅲ：负荷突变

　　负荷特性和动态表明了负荷和电压之间的依赖关系，以及负荷动态与电压稳定性现象的紧密耦合。电力系统的稳定运行取决于它将发电机组的电力输出连续与系统上的电力负荷匹配的能力。由于负荷不同，输电系统的无功功率要求也会有所不同。实际上，电力系统会经历持续的负荷需求变化，除非采取适当的控制措施，否则可能导致电压失稳。

设计的控制器性能也可应对不太严重的故障，例如负荷突然变化。1s 时，负荷增加了 5%，本地发电机的暂态响应以及由此变化引起的负荷电压分别如图 5.9 和图 5.10 所示。很明显，其中两个控制器可在不太严重的扰动下稳定系统，但是所设计的控制器在稳定时间、阻尼和振荡方面表现更好。

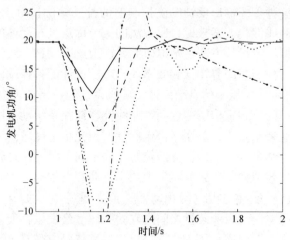

图 5.9　发电机功角：负荷功率变化（对于 5% 和 25% 的负荷变化，实线和点线代表设计的控制器，虚线和点划线代表 IEEE ST1A 励磁机）

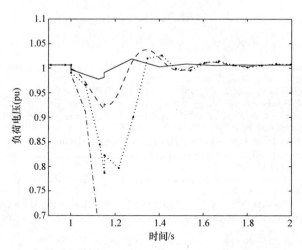

图 5.10　负荷电压：负荷功率变化（对于 5% 和 25% 的负荷变化，实线和点线代表设计的控制器，而虚线和点划线代表 IEEE ST1A 励磁机）

对于相对较严重的扰动，即 25% 的负荷变化，重复该仿真过程。在这种情况下，尽管设计的控制器需要更多的时间来稳定系统，但它仍能提供良好的性能。另一方面，IEEE ST1A 无法稳定系统，因此电压崩溃，发电机不同步。

从上述分析可以清楚看出，所设计的控制器确保了稳定工作区更宽，并且通过改进的稳定时间、阻尼振荡以及较小的稳态误差在大扰动下稳定系统。传统控制器可以在较不严重的扰动下稳定电力系统，但无法在发生大扰动时稳定电力系统。

5.8　本章小结

本章提出了一种鲁棒输出反馈励磁控制器的设计算法。对于励磁控制设计，相对于采用现有的线性化方案来说，此方法的一个优点是在严谨的框架中处理非线性动态负荷模型。本设计方法在基准研究系统上进行测试。线性分析和非线性仿真证明了设计的控制器的鲁棒性和效率。比较所设计的鲁棒励磁控制器的性能与标准 IEEE 励磁机的性能，仿真结果证实了所设计的控制器可改善效能。

本设计中采用的公式重构明确说明了非线性特性在系统动态中的影响，这使我们能够更准确地表示系统，并在平衡点周围的预先指定区域内提供保证性能和稳定性特性。仿真结果表明，所设计的控制器在不同工况、故障位置和不同负荷条件下都能非常有效地抑制所研究系统中的小扰动和大扰动。

如今，由于已不能接受因电网扰动而造成严重发电（如某些地区的风能）损失的情况，因此电网与风能装置之间交互的关注点已发生转变。相应地，重要问题变为在电网扰动期间避免风能装置停机。本书将研究带有 STATCOM 的 FSIG 的故障穿越能力，并在下一章中论述用于加强此能力的适当控制技术。

参 考 文 献

1. Custem TV, Vournas CD (1998) Voltage stability of the electric power systems. Kluwer Academic, Norwell
2. Cutsem TV (February 2000) Voltage instability: phenomenon, countermeasures and analysis methods. Proc IEEE 88(2):208–227
3. Kundur P (1994) Power system stability and control. Mcgraw-Hill, New York
4. Taylor CW (1994) Power system voltage stability. McGraw-Hill, New York
5. Vu KT, Liu CC, Taylor CW, Jimma KM (1995) Voltage instability: mechanism and control strategies [power systems]. Proc IEEE 83(11):1442–1455
6. Roy NK, Pota HR, Mahmud MA, Hossain MJ (2013) Key factors affecting voltage oscillation of distribution networkswith distributed generation and inductionmotor loads. Int J Electr Power Energy Syst 53:515–528
7. Overbye TJ (1994) Effects of load modelling on analysis of power system voltage stability. IEEE Trans Power Syst 16(5):329–338
8. Li Y, Chiang HD, Choi BK, Chen YT, Lauby DHHMG (2008) Load models for modeling dynamic behaviors of reactive loads: evaluation and comparison. Int J Electr Power Energy Syst 30(9):497–503
9. Cutsem TV, Vournas C (1998) Voltage stability of electric power systems. Kluwer Academic, Norwell
10. Hossain MJ, Pota HR, Ugrinovski V (2008) Short and long-term dynamic voltage instability. In: 17th IFAC world Congress, Seoul, Korea, pp 9392–9397
11. Hossain MJ, Pota HR, Ugrinovskii V, Ramos RA (2009) Excitation control for large disturbances in power systems with dynamic loads. In: IEEE power and energy society ceneral meeting, Calgary, Canada, pp 1–8
12. Williams BR, Schmus WR, Dawson DC (1992) Transmission voltage recovery delayed by stalled air conditioners compressors. IEEE Trans Power Syst 7(3):1173–1179
13. Mahmud MA, Hossain MJ, Pota HR (2012) Effects of large dynamic loads on power systems stability. Int J Electr Power Energy Syst 41(1):357–363

14. Leon JADD, Taylor CW (2002) Understanding and solving short term voltage stability problems. In: IEEE power engineering society summer meeting, Chicago, USA, pp 745–752

15. Hossain MJ, Pota HR, Ramos RA (2011) Excitation control for improving transient stability limit and voltage regulation including dynamic loads. In: 18th IFAC world congress, Milano, Italy, pp 4971–4976

16. Niioka S, Yokoyama R, Fujita G, Shirai G (2002) Decentralized exciter stabilizing control for multimachine power systems. Electr Eng Jpn 139(1):35–43

17. Sanchez-Gasca JJ, Vittal V, Gibbard MJ, Messina AR, Vowles DJ, Liu S, Annakkage UD (2005) Inclusion of higher order terms for small-signal (modal) analysis: committee report-task force on assessing the need to include higher order terms for small-signal (modal) analysis. IEEE Trans Power Syst 20(4):1886–1904

18. Martinez I, Messina A, Barocio E (2004) Perturbation analysis of power systems: effects of second- and third-order nonlinear terms on system dynamic behaviour. Electr Power Syst Res 71(2):159–167

19. Cao YJ, Jiang L, Cheng SJ, Chen DD, Malik OP, Hope GS (1994) A nonlinear variable structure stabilizer for power system stability. IEEE Trans Energy Convers 9(3):489–495

20. Lu Q, Sun YZ, Mei S (2001) Nonlinear control systems and power system dynamics. Kluwer Academic Publishers, Boston

21. Hossain MJ, Mahmud MA, Roy NK, Pota HR (2013) Enhancement of transient stability limit and voltage regulation with dynamic loads using robust excitation control. Int J Emerg Electr Power Syst (in press)

22. Hossain MJ, Pota HR, Ugrinovski V, Ramos RA (2010) Voltagemode stabilisation in power systems with dynamic loads. Int J Electr Power Energy Syst 32(8):911–920

23. Seo JC, Kim TH, Park JK, Moon SI (1996) An LQG based PSS design for controlling the SSR in power systems with series-compensated lines. IEEE Trans Energy Convers 11(2):423–428

24. Roy NK, Pota HR, Mahmud MA, Hossain MJ (2013) Voltage control of emerging distribution systems with induction motor loads using robust lqg approach. Int Trans Electr Energy Syst. doi:10.1002/etep.1739

25. Anderson BD, Moore JB (1990) Optimal Control: linear quadratic methods. Prentice-Hall, New Jersey

26. Ray LR (1993) Stability robustness of uncertain LQG/LTR systems. IEEE Trans Autom Control 38(2):304–308

27. Kwang MS, Park JK (2000) On the robust LQG control of TCSC for damping power system oscillations. IEEE Trans Power Syst 15(4):1306–1312

28. Ferreira A, Barreiros JA, Barra W Jr, de Souza JRB (2007) A robust adaptive LQG/LTR TCSC controller applied to damp power system oscillations. Electric Power Syst Res 77(8):956–964

29. Dou CX, Zhang XZ, Guo SL, Mao CC (2010) Delay-independent excitation control for uncertain large power systems using wide-area measurement signals. Int J Electr Power Energy Syst 32(3):210–217

30. Mahmud MA, Pota HR, Aldeen M, Hossain MJ (2013) Partial feedback linearizing excitation controller for multimachine power systems to improve transient stability. IEEE Trans Power Syst. doi:10.1109/TPWRS.2013.2283867

31. Mahmud MA, Pota HR, Hossain MJ (2012) Dynamic stability of three-phase grid-connected photovoltaic system using zero dynamic design approach. IEEE J Photovoltaics 12(4):564–571

32. Mielczarski W, Zajaczkowski AM (1994) Nonlinear field voltage control of a synchronous generator using feedback linearisation. Automatica 30(10):1625–1630

33. Ramos RA, Alberto LFC, Bretas NG (2003) Linear matrix inequality based controller design with feedback linearisation: application to power systems. IEEE Proc-Control Theory Appl 150(5):551–556

34. Chapman JW, Ilic MD, King CA (1993) Stabilizing a multi-machine power system via decentralized feedback linearizing excitation control. IEEE Trans Power Syst 8(3):830–838

35. Gan D, Qu Z, Cai H (2000) Multimachine power system excitation control design via theories of feedback linearisation control and nonlinear robust control. Int J Syst Sci 31(4):519–527

36. Guo Y, Hill DJ, Wang Y (1999) Robust decentralized excitation control of multimachine power systems. In: American control conference, San Diego, California, USA , pp 61–74
37. Xianrong C, Renzhou W, Yihan Y (1993) The nonlinear excitation control of generators. In: IEEE conference on computer, communication, control and power engineering
38. Concordia C (1951) Synchronous machines. Willey, New York
39. Demello FP, Concordia C (1969) Concepts of synchronous machine stability as affected by excitation control. IEEE Trans Power Apparatus Syst PAS-88(4):316–329
40. Wang Y, Guo G, Hill DJ (1997) Robust decentralized nonlinear controller design for multimachine power systems. Automatica 33(9):1725–1733
41. Lu YN (1983) Electric power system dynamics. Academic Press, London
42. Bergen AR (1986) Power system analysis. Prentice-Hall, New Jersey
43. Ugrinovskii VA, Petersen IR (2001) Minimax LQG control of stochastic partially observed uncertain systems. SIAM J Control Optim 40(4):1189–1226
44. Ugrinovskii VA, Petersen IR (1999) Finite horizon minimax optimal control of stochastic partially observed time varying uncertain systems. Mathe Control Signals Syst 12(1):1–23
45. Petersen IR, Ugrinovskii VA, Savkin AV (2000) Robust control design using H_∞ methods. Springer, London
46. Hossain MJ, Pota HR, Ugrinovski V, Ramos RA (2009) Robust STATCOM control for the enhancement of fault ride-through capability of fixed-speed wind generators. In: IEEE multiconference on systems and control. Saint Petersburg, Russia, pp 1505–1510

第 6 章

动态输电能力增强控制

摘要 本章提出了一种算法,以便采用极小化极大线性二次型(LQ)输出反馈控制设计方法用于 STATCOM 的分散式鲁棒控制器。由于设计的分散式控制器,带有 FSWG 的电力系统的可用(动态)输电能力(ATC)有所增加。本章还分析了基于输电极限将各类风力发电机并入电力系统的影响。所建议的控制策略的有效性通过在两区域基准电力系统上的仿真来验证。设计的控制器的性能也与基于传统 PI 的 STATCOM 控制器进行比较。仿真结果表明,使用本章提出的鲁棒 STATCOM 控制器可以提高动态电压稳定性和暂态稳定性。

6.1 简介

电力系统输电能力表明,在输电不影响系统安全性的情况下,区域间电力传输可能增加。准确识别这种能力可为大型电力市场的规划和运行提供重要信息。规划人员需要知道系统瓶颈,而系统运营商不得执行超出计算所得输电能力的输电操作。需要重复估算输电能力,以确保电力传输的组合效应不会导致诸如系统过载、设备损坏和断电的不当风险[1]。然而,对输电能力过于保守的估计为电力传输带来了不必要的限制,且使得网络的使用昂贵且低效。随着放松管制的进行,电力传输的数量和种类都在增加。事实上,它们对于具有竞争力的电力市场而言是必需的。为提高系统运营商、规划人员和电力营销商所用的输电能力计算结果的准确性和有效性,现在提供了非常多的经济激励。

随着消费者需求和地理上分散能源的不断增长,远距离输电线路上的大型电力交换在现代电力系统的安全和经济运行中发挥着至关重要的作用。由于电力系统随着负荷增加而变得更加紧张,需要通过远距离输电线路传输电力。电力供应的放松管制已经为大容量输电系统引入了新的潮流模式。最终结果是电力系统的运行距离它们的输电极限更近,并且运行时间比以前需要的更长。由于开发新的输电和发电设施受到政治、经济和环境方面的限制,因此利用现有输电线路的总体能力,同时保持足够的系统可靠性至关重要。

近年来,风力发电受到广泛关注。据报道,已确定到 2020 年,风力发电量将占全球电力的 10% ~ 15% 的目标[2]。风电场通常设在偏远地区，因此很难通过使用远距离的同步发电机在远方控制其电压。随着对风电场使用的日益重视，需要进一步研究许多复杂的问题。

在规划和开发过程中，电压控制评估和无功功率补偿在确定远离主输电系统的大型风力发电厂的安全输电极限方面起着越来越重要的作用。为了精确确定输电能力，考虑风电场的动态变化至关重要。将大型风力发电机纳入电力系统中对输电线路现有输电能力具有重要影响[3]。

电力系统稳定性问题和热容量限制了输电能力。为了满足日益增长的负荷需求并满足稳定性和可靠性标准，必须更有效地利用现有的输电和发电设施，或者在系统中增添新设施。鉴于诸如投资不足和难以获得新的输电线路权等约束，后者通常很难实现。前者可以通过使用 FACTS 控制器来实现，正如在全球高度发达的电力系统中所见。增加传输容量（超过其热额定值）明显且最有效的方法是建立新的输电线路，但是这是一个需付出高昂成本的解决方案。

电压崩溃的风险决定了许多大容量输电系统的输电极限。如果电压限制和电压稳定性是输电能力的决定性因素，则可以在关键位置安装额外的无功功率源，以使电压分布均匀并增加备用量，从而防止电压稳定性受损。带有合适控制器的 FACTS 设备可以提高现有电网的利用率，使电网更接近其热负荷容量，并避免构建新的输电线路的需求。在不同的 FACTS 设备中，STATCOM 越来越多地用于加强动态电压稳定性。它们有可能显著提高系统的暂态稳定裕度以及电压稳定性。

互联输电线路的输电能力确定了在不影响系统可用性、电压安全性或动态安全性的情况下可在区域之间交换多少电力[4]。在重负荷系统中，电压稳定性极限占主导地位，并且在具有远距离电力互联的重负荷电力系统中出现大扰动后观察到电压失稳。近来更加关注维持健康的电压分布和设计控制器以保持电压稳定性。与功角稳定性相比，在确定 ATC 方面，并未足够重视电压稳定性。

为了确定 ATC，已经广泛使用考虑热功率流和静态功率流分析的方法。在文献中，已经介绍了确定稳态极限的方法，同时考虑了与稳态条件相关的系统限制，如最大负荷能力、母线电压和传输电流极限等[5]。文献 [6] 介绍了一种基于确定与电压崩溃条件直接相关的电压稳定性极限（鞍结分岔）的技术。

文献 [7] 介绍了一种评估电网不确定性的一阶效应的算法，如负荷预测误差和同时输电对计算出的输电能力的影响。这些论文[6,7]未考虑电力系统设备的动态特性。最近，已经使用最佳潮流技术研究了风力发电机并网对总输电能力的影响[8]。这种技术不考虑风电场动态特性，且风力发电机建模为 PQ 母线。风力发电机在扰动期间和扰动后的特性不同于传统发电机。在故障期间，FSIG 从系统中获取大量无功功率，这表明在计算动态 ATC 时需要考虑风电场的动态特性。

其他研究方向旨在利用 FACTS 设备来增强某些线路的输电能力。如果电压限制和电压稳定性是输电能力的决定性因素，则可以在关键位置安装额外的无功功率源，以使电压分布均匀并增加备用量，以防止电压稳定性受损。带有合适控制器的 FACTS 设备可以提高现有电网的利用率，使电网更接近其热负荷容量，并避免构建新的输电线路的需求。现已研究 FACTS 控制器的最优布局，目的是使二阶灵敏度分析来使可用输电极限最大化[9]。该方法利用了标准电压崩溃技术和多种静态系统极限。也制作了基于最优潮流的 ATC 增强模型，以实现具有 FACTS 控制的特定接口的最大电力传输，并在其中考虑了电压限制和线路温升极限[10]。

使用遗传算法研究 FACTS 设备对 ATC 及其增强的影响，以优化 SVC 的最佳位置[11]。文献［12］讨论了 FACTS 设备对总输电能力的影响，考虑了系统的温升、电压和暂态稳定性极限。研究了基于模糊控制的 SMES 机组的有功和无功功率控制，以及静态同步串联电容器（Static Synchronous Series Capacitor, SSSC）对输电线路阻抗的控制，以增加输电线路的最大负荷能力，该能力可能受到暂态稳定性极限的约束[13]。现有大多数关于增强输电极限的文献都采用基于线性模型设计的本地 FACTS 控制器。然而，传统发电机和风力发电机具有高度非线性并且彼此耦合。

现代非线性大型电力系统需要越来越复杂的控制器，它需要来自整个网络的信息。这意味着输电成本高昂，尤其是在使用大型分布式系统时。另一方面，分散式控制器高效且便宜，因为它的发电机机组之间无需进行信息交换并且是基于本地测量结果运行。由于一直存在发电厂结构和参数不确定性，因此在建模不确定性方面设计具有鲁棒性的控制器也非常重要。最近提出了一种输出反馈鲁棒分散式开关控制[14]。其中工作范围分为几个区间，每个区间设计一个控制器，并根据工作点切换控制器。在实际电力系统中，由于切换可能产生多余的暂态，因此很难执行切换控制器。

文献［15］介绍了一种基于输入输出反馈线性化（Feed Back Linearisation, FBL）方法的大型电力系统分散式非线性控制器。采用 FBL 设计的控制器需要有关电力系统拓扑的信息，并且状态必须是可测量的。在实践中，很难测量电力系统的所有状态。此外，反馈线性化方案需要精确的发电厂参数来消除内在的系统非线性，这对于稳定性分析而言是一项复杂的任务。

风力发电机动态对电力系统的电压和暂态稳定性及其输电极限都有相当大的影响。目前仍缺乏关于风力发电机动态对 ATC 影响的文献。第 6.5 节描述了本章中用于确定动态 ATC，以及用于分析风电穿透功率对其重要影响的方法。在不同的 FACTS 设备中，STATCOM 逐渐用于增强动态电压稳定性。具有合适控制策略的 STATCOM 具有显著增强系统的暂态稳定裕度和电压稳定性的潜力。

本章的主要贡献是介绍了一种设计分散式鲁棒 STATCOM 控制器的方法，该控制器可以增强动态电压稳定性以及暂态稳定性，从而增加 ATC。对于控制器设计，我们采用分散式极小化极大 LQ 输出反馈控制设计技术。在极小化极大最优控制设计框架内，可以通过对基本不确定系统在最坏情况下的二次型性能进行优化来实现鲁棒性[16]。该方法在系统的控制性能和鲁棒性之间达到了可接受的平衡。本章中的控制设计通过在测试系统上的各种扰动情况下进行仿真测试。为了进行比较，还评估了基于 PI 的 STATCOM 控制器的性能[17]。比较显示了设计的控制方法相对于传统的基于 PI 的 STATCOM 控制器的优越性。

本章其余部分的组织结构如下：6.2 节介绍正在研究中的电力系统设备的数学建模并讨论了测试系统；6.3 节描述确定 ATC 的目的和限制它的因子；6.5 节介绍一种确定 ATC 的算法；6.7 节总结分散式鲁棒控制设计技术的应用，并给出了控制器设计算法；6.6 节描述不同的案例研究；6.9 节讨论控制器的性能；6.10 节为本章小结。

6.2 电力系统模型

图 6.1 所示的两区测试系统由 11 条母线和 3 台发电机组成[18]。它包含一个由标称容量为 2200MV·A 的远程发电机 G_2 通过 5 条 500kV 并联线路馈电的区域。发电机（G_1）模拟代表大惯性互联系统的无穷大母线。

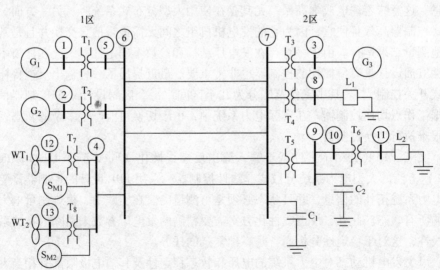

图 6.1　3 机 2 区测试系统（G：同步发电机，WT：风力发电机，S：STATCOM，L：负荷）

2 区包含 1600MVA 本地同步发电机（G_3）和两个总负荷，其中一个为工业负荷，它直接通过非标称恒定比率变压器（T_4）提供服务，另一个为施加在母线 11 上的商住房用负荷。该测试系统的所有负荷 $P_L = 6655\,MW$ 和 $Q_L = 2021\,Mvar$ 均位于 2 区，并通过两个变压器（T_5 和 T_6）和母线 9 和 10 之间的 115kV 输电线路与配电网连接。

工业负荷由具有不同参数的两个等效工业异步电动机（IM）表示：大电动机（IM_1）功率为 3375MV·A，小电动机（IM_2）为 500MV·A。3000MW 的商住房用负荷相当于一半是恒定导纳电阻，一半是电动机电阻。2440MV·A 单电动机等效物（IM_3）是由空调负荷严格控制的电动机总和。测试系统参数请见11.4 节。

在仿真中，同步发电机通过表示励磁绕组的六阶模型建模，其中一个阻尼绕组位于转子直轴上，另两个绕组位于正交轴上。IM 通过其三阶模型来描述，包括其转子的机械和电气暂态。电动机机械负荷包括恒定和二次型转矩分量。由于相关时间框架延长到几秒钟，因此可以忽略同步发电机的原动机的响应。因此，在仿真期间，发电机的机械输入转矩被认为是恒定的。本地发电机的端电压由 IEEE ST1A 型快速作用静态 AVR 控制，该调节器配备有带暂态励磁电流限制模块的成比例的综合型过励磁限制器（OXL）。在最初的运行点，远程发电机和无穷大母线向负荷区域输送约 5000MW 的电力。2 区中的并联补偿由电容器 C_1 和 C_2 提供。为了进行稳定性分析，我们在简化导纳矩阵中纳入了变压器和输电线路。

如图 6.1 所示，上述系统可通过增加两个风电场及在各风电场中增加一个 STATCOM 进行改造，并用作测试系统。通过改变传统发电和风力发电的组合来分析风力发电对 ATC 的影响。在两个风电场中，风力发电机提供了总发电量的5%，这证明了控制设计的有效性。

本章的目的是设计 STATCOM 控制器，以使 IG 转差的变化降至最低，从而改善 ATC。这些控制器设计用于 STATCOM：S_{M1} 和 S_{M2}，见图 6.1。对于各 STATCOM 控制器，被测变量是其输出电压，而控制输入是调制指数（k_i）和触发角（α_i）。在这种情况下，k_i 是固定的，而 α_i 被用作控制变量。由于设计控制器的原因，本章介绍了由母线 6 和母线 7 之间的输电线路分隔的两个区域之间动态 ATC 的增加。

ATC 采用测试系统的完整非线性模型来确定，而控制器采用其线性化模型设计。如前所述，由于控制问题的性质，为各 STATCOM 设计了分散式控制器，并为发电机 G_3 采用了一个励磁控制器。

6.3　计算输电能力的目的

术语"输电能力"是指在维持电力系统安全的同时，可以通过输电网从一个地方传输到另一个地方的电量。这个概念非常实用，其原因如下：

- 能够适应大区域间输电的系统通常比具有有限能力的系统更具鲁棒性，且更加灵活。因此，输电能力可以用作相对系统安全性的粗略指标。

- 输电能力对于比较正在计划中的输电改进的优缺点也很实用。增强电网两个区域之间的输电能力的输电扩展可能比增加输电能力较少的替代改进方案更有利于提高可靠性和经济效率。

- 在类似线路上，输电能力可以用作更具体电路建模的替代品，以获得多区域输电量的总效应，并提供可能将廉价电力用于向电力缺乏或高成本地区提供发电量的指示。

- 输电能力计算通过为评估输电储备量提供量化基础来促进能源市场发展。

6.4 限制输电能力的因素

互联输电网可靠地传输电力的能力可能受系统的物理和电气特性限制，它包括以下任何一项或多项。

6.4.1 温升极限

温升极限由电力系统设备的热性能所决定。随着电力传输的增加，电流密度增大是造成热损害的关键原因，例如在发电厂中，机组在超过其最大工作限制的条件下持续运转可能导致该机组的定子或转子绕组出现热损害。有功功率和无功功率均会影响电流密度。在该系统中，输电线路和相关设备也必须在温升限制内运行。架空线中持续过量的电流会导致导体下垂，从而降低离地间隙并降低安全裕度。极端的电流密度最终会损坏导体的金属结构并造成永久下垂。与架空线不同，地下电缆和变压器必须依靠空气以外的绝缘体来释放其产生的热量。这些类型的设备均严格限制其可以安全承载的电流量，因为持续的过载电流会使得其绝缘体受到二次损坏，最终降低其使用寿命。尽管大多数电力系统设备可以安全过载，但更为重要的是无法得知具体的过载电流量大小，以及该设备能够承受多长时间的过载电流。

6.4.2 电压极限

电力公司和客户设备均设计为在特定的额定或标称电源电压下工作。长时间偏离标称电压会对系统设备的性能产生不利影响，并对系统设备造成严重损坏。流经输电线路的电流可能会在系统的接收端产生不可接受的压降。这主要是由电流流经系统时产生大量的无功损耗造成的。如果发电机和其他电源产生的无功功率不足以满足系统的需求，则电压将超出可接受的限值，即通常比标称电压高出6%以上。系统通常需要无功支持，以防止出现低电压问题。可用的无功支持量通常决定了输电极限。系统可能被限制到比期望更低的有功功率输电水平，因为系统不具有充分支持电压所需的无功功率储备量。

6.4.3　稳定性极限

输电网必须能够在受到扰动后的暂态和动态时间段内（各时间段持续的时间为几毫秒到几分钟不等）经受住扰动影响。连接交流互联输电系统的所有发电机在相同频率（标称50Hz或60Hz）下同步运行。在系统受到扰动后，发电机立即开始相对于彼此振荡，这导致系统频率、线路负荷和系统电压波动。为了使系统稳定，当电气系统达到新的稳定工作点时，必须减少振荡，如若未能实现，将可能导致发电机彼此无法同步工作，同时全部或部分互联电气系统可能会变得不稳定。发电机失稳可能会损坏设备并导致客户供电失控，并造成大范围的供电中断。

6.5　动态 ATC 评估算法

计算输电能力的实用方法仍在不断发展中。目前进行的计算通常过于简化，并且在许多情况下没有充分考虑诸如电力传输、环路流量、非线性特性、工作策略和电压崩溃断电之间的交互影响。本书中已经介绍了许多用于计算 ATC 的方法。持续功率流（CPF）方法[7]是在汇馈母线处负荷基础值每增加一次时，重复一次满量程交流负荷潮流方法，直到系统中的线路过载。虽然结果较为准确，但这些方法不适用于大型系统。作为替代方案，还有基于直流负荷潮流的方法[19]，它们比对应的交流方法稍快，但它们只模拟线路中的有功潮流，并假设电网中无任何损耗。

基于电力传输或断电分布因子的方法[20]只适用于和产生这些因子的基本情况类似的情景。所报告的[21]人工神经网络（Artificial Neural Network，ANN）方法需要较大的输入向量，因此将其限制为从所有剩余区域向单个区域进行电力传输的特殊情况，以简化 ATC 的测定。此方法无法跟踪母线到母线的传输（这是放松管制的真正原因）。

在这项研究中，使用以下程序分析 ATC 并验证设计控制器的性能[22]：

1）选择基础方案并解决潮流问题；

2）逐步增加发电量和负荷，并根据修改后的系统条件解决潮流问题；

3）使用完整非线性模型进行稳定性分析，以检查大扰动的安全限制；

4）如果安全限制可以接受，则转到2），否则转到5）；

5）最高可行增量表明给定基准情景下可以额外传输多少电力。

6.6　案例研究

通过增加图 6.1 所示测试系统中 2 区的负荷和 1 区的发电量来计算 ATC。为了安全评估，我们使得母线 6 和母线 7 之间的一条输电线路上出现三相故障。完成线路开路的 5 次循环后，故障被切除，而线路在另外 5 次循环后恢复。在此负荷潮流分析中，此种情况下可接受的电压范围是 0.9 ~ 1.1pu。对于三相故障意外事故，采用 6.5 节中的方法评估的传统发电机的动态 ATC 为 690MW。为了确定电力系统设备对 ATC 的影响，在下一节中介绍了各种案例。

6.6.1 案例 I：发电机无功功率限值

发电机具有无功功率输出限制。达到极限后，发电机将无法调节其母线电压，因此它会从 PV 母线降级为 PQ 母线。图 6.2 显示了从 1 区到 2 区输电量增加时，母线 11 处负荷电压的变化。在施加无功功率供应上限和未施加此上限的情况下测定 ATC。由于 G_3 的无功功率供应受到限制，ATC 的功率从 690MW 减少到 678.5MW。如图 6.2 所示，当发电机超过其最大无功功率时，电压崩溃。

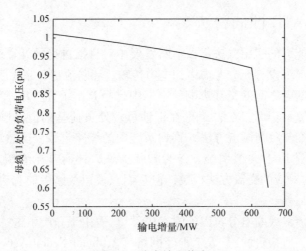

图 6.2　稳态输电能力

6.6.2 案例 II：动态负荷的影响

即使电压下降[23]后，异步电动机（IM）的有功功率损耗也应保持不变。此外，如果扰动使得电磁转矩无法平衡机械负荷，则电动机会减速并吸收较高的无功电流，从而导致进一步电压下降，而且偶尔会导致电压崩溃。

首先，仅考虑恒定阻抗负荷计算 ATC。采用相同的负荷进行稳定性分析，但增加了 25% 的异步电动机。图 6.3 所示为通过具有恒定阻抗负荷、静态负荷与动态负荷组合的其中一条线路的潮流；从中可以清楚地看出，当异步电动机负荷增加时，动态 ATC 减少，动态负荷使得 ATC 减少了 5.3%。

6.6.3 案例 III：故障切除时间的影响

故障位置和故障持续时间等故障条件是决定系统稳定性的主要因素，并对 ATC 造成影响。根据所应用的故障和保护装置/方案的性质，故障条件变化较大，并对输电能力造成显著影响。故障切除时间（FCT）为 0.15s 时，动态 ATC

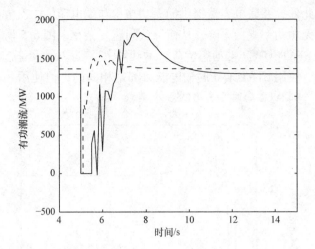

图 6.3　线路 6—7（虚线：静态负荷；实线：动态负荷）中一条线路中间出现
三相故障时通过其中一条线路的潮流

为 694MW。但是故障切除时间增加到 0.3s 时，ATC 减少了 0.75%。在一条输电线路上，三相故障出现 5s，并分别在 0.15s 和 0.3s 后将其切除。图 6.4 所示为具有相同负荷条件，但故障切除时间不同的情况下的潮流。从图 6.4 可以清楚看出，对于同一 ATC，如果在 0.15s 后切除故障，则系统变得稳定，但在 0.3s 后切除故障，系统会变得不稳定。

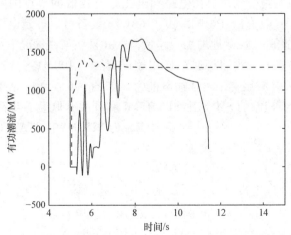

图 6.4　线路 6—7（实线：FCT = 0.3s；虚线：FCT = 0.15s）中一条线路中间出现
三相故障时通过其中一条线路的有功潮流

6.6.4　案例Ⅳ：静态和动态补偿的影响

并联电容器存在电压调节不良的问题，超出一定的补偿水平时，无法获得稳定的工作点。此外，并联电容器提供的无功功率与端电压的二次方成正比，在低电压条件下，无功功率支持下降，从而导致问题复杂化。图 6.5 所示为通过带有并联电容器和 STATCOM（带动态负荷）的线路 6—7（2）的潮流。对于静态和动态负荷来说，使用 STATCOM 的输电能力都是相同的，但使用并联补偿时，若增加动态负荷，则 ATC 会减少 6.01%。

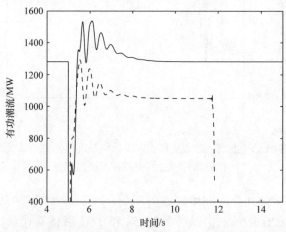

图 6.5　线路 6—7（实线：STATCOM；虚线：并联电容）中一条线路中间出现三相故障时通过其中一条线路的潮流

6.6.5　案例 V：动态补偿装置比较

由于 ATC 值始终受到重负荷电路和电压相对较低的节点的限制，因此使用 FACTS 设备对 ATC 具有潜在影响。由于 FACTS 设备可以控制电路电抗、电压幅值和相位角，因此可以灵活地增加线路负荷，并且在某些情况下可以一直增加到温升极限。在本节中，我们将通过使用相同容量（100MV·A）的 STATCOM、SMES 机组和开关并联装置来增强输电能力，如图 6.6 所示。结果表明，能够采用有功和无功同步控制的 SMES 比 STATCOM 和开关并联装置更高效。通过线路 6—7（具有开关电容）其中一条线路的潮流为 1257MW。STATCOM 使潮流增加了 5.85%，SMES 机组使潮流增加了 9.38%。

6.6.6　风力发电机并网对 ATC 的影响

为了显示风力发电机对 ATC 的影响，利用风电场产生的电力取代由 G_1 和 G_2 提供的一部分电力。在第一个案例中，恒速风力发电机取代了 5% 的 1 区传统电力。与 690MW 传统发电量相比，ATC 仅减少到 569MW。

在第二个案例中，采用 VSWT 代替 FSWT。具有 DFIG 的 VSWT，根据工况使用恒定端电压或单位功率因数运行。对于相同的渗透水平和具有端电压控制的 VSWT，ATC 为 689MW。VSWT 采用功率因数控制模式（0.95，滞后）时，ATC 功率为 720MW。很明显，VSWT 采用电压控制模式时，ATC 仅有轻微变化，而

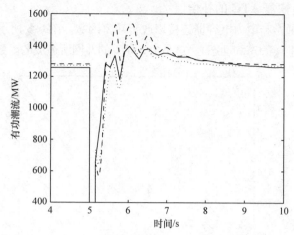

图6.6 线路6—7（点线：SMES 机组；虚线：STATCOM；实线：开关电容）
中一条线路中间出现三相故障时通过其中一条线路的潮流

FSWT 则降低了 17.53% 。以 0.95 的滞后功率因数运行的 VSWT 使得 ATC 增加
了 4.34% 。

图 6.7 所示为随着 FSWT 渗透率变化而变化的 ATC。数值请见表 6.1。从图
6.7 可以看出，最初，ATC 逐渐减少，但在渗透率达到 7.5% 后，ATC 急剧下
降。这种突然下降是由于潮流的非收敛性造成的，同时它也强调了在用风电替代
传统发电之前进行全面分析的重要性。

表 6.1 FSIG 对 ATC 的影响

FSIG 并网（%）	0	2.5	5	7.5	10
ATC/MW	690	643.5	607	545	90

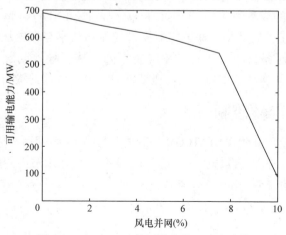

图 6.7 由于 FSIG 并网导致的 ATC 的变化

6.6.7 由 FSIG 恢复 ATC 的补偿

风力发电机通常与电力电容器连接以改善功率因数。图 6.8 所示为弥补 ATC 的不足所需的补偿量（静态和动态），这是由 FSWT 的并网所造成的。数值请见表 6.2。

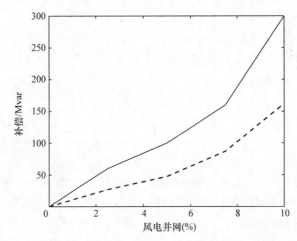

图 6.8 恢复 ATC 的补偿（实线：电容器；虚线：STATCOM）

表 6.2 恢复 ATC 的补偿

FSIG 并网（%）	0	2.5	5	7.5	10
STATCOM/MV · A	0	12.5	25	44	81
电容器/Mvar	0	60	100	160	300

对于 5% 的风电并网，需要两个 50Mvar 电容器，以将 ATC 恢复到 690MW。两个 12.5Mvar 容量的 STATCOM 可以取代两个 50Mvar 静态电容器，并提供出色的动态响应。对于容量为 100Mvar 以上的系统，电容器的成本为 10～20 美元/kvar，STATCOM 的成本为 55～70 美元/kvar[24]。使用 STATCOM 不会降低成本，但会显著提高动态性能。由并联电容器提供的无功功率与端电压的平方成正比，这意味着在低电压条件下，无功功率支持下降，从而导致问题复杂化。STATCOM 提供额外的无功功率支持，当电压变低时，电压恢复的输出不断变化。

6.7 分散式鲁棒控制

本节介绍了设计分散式 STATCOM 控制器所需的所有方程。该控制器采用分散式输出反馈控制综合方法设计[14, 25]。通过以下形式描述本节中使用的电力系统模型，其中大型系统（S）由 N 个子系统（S_i, $i=1, 2, \cdots, N$）组成，因此：

$$S_i: \dot{x}_i(t) = A_i x_i(t) + B_i u_i(t) + E_i \xi_i(t) + L_i r_i(t) \qquad (6.1)$$

$$z_i(t) = C_i x_i(t) + D_i \xi_i(t) \qquad (6.2)$$

$$\zeta_i = H_i x_i(t) + G_i u_i(t) \qquad (6.3)$$

$$y_i = C_{yi}\,x_i(t) + D_{yi}\xi_i(t) \tag{6.4}$$

式中，$x_i \in R^{ni}$ 为状态向量；$u_i \in R^{mi}$ 为控制输入；$\xi_i \in R^{pi}$ 为扰动，$\zeta \in R^{hi}$ 为不确定性输出，$z_i \in R^{qi}$ 为受控输出，$y_i \in R^{gi}$ 为测得的输出，而输入（r_i）描述了其他子系统 S_1，$\cdots$，S_{i-1}，S_{i+1}，$\cdots$，S_N 对子系统 S_i 的影响。图 6.9 所示为系统 S 的结构。

系统模型式（6.1）~式（6.4）反映了通用的互联不确定性系统的性质，其中每个子系统均受到具有两个来源的不确定性的影响。大型系统中的局部不确定性来自于每个子系统的动态不确定性。这种动态只受子系统（S_i）的不确定性输出（ζ_i）驱动。不确定性的第二个来源来自大型系统中子系统之间的交互作用。事实上，将复杂的不确定系统划分为子系统集合（S_i）会导致原始系统在子系统中分布的不确定性。这提供了将互联视为不确定扰动的动机。

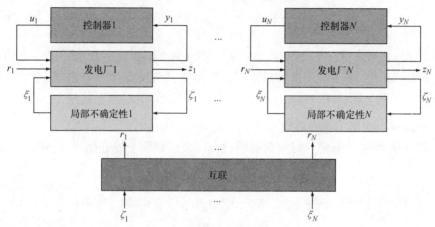

图 6.9　不确定性系统的框图

选择矩阵 D_i、G_i 和 D_{yi}，使得以下假设成立[14]：

- 假设 1：对于所有 $i = 1$，$\cdots$，N，$D_i^{\mathrm{T}}D_i + G_i^{\mathrm{T}}G_i > 0$，$D_{yi}D_{yi}^{\mathrm{T}} > 0$。
- 假设 2：这对（A_i，$C_i^{\mathrm{T}}C_i$），$i = 1$，$\cdots$，N，是可观察的。
- 假设 3：这对（A_i，B_i），$i = 1$，$\cdots$，N，是稳定的。

我们还定义了 $\xi_i = \Delta_i \zeta_i$ 和 $r_i = \sum_{j \neq i} \widetilde{\Delta}_{ij} \zeta_j$，其中 Δi 和 $\widetilde{\Delta}_{ij}$ 是不确定增益矩阵。不确定性和互联满足以下条件：

$$\| \xi_i(t) \|^2 \leqslant \| \zeta_i(t) \|^2, \quad \| r_i(t) \|^2 \leqslant \sum_{j \neq i} \| \zeta_j(t) \|^2 \tag{6.5}$$

本节中设计的极小化极大输出反馈控制器使得以下成本最小化，该成本需满足上述式（6.5）关于局部不稳定性和互联的界限要求：

$$\int_0^{\infty} \sum_{i=1}^{N} \| z_i(t) \|^2 \mathrm{d}t \tag{6.6}$$

在这种情况下，我们考虑式（6.5）中范数有界约束，而不是更一般的 IQC（积分二次约束）。这意味着设计的控制器对于范数有界约束而言尚未达到最佳标准。如文献［14］所述，控制算法通过集合 $\mathscr{T}$ 找到以下函数的下确界：

$$\inf_{u_i, i=1,\cdots,N} \sup_{\Xi,\Pi} \int_0^\infty \sum_{i=1}^N \| z_i(t) \|^2 dt \le \inf_{\mathscr{T}} \sum_{i=1}^N x_{i0}^T [X_i + \tau_i M_i + \theta_i \overline{M}_i] x_{i0} \quad (6.7)$$

式中，$[x_{10}, \cdots, x_{N0}]^T$ 为初始状态向量，Ξ 是一组所有可容许的不确定性，Π 是一组可容许的互联输入，一组向量，$\mathscr{T} = \{\{\tau_i \, \theta_i\}_{i=1}^N \in R^{2N}\}$，$M_i > 0$ 和 $\overline{M}_i > 0$ 为两个正定对称矩阵，此矩阵满足以下条件：

$$E\int_0^{t_l} (\| \zeta_i(t) \|^2 - \| \xi_i(t) \|^2) dt > - x'_{i0} M_i x_{i0} \quad (6.8)$$

$$E\int_0^{t_l} \left(\sum_{n=1, n\ne i}^N \| \zeta_n(t) \|^2 - \| r_i(t) \|^2 \right) dt > - x'_{i0} \overline{M}_i x_{i0} \quad (6.9)$$

式中，E 是期望算子，$\{t_l\}_{l=1}^\infty$，$t_l \to \infty$ 为一个序列，并且 $M_i = M'_i > 0$，$\overline{M}_i = \overline{M}'_i > 0$。式（6.8）和式（6.9）考虑到局部不确定性通道和互联中不确定动态的非零初始条件的影响。IQC 式（6.8）和式（6.9）右侧的项对应于这些不确定性的界限。可以用二次型将这些界限写成：$x'_{i0} M_i$ 和 $x'_{i0} \overline{M}_i x'_{i0}$ [16]。

矩阵 X_i 和 Y_i 是下面一对参数依赖耦合广义代数黎卡提方程[25]的解：

$$A_i^T Y_i + Y_i A_i + Y_i \overline{B}_{2i} \overline{B}_{2i}^T Y_i - [C_{yi}^T W_i^{-1} C_{yi} - \overline{C}_i^T \overline{C}_i] = 0 \quad (6.10)$$

$$A_i^T X_i + X_i A_i + \overline{C}_i^T \overline{C}_i - X_i [B_i R_i^{-1} B_i^T - \overline{B}_{2i} \overline{B}_{2i}^T] X_i = 0 \quad (6.11)$$

其中 $R_i = \overline{D}_i^T \overline{D}_i$，$W_i = \overline{D}_{yi} \overline{D}_{yi}^T$，$\overline{\theta}_i = \sum_{n=1, n\ne i}^N \theta_n$，

$$\overline{C}_i = \begin{bmatrix} C_i \\ (\tau_i + \overline{\theta}_i)^{1/2} H_i \end{bmatrix}, \quad \overline{D}_i = \begin{bmatrix} D_i \\ (\tau_i + \overline{\theta}_i)^{1/2} G_i \end{bmatrix},$$

$$\overline{B}_{2i} = [\tau_i^{-1/2} E_i \theta_i^{-1/2} L_i], \quad \overline{D}_{yi} = [\tau_i^{-1/2} D_{yi} 0].$$

而控制器依据方程[14]计算结果进行设计：

$$\dot{x}_{ci} = \{A_i - [B_i R_i^{-1} B_i^T - \overline{B}_{2i} \overline{B}_{2i}^T] X_i \} x_{ci} \quad (6.12)$$
$$+ [Y_i - X_i]^{-1} C_{yi}^T W_i^{-1} [y_i(t) - C_{yi} x_{ci}(t)]$$

$$u_i = - R_i^{-1} B_i^T X_i x_{ci} \quad (6.13)$$

这些解需要满足以下条件：$\tau_i > 0$，$\theta_i > 0$，$X_i \ge 0$，$Y_i \ge 0$ 和 $Y_i > X_i$。

6.8　测试系统的控制器设计

此处考虑的是鲁棒 LQ 输出反馈分散式 STATCOM 控制器的设计问题，该控

制器在存在互联效应的情况下工作。为了演示控制设计过程，控制器针对连接两个风电场的两台12.5Mvar STATCOM和一台发电机G_3的励磁控制器而设计。图6.1所示为STATCOM（S_{M1}，S_{M2}）和风力发电机（WT_1，WT_2）。这两个风电场都配备了FSIG，它们提供总负荷的5%，每个风电场都用一个聚合式风力发电机模型表示[26]。

对互联系统进行模态分析，以获得需要控制的主模的理念[18]。测试系统的主模为$-0.098 \pm j3.463$，阻尼比为0.028。表6.3显示了主模标准的具有显著作用的参与向量。从参与向量可以清楚看出，由于两个风电场对主模产生显著影响，因此应针对两台风力发电机设计控制器。这强调了设计分散式控制器的必要性。

表6.3 参与因子

状态	Δs_1	$\Delta E'_{qr1}$	Δs_2	$\Delta E'_{qr2}$	$\Delta \omega_3$	$\Delta \delta_3$
参与因子	0.96	1.0	0.94	0.97	0.89	0.32

本章考虑的测试系统分为3个子系统：①风电场1和STATCOM 1；②风电场2和STATCOM 2；③G_1、G_2和G_3。STATCOM控制器设计用于子系统①和②，以及在发电机G_3上运行的子系统③的励磁控制器。用一个聚合等效七阶模型[27]表示所有发电机和励磁机。

设计STATCOM控制器的第一步是确定矩阵并定义问题式（6.1）~式（6.4）中的变量。为了获得式（6.1）~式（6.4）中的子系统矩阵，首先对整个系统进行线性化处理，使其达到理想的平衡点。每个子系统的状态变量均分为两部分。一部分由子系统中的设备状态组成，称为x_i，另一部分由其余状态组成，称为r_i。而矩阵A_i和L_i需从完整的线性化模型方程中适当选择。

6.8.1 子系统①和②

选择不确定性输出（ζ_i）和扰动输入（ξ_i），使得

$$\zeta_i = \left[\Delta s_i, \Delta E_{dri}, \Delta E_{qri}, \Delta v_{dci} \right]^T \text{和} \xi_i = \zeta_i。$$

按照这种方式选择不确定性输出和扰动输入，则可以满足式（6.5）中的不等式。风电场子系统的状态向量为（$i = 1, 2$）

$$x_i = \left[\Delta \omega_{wti}, \Delta \omega_{mi}, \Delta \gamma_i, \Delta s_i, \Delta E_{dri}, \Delta E_{qri}, \Delta v_{dci}, \Delta v_{tmi} \right]^T$$

通过增加10%的负荷，找到新的平衡点，就该点使系统线性化，并针对额定负荷与增加负荷获得子系统矩阵A之间的偏差，最终得到不确定性项，并用$E_i \xi_i$表示[28]。矩阵A的此种偏差为E_i。

对于有风力发电机的子系统（$i = 1, 2$）来说：

$$C_i = [0\ 0\ 0\ 1\ 0\ 0\ 0\ 0] \quad C_{yi} = [0\ 0\ 0\ 0\ 0\ 0\ 0\ 1] \quad H_i = \begin{bmatrix} 0 & 0 & 0 & 1 & 0 & 0 & 0 & 0 \\ 0 & 0 & 0 & 0 & 1 & 0 & 0 & 0 \\ 0 & 0 & 0 & 0 & 0 & 1 & 0 & 0 \\ 0 & 0 & 0 & 0 & 0 & 0 & 1 & 0 \end{bmatrix}$$

$$(6.14)$$

上述所选矩阵意味着受控输出是 IG 转差的变化，测量输出是 STATCOM 端电压的变化。控制输入是 STATCOM 的触发角 α_i。按照以下方程选择配有风力发电机的子系统的矩阵 D_i、G_i 和 D_{yi}

$$D_i = 10^{-4}[1\ 1] \quad G_i = 10^{-6}\begin{bmatrix} 1 & 1 \\ 1 & 1 \\ 1 & 1 \\ 1 & 1 \end{bmatrix} \quad D_{yi} = 10^{-4}[0\ 0\ 0\ 1\ 1\ 1\ 1\ 0]$$

$$x_{i0} = [0.1, \cdots, 0.1]^T \tag{6.15}$$

6.8.2 子系统③

选择不确定性输出（ζ_3）和扰动输入（ξ_3），使

$$\zeta_3 = [\Delta E_q', \Delta E_d', \Delta\psi_{1d}, \Delta\psi_{2q}]^T \text{和} \xi_3 = \zeta_3$$

配有所有发电机的子系统③的矩阵是

$$C_3 = [1\ 0\ 0\ 0\ 0\ 0\ 0] \quad C_{y3} = [0\ 1\ 0\ 0\ 0\ 0\ 0] \quad H_3 = \begin{bmatrix} 0 & 0 & 1 & 0 & 0 & 0 & 0 \\ 0 & 0 & 0 & 1 & 0 & 0 & 0 \\ 0 & 0 & 0 & 0 & 1 & 0 & 0 \\ 0 & 0 & 0 & 0 & 0 & 1 & 0 \end{bmatrix} \quad (6.16)$$

此种选择意味着受控变量是发电机角度偏差，测量变量是同步速度的速度偏差。该子系统模型表示中其他矩阵的表达式是

$$D_3 = 10^{-6} \quad G_3 = 10^{-6}[0\ 0\ 0\ 1]^T \quad D_{y3} = 10^{-4}[0\ 0\ 1\ 1\ 1\ 1\ 0]$$

$$x_{30} = [0.1, \cdots, 0.1]^T \tag{6.17}$$

可以选择矩阵 M_i 和 $\bar{M}_i$ 作为任意正定矩阵；我们选择它们作为单位矩阵。

控制器的设计算法总结如下。

• **步骤 1**：对于一个给定的平衡点，根据 6.7 节中概述的步骤获得式 (6.1) ~式 (6.4) 中的矩阵。

• **步骤 2**：解决优化问题式 (6.7)。这可以利用线性搜索技术获取 τ_i 和 θ_i 的正值来完成。经过适当初始化，可以使用 Matlab 函数 fmincon 进行线性搜索。在本章介绍的设计中，线性搜索初始化为 $\tau_i = 0.0015$ 和 $\theta_i = 0.000015$。对于这种情况，函数 fmincon 收敛而没有任何可察觉的延迟。为了确定该解没有数值上的病态问题，需确保式 (6.10) 和式 (6.11) 的解针对 τ_i 和 θ_i [$i = 1, \cdots, N$,

其在式（6.7）中获得下确界］值给出正定的 X_i 和 Y_i。

- **步骤 3**：将 τ_i 和 θ_i 的优化值代入黎卡提式（6.10）和式（6.11）中，得到 X_i 和 Y_i。
- **步骤 4**：根据式（6.12）和式（6.13）的解得出设计的控制器的相关数据。

对于本章中考虑的测试系统，在 $\tau_1 = 0.0645$、$\tau_2 = 0.0468$、$\tau_3 = 0.0167$、$\theta_1 = 0.0005$、$\theta_2 = 0.0045$ 和 $\theta_3 = 0.0001$ 的情况下获取目标函数的最佳值。测试系统性能成本的最优极小化极大值为 0.2156，风力发电机接入率为 5%，且具有两个 $12.5\mathrm{MV \cdot A}$ 的 STATCOM。

6.9　控制器性能评估

针对本节所述风能渗透率为 5%，具有两个 $12.5\mathrm{MV \cdot A}$ 的 STATCOM 控制器的情况，闭环系统的主模为 $-0.424 \pm j0.47831$，阻尼比为 0.66291。由此可见，闭环系统具有良好的阻尼特性。相比之下，具有两个 50Mvar 电容器的开环系统的临界模式为 $-0.1578 \pm j2.6$，阻尼比仅为 0.061。

通过在测试系统上模拟两种意外事故的响应测试设计的鲁棒分散式 STATCOM 控制器的性能：①一条输电线路中断；②母线 6 和母线 7 之间其中一条线路中间出现三相短路。

6.9.1　一条输电线路中断

在线路开路 1s 后开始进行仿真，随后在 0.15s 后重新闭合。图 6.10 所示为配备两个 50Mvar 静态电容器组和设计用于两个 $12.5\mathrm{MV \cdot A}$ 的 STATCOM 的控制器的条件下，母线 6 和 7 之间其中一条输电线路中断时，母线 11 的负荷电压。两种条件下母线 11 的负荷电压的稳态值分别为 1.066pu 和 1.00pu。从图 6.10 中可以看出，与两个 50Mvar 电容器组相比，STATCOM 控制器在阻尼、过冲和稳定时间方面提供了更好的动态性能。这是因为具有固定电容器补偿的开环系统的阻尼（0.061）低。对于总共不超过 90Mvar 的固定电容器补偿，系统无法恢复到其故障前的电压。

6.9.2　三相短路

该仿真使得母线 6 和 7 之间其中一条输电线路中间出现对称的三相故障。五次循环后进行故障切除。图 6.11 描述了母线 4 处 PCC（公共耦合点）电压的变化。图 6.12 和图 6.13 显示了通过线路 4—6 传输的电力。由此可以得出结论，在暂态过程中，配备设计的 STATCOM 控制器的输电线路可以传输更多的电力。图 6.14 表明风力发电机获得的无功功率由 STATCOM 提供。可以看出，STATCOM 的总无功功率输出与风力发电机消耗的无功功率同相。

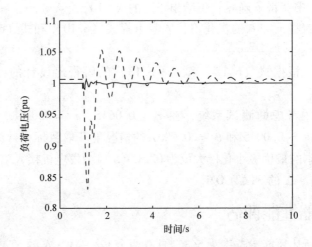

图 6.10　线路 6—7（实线：设计的 STATCOM 控制；虚线：电容器组）
中一条线路中断时的负荷电压

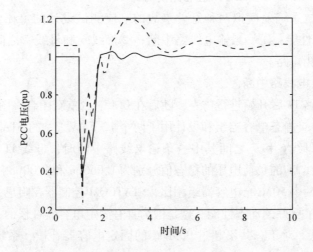

图 6.11　线路 6—7（实线：设计的 STATCOM 控制；虚线：电容器组）中一条线路
中间出现三相故障时的 PCC 电压

6.9.3　对比所设计的 STATCOM 控制器与基于 PI 的 STATCOM 控制器

　　为了评估设计的控制器性能，使用 5% 的 FSIG 计算动态 ATC，该 FSIG 使用基于 PI 的 STATCOM 控制器和设计的鲁棒 STATCOM 控制器。基于 PI 的 STAT-COM 的最大 ATC 为 687MW，而设计的鲁棒 STATCOM 控制器则为 698MW，也就是说，使用这种鲁棒控制算法时，ATC 增加了 1.6%。

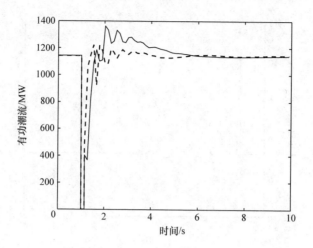

图 6.12　线路 6—7 中一条线路中间出现三相故障时通过线路 4—6 中一条线路的有功潮流
（实线：STATCOM 控制；虚线：电容器组）

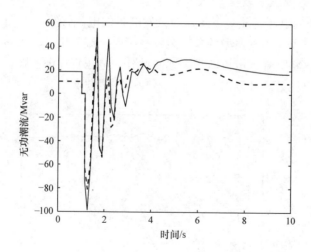

图 6.13　线路 6—7 中一条线路中间出现三相故障时通过线路 4—6 中一条线路的无功潮流
（实线：STATCOM 控制；虚线：电容器组）

　　为了测试动态性能，通过应用与之前仿真相同的三相故障，使用已增加的 ATC（698MW）进行仿真。图 6.15 和 6.16 所示为母线 11 的负荷电压以及配备本书所设计的 STATCOM 控制器和一个基于 PI 的 STATCOM 控制器的风力发电机速度。使用基于 PI 的控制器后，由于从风力中获得的机械功率与输送到电网的电功率之间失衡，即使在故障切除后，速度也会继续增加。当发生扰动或故障

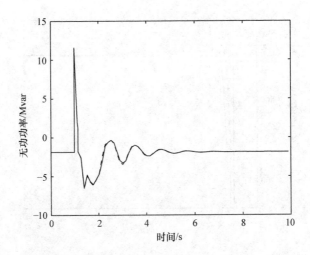

图 6.14　线路 6—7 中一条线路中间出现三相故障时的无功功率（实线：设计的 STATCOM S_{M1}
控制器输出的无功功率；虚线：风力发电机获取的无功功率）

时，WT 端子处的电压将显著下降，导致发电机的电磁转矩和电功率输出大大降低。但是在风电场中出现典型的非永久性故障时，假设机械输入转矩处于几乎恒定的情况下，这将会导致电机转子加速。此外，电压将逐渐下降，同时还必须将风力发电机从电网处断开以保护它们并避免电压崩溃。

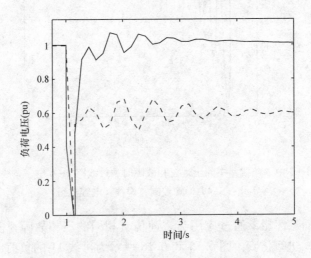

图 6.15　线路 6—7 中一条线路中间出现三相故障时母线 11 处的负荷电压
（实线：设计的 STATCOM 控制；虚线：基于 PI 的 STATCOM）

在这种情况下,每个基于 PI 的 STATCOM 控制器的参考输入均存在无功功率($Q_{\text{ref}} = 12.5\text{Mvar}$)。根据该参考无功功率,母线 11 处两个不同负荷电压值(1.0pu 和 0.6pu)的负荷潮流有所收敛。在该仿真中,基于 PI 的 STATCOM 的故障后电压稳定在较低的 0.6pu 电压平衡点。设计的控制器为这种意外事故提供了令人满意的动态响应。由此我们可以得出结论:在输电能力和系统动态性能方面,设计的控制器与传统的基于 PI 的控制器相比,具有更好的表现。

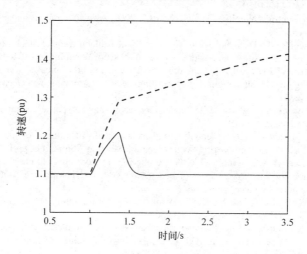

图 6.16 线路 6—7 中一条线路中间发生三相故障时的风力发电机转速
(实线:设计的 STATCOM 控制响应;虚线:基于 PI 的 STATCOM)

6.10 本章小结

本章研究了风电场对高压输电线路 ATC 的动态影响。随着 FSIG 渗透率的增加,ATC 显著下降。为获得与常规发电机相同的 ATC,确定了不同级别风电并网所需的静态和动态补偿。带有精简电容器的 STATCOM 在 ATC 方面提供了比单独电容器组更佳的性能。存在参数互联效应和不确定性时,控制器具有鲁棒性。比较设计的 STATCOM 控制器与基于常规 PI 控制器 STATCOM 的性能后发现,动态电压稳定性以及暂态稳定性得到了改善,因此,当应用设计的鲁棒 STATCOM 控制器而不是基于常规 PI 的 STATCOM 时,ATC 显著增加。

如今,电网扰动而造成严重的发电(如某些地区的风能)损失的情况已不再能被接受,因此电网与风能装置之间交互的关注点已发生转变。相应地,重要问题变为在电网扰动期间避免风能装置停机。本书接下来将研究带有 STATCOM 的 FSIG 的故障穿越能力,并在下一章中论述用于加强此能力的合适的控制技术。

参 考 文 献

1. Rao KN, Amarnath J, Kumar KA (2007) Voltage constrained available transfer capability enhancement with FACTS devices. ARPN J Eng Appl Sci 2(2):1–9
2. Ackermann T, Soder L (2002) An overview of wind energy-status 2002. Renew Sustain Energ Rev 6(1–2):67–128
3. Hossain MJ, Pota HR, Kumble C (2009) Transfer limit enhancement using decentralized robust STATCOM control for wind farm. In: Asia-Pacific power and energy engineering conference. Wuhan, China, pp 1446–1450
4. North American Electric Reliability Council (NERC) (2000) Available transfer capability definitions and determination
5. Ayasum CA, Fischl R (1997) On the region-wise analysis of available transfer capability (ATC). In: Proceedings of North American power symposium (NAPS), Wyoming, pp 464–469
6. Klump RP, Overbye TJ (1996) A transmission-based voltage stability measure for available transfer capability (ATC) calculations. In: Proceedings of North American power symposium (NAPS), MIT, pp 351–357
7. Gravener MH, Nwankpa C (1999) Available transfer capability and first order sensitivity. IEEE Trans Power Syst 14(2):512–518
8. Ramezani M, Haghifam MR (2007) Modelling and evaluation of wind turbines on total transfer capability. In: IEEE Power Engineering Society General Meeting. Tampa, FL, pp 1–6
9. Canizares CA, Berizzi A, Marannino P (1998) Using FACTS controllers to maximize available transfer capability. In: Proceedings of bulk power system dynamics and control IV—restructuring. Santorini, Greece, pp 633–641
10. Xiao Y, Song YH, Liu CC, Sun YZ (2003) Available transfer capability enhancement using FACTS devices. IEEE Trans Power Syst 18(1):305–312
11. Farahmand H, Roshidi-Nejad M, Fotirhi-Firoozabad M (2004) Implementation of FACTS devices for ATC enhancement using RPF technique. In: Proceedings of large engineering systems conference on power engineering, pp 30–35
12. Yu X, Singh C, Jakovljevic S, Ristanovic D, Huang G (2003) Total transfer capability considering FACTS and security constraints. IEEE PES Trans Distrib Conf Exposition 1:73–78
13. Sadeghzadeh SM, Ehsan M, Said NH, Feuillet R (1998) Improvement of transient stability limit in power system transmission lines using fuzzy control of FACTS devices. IEEE Trans Power Syst 13(3):917–922
14. Li L, Ugrinovskii VA, Orsi R (2007) Decentralized robust control of uncertain markov jump parameter systems via output feedback. Automatica 43(11):1932–1944
15. Tuglie ED, Iannone SM, Torelli F (2008) Feedback-linearization and feedback-feedforward decentralized control for multimachine power system. Electr Power Syst Res 78(3):382–391
16. Petersen IR, Ugrinovskii VA, Savkin AV (2000) Robust control design using H_∞ methods. Springer, London
17. Rao P, Crow ML, Yang Z (2000) STATCOM control for power system voltage control applications. IEEE Trans Power Delivery 15(4):1311–1317
18. Kundur P (1994) Power system stability and control. Mcgraw-Hill, New York
19. Hamoud G (2000) Assessment of available transfer capability of transmission systems. IEEE Trans Power Syst 15(1):27–32
20. Kumar A, Srivastava SC (2002) AC power transfer distribution factors for allocating power transactions in a deregulated market. IEEE Power Eng Rev 22(7):42–43
21. Luo X, Patton AD, Singh C (2000) Real power transfer capability calculations using multi-layer feed-forward neural networks. IEEE Trans Power Syst 15(2): 903–908
22. Cheng Y, Chung TS, Chung CY, Yu CW (2006) Dynamic voltage stability constrained ATC calculation by a QSS approach. Int J Electr Power Energ Syst 28(6):408–412
23. Cutsem TV, Vournas C (1998) Voltage stability of electric power systems. Kluwer Academic, Norwell, MA
24. Kueck J, Kirby B, Rizy T, Li F, Fall N (2006) Reactive power from distributed energy. Electr J 19(10):27–38

25. Athanasius GX, Pota HR, Subramanyam PB, Ugrinovskii V (2007) Robust power system stabiliser design using minimax control approach: validation using real-time digital simulation. In: 46th IEEE conference on decision and control, New Orleans, Louisiana, pp 2427–2432
26. Fernandez L, Garcia C, Saenz JR, Jurado F (2009) Equivalent models of wind farms by using aggregated wind turbines and equivalent winds. Energ Convers Manag 50(3):691–704
27. Germond AJ, Podmore R (1978) Dynamic aggregation of generating unit models. IEEE Trans Power Apparatus Syst PAS-97(4):1060–1069
28. Yoon MG, Ugrinovskii VA, Pszczel M (2007) Gain-scheduling of minimax optimal state feedback controllers for uncertain lpv systems. IEEE Trans Automatic Control 52(2):311–317

第7章

增强故障穿越能力的控制

摘要 本章介绍了针对大型互联电力系统中配备恒速异步发电机的 WT 设计并实施的新无功功率补偿、电压调节和暂态稳定增强控制方案,详细讨论了电网的并网规范和低电压穿越(LVRT)要求。针对采用极小化极大输出反馈控制设计方法的大型互联电力系统,提出了一种设计分散式多变量控制器的系统化程序,并将控制器设计表述为涉及秩约束线性矩阵不等式(LMI)的优化问题。在本章中,我们可以看出,带有储能系统的 STATCOM(STATCOM/ESS)通过鲁棒控制技术,可有效提高 FSWT 的 LVRT 能力。

7.1 简介

传统而言,风力发电被视为分布式小型发电或负负荷[1]。发生故障时,允许 WT 断开连接。该观点认为,WT 无需参与电压和频率控制,且其断开所产生的发电损耗微不足道。然而,丹麦(18.5%)、西班牙(7.8%)和德国(4.3%)等一些国家的风电渗透率很高[2]。这些数值表示风力发电总量相当于上述总电力需求的年度产量,而高峰时段的最大渗透率可达到这些数值的 4 ~ 5 倍[3]。

全球范围内,风电开发正在呈急剧增长态势。根据全球风能委员会(GWEC)的数据,2006 年 WT 的安装量为 15197MW,比 2005 年增加了 32%[4]。截至 2006 年年底,全球风能总容量已从 2005 年的 59091MW 增加到了 74223MW。欧洲风能协会(EWEA)设定的目标是,到 2030 年,使用风能满足欧洲 23% 的电力需求[4]。风电产业的指数增长反映出了对清洁、安全和生活能源需求的增加,这可以归因于和环境问题相关的政府政策以及创新型降低成本技术的研发。

风能已经成为可再生能源增长最快的来源,并预计在不久的将来会保持强劲的增长势头。随着新增 WT 的安装和风电场的新建,风电装机容量总基数不断增加,遵守互联标准也变得越来越重要。风力发电需要提供一定的供电可靠性和一定的稳定性。出于对上述问题的考虑,许多电网运营商开始引入以特殊方式处理风力发电的新并网规范。目前,大多数互联标准要求风电场能够承受严重故障,这通常称为故障穿越（FRT）能力，在某些情况下也称为低电压穿越（LVRT）能力。

WT 及其发电机组均属复杂系统，具有大型柔性结构，在非常混乱和不可预知的环境条件下工作，并连接到具有高度可变电力需求的电网。风力发电机的效率和可靠性在很大程度上取决于应用的控制策略。高度非线性行为和空气动力学交互所导致的大模型不确定性、机械和电子子系统稳定性问题、最大化风能转换的必要性、减载策略、机械疲劳最小化问题、可靠性问题、可用性方面以及每千瓦小时成本减少策略等诸多问题，使高性能控制系统的设计成为了强制性要求。

目前，30% 的风电装机功率是由直接连接到电网并以几乎定速运转的笼型异步发电机（SCIG）所产生的[5]。由于低成本、低维护以及坚固的无刷结构和异步操作，使其成为了风力发电机的首选。直连式异步发电机（IG）需要无功功率支持来连接到稳固电网，因此无法像常规励磁同步发电机那样有助于电力系统的调节和控制。然而，WT 通常连接在薄弱节点或配电层，而在这些位置上网络的设计初衷并不是将电力传输到电网[6]。这增加了动态无功功率支持穿越严重故障的必要性[7]。

当发生干扰或故障时，WT 端子处的电压会显著下降，导致发电机的电磁转矩和电功率输出大大降低[8]。但是机械输入转矩在导致机器加速的典型非永久性故障期间几乎不变。随着 IG 转差的增加，吸收自连接电力系统的无功功率也会增加。因此，除风力发电机可防止超速外，网络上的故障后电压不可能恢复到故障前的值。通常情况下，切除故障后，发电机会吸收大量的无功功率。如果这种情况未发生，则发电机将加速直至失控，并与电力系统断开连接。虽然可接受小容量风电场的功率损耗，但大型风电场需要满足并网规范要求，并且必须能够穿越这些类型的瞬态干扰。

如果故障后电压水平恢复，那么发电机的磁场会重新建立，电磁转矩也会恢复。因此，快速恢复电压和重新建立电磁转矩至关重要[9]。发电机的超速也可通过控制输入机械转矩来加以限制。配备桨距系统的风力发电机具有通过桨距控制主动控制输入机械扭矩的优点。对于带有发生短路的转子的恒速异步发电机（FSIG），无可用的主动控制方法来控制无功功率以帮助恢复电压。因此，可使用静态同步补偿器（STATCOM）等快速无功功率控制装置来帮助恢复电压并重新建立发电机的磁场和转矩[10]。

大多数用于增强 FSIG 的 LVRT 能力的 STATCOM 控制工作均集中在控制给定参考无功电流的 STATCOM 输出电流和直流总线电压调节[11-14]，其采用的建模策略与用于三相交流发电机磁场定向控制的建模策略类似。在大多数情况下，换流器有两大主要控制目标。一个是将直流项（电压源换流器的直流电压和电流源换流器的直流电流）调节到恒定值[15]。另一目标是控制交流侧无功功率（或功率因数）。两个控制目标的环路为分开设计，且通常不考虑它们之间的交互[15]。由于 d 轴与 q 轴变量之间通过负荷的固有耦合，STATCOM 交流侧和直流侧电压的解耦控制在实践中很难实现。

STATCOM 的传统换流器模型是多输入多输出的非线性模型，其控制难度主要来自其非线性行为[16]。处理非线性有几种方法，一种简单的方法是使用两个独立的比例积分（PI）控制器[17]来控制直流项和无功功率[18, 19]。然而，在这些情况下，响应时间通常很慢，并且很难以系统性方式找到合适的 PI 参数[20]。另一种方法是线性化围绕工作点的系统，而后设计线性控制器[21]。这种方法的两个主要问题是：①控制器对大扰动无效；②设计取决于工作点。这促发了先进控制技术的使用，考虑了非线性交互作用并确保大扰动下的稳定性，从而保证风电场在故障和故障后状态下与主电网连接。

文献［22］中提出了一种鲁棒线性控制算法，可用于处理 WT 在一定风速范围内的非线性特性。该范围分为几个区段，并针对各范围设计一种控制器，相应控制器会根据工作点进行切换。在实际电力系统中，由于切换可能会产生多余的暂态，因此很难切换控制器。文献［22］只考虑了由输入风速所引起的非线性特性。

文献［23］的作者提出了一种用于恒速主动失速风力发电机的比例 – 积分 – 微分（PID）桨距角控制器。控制器采用根轨迹法设计，仅考虑了系统的非线性，以确定其在表示系统方面比线性表示更准确的二阶传递函数（利用阶跃响应测试）。风力发电机的实际传递函数比文献［23］中考虑的要更高阶，但这种方法也无法准确获得非线性。由于风力发电机的非线性特性，阶跃响应测试必须在不同的工作区中进行，以生成围绕其各自工作点的不同传递函数。设计与实现用于不同传递函数的单个线性控制器是一项复杂任务。在这种方法中，处理非线性问题很容易，但却只能捕获那些由小扰动产生的非线性。为充分获取非线性，本书提出了一种使用中值定理的方法，并设计了一种励磁控制器[24]，在此过程中提出了非结构不确定性表示，这种表示很简单但也很保守。

由于 STATCOM 仅仅能够提供无功功率控制，因此其应用仅限于无功功率支持。为克服这一难题，并考虑到它能够提供有功和无功功率控制，具有电池储能系统（BESS）的 STATCOM 已成为电力系统应用中更具前景的装置[25-27]，但是由于 BESS 基于化学过程，因此具有一些局限性，例如响应时间慢、使用寿命短等。本书中提出的另一种替代方案是同时控制 STATCOM（无功功率）和风力发电机的桨距角（有功功率），以提高风电场 IG 的 LVRT 能力。

据报道，用于桨距角的控制方法有几种，例如经典的 PID 控制[28, 29]、增益调度控制[30]、鲁棒控制[31]以及其他非线性控制器[32]。然而，大多数策略均是基于围绕特定工作点的线性 WT 模型[33]。文献［34］中讨论了一种用于设计桨距控制的 LQG 方法。众所周知，LQG 控制器在增益裕度和相位裕度方面提供了良好的鲁棒性，但是它无法提供相对于工况不确定性的鲁棒性[35]。

电力系统中的鲁棒控制涉及线性系统理论中新技术的应用，从而可提高其电压和瞬态稳定性。文献［36］中的作者提出了一种使用线性矩阵不等式（LMI）方法的 H_∞ 桨距角控制设计来减小风力发电机的波动功率。文献［37］中提出了一种鲁棒协调控制方法，通过桨距角和电池充放电控制来消除产生功率中的波动。H_∞ 控制器需与 LMI 方法并用，从而实现系统的鲁棒性[37]。然而，这些线性控制器的设计并未考虑到风力发电机的非线性特性。为克服线性控制器的局限性，开发了用于 STATCOM 的非线性控制技术来提高风力发电机的电能质量和 LVRT 能力[38]。非线性控制器通常结构更为复杂，并且相比线性控制器而言，它更难应用于实践中。从工业角度来看，WT 中最好使用简单的线性鲁棒控制器。然而，为提高性能，设计控制器时需将非线性特性考虑在内。

尽管 STATCOM 的同时控制和 WT 的桨距角均可提供有功和无功功率控制能力，但桨距角控制器的响应较慢。为克服这一难题，可使用 STATCOM/ESS 来提供无功功率，以提高机电振荡的衰减能力和 FSWT 的 LVRT 能力。尽管 STATCOM/ESS 具有满足风力发电机并网规范要求的巨大潜力，但是该系统的控制能力在其实际实现中仍需显著提高。

大型互联系统的线性最优控制（Linear Optimal Control，LOC）设计需要来自偏远地区的信息传输，传输本质上依托于集中处理和长距离宽带通信。尽管已经做出许多有价值的贡献，但是 LOC 问题的集中解决方案会导致执行器结构极其复杂，过于昂贵且难以实施。

因此过去 10 年中，重心已经转向了使用分散式控制器[39]。目的为仅使用本地可测量输出变量而非全状态反馈，并尝试以全局状态反馈实现 LOC 效果[40]。为了设计用于大型系统的分散式控制器，必须将系统模型的规格减小至可控规模以缩减控制器带宽。许多研究人员将互联电力系统分解为几个子系统并且应用动态等值方法[41]。其中一些分解方法本质属数学性质而可能没有物理意义，但是在大多数情况下，互联电力系统中子系统之间的耦合被省略或极度简化了[41]。

近年来，用于大型互联电力系统的分散式控制器的设计已经被广泛研究与深入探讨，尽管有众多互联项，但最受关注的还是保证整个系统的联结稳定性[42-44]。基于明确考虑到相互作用项的方法的关乎互联电力系统鲁棒分散稳定性的结果已发表在了文献［39，45］中。文献［46］介绍了一种有趣的适用于电力系统的分散式风力发电机/调速器控制器方案，但是通过这种方法设计的本地状态反馈控制器需要完整的状态信息，这可能不可行。此外，非线性项也未明确包含在控制器设计中。

近来，文献［47］中提出了一种在电网故障后的恢复过程中利用 STATCOM 的控制方法，此法限制转矩并提高并网笼型异步电机的 LVRT 能力。文献［48］的作者为串联补偿风电场中的 STATCOM 提出了一种新的阻尼控制算法，用于减轻次同步谐振（Sub – Synchronous Resonance，SSR）和阻尼电力系统振荡。文献［49］中提出了一种有效提高双馈异步发电机 LVRT 能力的控制策略。这些控制技术的主要目的是最大限度地提高输出功率，增加低电压期间的无功电流并降低转子故障电流峰值。然而，这些论文未考虑风电场的非线性及其交互作用。但是为了设计用于多机电力系统的控制器，以及量化维持闭环稳定性的系统工作点与平衡点的偏差，又必须考虑非线性和互联的影响。

在故障期间和故障后操作中，系统状态可能远离期望的平衡点。在大多数情况下，故障后不受控系统具有不稳定的故障后轨迹。提供 LVRT 能力的困难来自电力系统模型的非线性[50]。线性控制器的工作范围有限，通常不包括故障后的电压条件[50]。LVRT 问题的一种解决方案是设计一个全局稳定控制器[51]。遗憾的是这些控制器通常需要全状态反馈，并且对建模不确定性不够确切。另一种方案是使用线性控制器，这对于变化工作条件下线性模型的变化具有鲁棒性，是基础非线性模型的必要结果。如上所述，电力系统确实存在鲁棒控制器，但其中很少能够响应低电压穿越并系统地提供对于此类大偏差的鲁棒性。

该研究中提出了一种方法，可以用来设计一个适应故障后低电压条件的鲁棒线性控制器[52]。基于这种设计方法，本章介绍了以下鲁棒控制器以提高定速感应电机的 FRT 能力：

1）具有非结构化不确定性表达的 STATCOM 控制器；

2）同步的 STATCOM 和桨距角控制；

3）具有结构化不确定性表达的 STATCOM 控制器；

4）分散 STATCOM/ESS 控制器。

此外，根据电压与转矩和转差间的关系，本章利用详细的仿真来分析 STATCOM 额定值和风电场并网对 FSIG 的 FRT 能力的影响。

本章组织结构如下：7.2 节讨论风电场目前的电网规范要求；7.3 节给出了 IG 的故障穿越方案；7.4 节给出了关于临界切除时间和临界速度的基本概念；7.5 节描述了鲁棒 STATCOM 控制设计技术并包含验证其性能的仿真研究；7.6 节给出了同步 STATCOM 和桨距角控制的设计及性能分析；7.7 节具有结构化不确定性表达的 STATCOM 控制技术；7.8 节介绍设计分散 STATCOM/ESS 控制器的系统程序；7.9 节为本章小结。

7.2 风电场接入电网的规范要求

大容量风电场为输电网络运营商带来了一些挑战。风的间歇性会导致电力出现品质和稳定性问题,不可预知的电力渗透会影响电网的可靠性和稳定性。因此,大型风电场的电网规范规定其按照传统发电厂运行。

电网规范描述了输电系统运营商与用户(例如发电商、供电商或非嵌入式客户)之间关系管理的操作程序和原则。关于风力发电场的电网联接,电网规范针对许多问题作出了规定,即故障穿越、频率范围、频率控制、无功功率调节能力和电压控制。

7.2.1　故障穿越

根据一些国家的电网规范,不管是否直接连接输电系统或配电系统,风电场都需要保持连接并向系统供电,以防高压输电系统发生任何单相或多相短路故障。针对此要求,高压系统的零电压周期限制为 140ms。除了继续以稳定方式运行外,在此期间不得任意降低风力发电机的机械功率。

7.2.2　功率 – 频率变化

电网规范要求风电场应能够在 47.5Hz 和 52Hz 之间的任何系统频率下连续运行至少 20s。此外,风电场应该符合以下功率 – 频率特性:

- 49.5 ~ 50.4Hz:功率输出不应随系统频率变化而变化;
- 49.5 ~ 47.0Hz:随着频率的降低,功率输出不得按比例减少;
- 50.4 ~ 52.0Hz:系统频率每增加 0.1Hz,功率输出应至少降低 2%。

7.2.3　频率控制

电网规范提案要求风电场应具备提供频率响应的能力,并通过在 10s 内改变输出功率的 10% 来响应 0.5Hz 的系统频率变化。

7.2.4　无功功率调节能力

最新的电网规范提案要求在风电场的正常有功功率运行范围内,连接点处应可以得到功率因数滞后 0.95 到功率因数超前 0.95 的无功功率调节能力(基于全输出功率)。这些限制减少了风电波动对电网电压的影响。当风力发电场产生低功率时,偏远地区将需要更宽范围的功率因数。

7.2.5　电压控制

电网规范提案要求每个风电场都能够控制公共电力系统连接点处的电压。在输电系统电压骤降期间:①风电场需要提供与其残留电压成比例的有功功率,并且在不超过风力发电机限制的情况下最大化输电系统的无功电流;②必须在技术条件允许下尽快提供其最大可用有功功率的 90%,无论如何都要在 1s 内恢复输电系统电压至其正常工作范围。

7.3　风力机的故障穿越方案

每种类型的 WT 在遭受电网故障时都有特定的问题。为满足电网公用事业公司的要求,WT 必须具备在电网出现故障时的穿越能力。首先描述的是电网故障期间发生在无 FRT 的 IG 中的现象，其后介绍了如何利用连接 WT 的 STATCOM 满足电网规范。如图 7.1 所示，典型的故障穿越要求风电场保持与电网连接，而电压等级低至标称电压的 5%（最长 250ms）[53]。

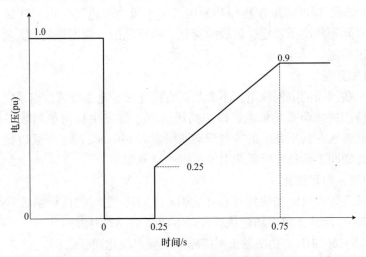

图 7.1 电网规范规定的电压限制标准

电网故障期间的事件顺序可描述如下：当电网发生故障时，端电压迅速下降，电压降的幅度取决于发电机的故障测距，并且由于端电压降低，发电机失去电磁转矩，导致转子加速。同时，在此期间，施加于转子的机械转矩可认为恒定。如果此时的电磁转矩高于机械转矩，发电机最终会回到正常工作点。但是当电磁转矩低于机械转矩时，转速会持续增加，从而导致电磁转矩降低而致出现不稳定情况。

在二质量模型传动系下情况更糟。这是因为在电压恢复的情况下，尽管发电机转速能够恢复至正常工作点，但因为机械轴中的部分能量存储在扭转轴中而不直接用于减慢 WT 转速，因此 WT 转速并不会瞬时降低，这使得其转速在短时间内依然会持续增加。

下一阶段，能量由扭转轴释放出来并产生相反效果。扭转轴能量的这种存储和释放会使发电机和 WT 转速产生振荡。实际上，由于有功功率和无功功率波动引起的端电压变化，电磁转矩也会发生振荡。同时，由于功率系数的小变化，WT 转矩也稍微振荡。所有这些因素相互作用产生复合振荡。这清楚表明，不仅故障会引起不稳定，转轴中相当高的机械应力也会引起不稳定。

对于 IG 风电场，补偿装置的主要要求是补偿 IG 在稳态下的任何无功功率需求，以控制与系统的无功功率交换，并在系统干扰后帮助恢复风电场以改善 FRT。前者可以通过使用常规开关并联电容器的简单解决方案来实现，而后者则需要具有更先进控制算法的动态补偿设备。

STATCOM 必须具备一系列功能,使风电场满足电网规范的要求。这些功能如下:

- 稳态无功供电或耗电。该功能可以通过遵循无功功率设定点(风电场连接点处的功率因数)而实现,或通过根据线性无功功率相关电压的特性(Q/V 特性)进行操作来实现。
- 后一种情况的实施也满足了电网规范中的电压控制要求。电网公司通常需要一定的灵活性来改变电压控制方案的基本表现。必须能得到一组简化的可变参数,尤其是目标电压和线性特性的斜率。
- 平稳地遵循设定点渐变情况。例如,基于开关无源组件的解决方案不会发生任何突变。
- 满足电网规范的动态要求,例如,在不到 1s 的时间内遵循设定点的一个变化而无明显的过冲或振荡。
- 在电压骤降(平衡或不平衡)期间,STATCOM 按标称电流的顺序注入无功电流,并由此支持电网电压。

7.4 临界切除时间和临界电压

电力系统的稳定性分析可以考虑为给定故障确定其临界切除时间(CCT),以便找到故障后系统稳定所需的故障切除时间的最大值。如果故障在该时间内切除,则系统将保持稳定。然而,如果故障在该时间之后切除,则电力系统将失去稳定性。从保护角度来看,CCT 的计算非常重要。

从数学角度而言,CCT 是故障前系统状态(工作点、拓扑、系统参数)、故障结构(类型和位置)以及故障后状态的复杂函数,其本身取决于所采用的保护性继电计划。在研究中,首先通过使用以下方程来估计 CCT,随后通过仿真来确定精确值。临界速度由指定系统的转矩 – 速度曲线与机械转矩之间的交点给出[54]。

CCT 的近似值可根据以下方程算出:

$$\dot{s} = \frac{1}{2H}\left[T_m - T_e\right] \tag{7.1}$$

在发电机端子处发生固态三相短路期间,$T_e = 0$,则式(7.1)可写为

$$\dot{s} = \frac{1}{2H}T_m \tag{7.2}$$

两边积分

$$s = \int_0^t \frac{1}{2H}T_m + s_0 \tag{7.3}$$

如果 s_c 是机器的临界速度（Critial Speed，CS），则 CCT 可设为

$$t_c = \frac{1}{T_m} 2H(s_c - s_0) \tag{7.4}$$

临界电压可从 P – V 曲线中获得[55]，其决定了电压崩溃之前系统的两个部分之间可传输的最大功率。它提供的信息可帮助分析人员或输电规划人员确定如何加强电力系统，以防电压崩溃风险。P – V 曲线是通过改变系统负荷或传输并按照电压绘图而形成。通过将曲线拐点作为参考点，该曲线可提供有效功率和电压裕度。图 7.2 所示为 P – V 曲线的示例，其中临界点由无功功率极限产生。在 P – V 曲线的较低电压侧（低于临界电压）：

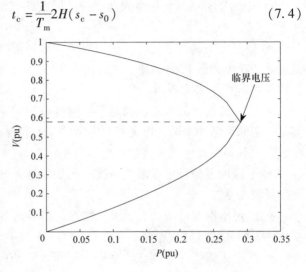

图 7.2　P – V 曲线的示例

- 负荷导纳增加降低了负荷功率；
- 增加一个并联电容器降低了母线电压；
- 抽头切换开关降低了电压；
- 对于阻抗负荷而言稳定；
- 对于恒定功率负荷而言不稳定。

根据无限大容量母线与单一负荷（通过一条无损输电线路连接）的潮流方程，电压和功率之间的关系由文献 [55] 给出：式中符号使用其常用含义。解出方程（7.4）和方程（7.5），以估计 IG 的 CCT 和临界电压。

$$V = \sqrt{\frac{E^2}{2} - QX \pm \sqrt{\frac{E^4}{4} - X^2 P^2 - XE^2 Q}} \tag{7.5}$$

7.5　具有非结构化不确定性的鲁棒 STATCOM 控制

本节介绍了一种创新型 STATCOM 鲁棒控制器，用于提高 FSIG 的 FRT 能力。风力发电机是一种高度非线性系统，其在本书中被建模为一个线性项加上一个非线性项，这是用于建立风电场模型方程的泰勒级数展开式中的柯西余项。采用该柯西余项导出的界限来定义一个不确定的线性模型，为该模型执行鲁棒控制的设计。在严重故障期间，该鲁棒设计所产生的控制器在风电场运行所需的各种条件下具有合格的性能。所设计的控制器的性能通过测试系统上的大扰动仿真得到证明。

7.5.1　测试系统

　　图 7.3 所示的测试系统由两条主要母线组成，两条母线通过两条平行的长输电线路相连。WT 通过变压器连接到第一条母线，另一条母线直接连接到电网。每个 IG 在额定工作点工作，并提供 2MW 的有功功率。该系统的数据列于附录 V 中。我们采用风电场的聚合模型来设计控制器。当考虑较大的电力系统时，且目的是观察渗透率对外部网络而非风电场的影响时，该假设是合理的。负荷被建模为恒定阻抗负荷。额定功率为 50MW 的风电场通常不允许在严重故障条件下运行。在适当的控制下添加 STATCOM 预计可增加风电场的稳定裕度和 FRT 能力。

　　测试系统的动力学通过以下方程表示：

$$\dot{\omega}_m = (1/2H_m)\left[T_{aei} - K_s\gamma - D_m\omega_m\right] \tag{7.6}$$

$$\dot{\omega}_G = (1/2H_G)\left[K_s\gamma - T_e - D_G\omega_G\right] \tag{7.7}$$

$$\dot{\gamma} = 2\pi f\left(\omega_m - (1/N_g)\omega_G\right) \tag{7.8}$$

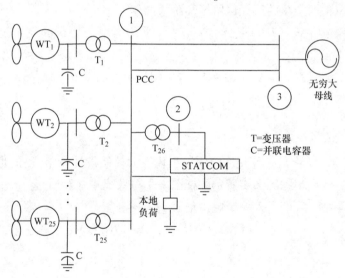

图 7.3　单个的风电场无穷大母线研究系统

$$\dot{s} = (1/2H_G)\left[T_m - T_e\right] \tag{7.9}$$

$$\dot{E}'_{qr} = -(1/T'_o)\left[E'_{qr} - (X - X')i_{ds}\right] - s\omega_s E'_{dr} \tag{7.10}$$

$$\dot{E}'_{dr} = -(1/T'_o)\left[E'_{dr} + (X - X')i_{qs}\right] + s\omega_s E'_{qr} \tag{7.11}$$

$$\dot{v}_{dc} = -P_s/(Cv_{dc}) - v_{dc}/(R_C C) \tag{7.12}$$

$$\dot{v}_{tm} = -\frac{v_{tm}}{T_m} + K_m V_t \tag{7.13}$$

其中，P_s 由以下方程给出：

$$P_s = |E|^2 G_{22} + |E||V_\infty| [B_{23}\sin\alpha + G_{23}\cos\alpha]$$
$$+ |E||E'_{dr}| [B_{21}\sin(\delta-\alpha) + G_{21}\cos(\delta-\alpha)]$$ (7.14)
$$+ |E||E'_{qr}| [B_{21}\cos(\delta-\alpha) - G_{21}\sin(\delta-\alpha)]$$

式中，G_{23} 和 B_{23} 分别是 STATCOM 的终端母线与无穷大母线之间的等效传输阻抗的实部和虚部；G_{21} 和 B_{21} 分别是 STATCOM 的终端母线与风电场之间的等效传输阻抗的实部和虚部；δ 是风力发电机的功角；$E = kv_{dc}\angle\alpha$，是 STATCOM 交流端电压；α 是简化的网络中 STATCOM 的母线相角；$k = \sqrt{(3/8)}\,m$，是常数；m 是调制指数。其他符号使用第 2 章中给定的常用含义。

7.5.2　线性化和不确定性建模

通常，线性控制器的设计基于某个平衡点周围的泰勒级数，一般保留线性项，忽略高阶项。在本书中，为了量化被忽略的高阶项，我们建议使用线性化方案，该方案以柯西余项的形式保留了高阶项的作用。

非线性系统［式 (7.6)～式 (7.13)］采用本书中建议的技术进行公式重构，具体如下：

$$\Delta\dot{x} = A\Delta x + (L-A)\Delta x + (M-B_1)\Delta u + B_1\Delta u$$ (7.15)

式中，$A = \frac{\partial f}{\partial x}\big|_{u=u_0}^{x=x_0}$；$B_1 = \frac{\partial f}{\partial u}\big|_{u=u_0}^{x=x_0}$；$u = [k, \alpha]^T$；$\Delta x = [\Delta\omega_m, \Delta\omega_G, \Delta\gamma, \Delta E_{dr},$
$\Delta E_{qr}, \Delta v_{dc}, \Delta v_{tm}]^T$。

系统式 (7.15) 是一种允许应用极小化极大控制设计技术[56] 的形式。为了应用该技术，我们根据图 7.4 所示的框图来重写系统式 (7.15)。

在图 7.4 中，我们引入一个虚拟信号 ξ，使得

$$(L-A)\Delta x + (M-B_1)\Delta u = B_2\zeta(t)$$ (7.16)

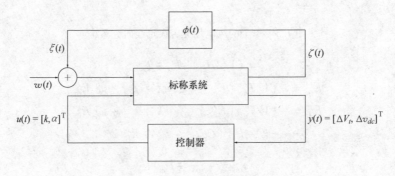

图 7.4　不确定性系统的框图

式中，$B_2 = \mathrm{diag}\left(0, \dfrac{1}{2H_\mathrm{G}}, 0, \dfrac{1}{2H_\mathrm{G}}, \dfrac{X_s - X_s'}{T_0'}, \dfrac{X_s - X_s'}{T_0'}, \dfrac{1}{C}, \dfrac{1}{T_m}\right)$；$\zeta = \sqrt{\beta}\,(\widetilde{C}_1 \Delta x + \widetilde{D}_1 \Delta u)$，

$\phi = (1/\sqrt{\beta})\begin{bmatrix} \widetilde{\phi} & \widetilde{\psi} \end{bmatrix}$。

该测试系统中考虑非线性仅与 s、E_dr'、E_qr' 和 v_dc 有关，同时矩阵 $\widetilde{C}_1$ 和 $\widetilde{D}_1$ 被选择为

$$\widetilde{C}_1 = \begin{bmatrix} 0 & 0 & 0 & 1 & 0 & 0 & 0 & 0 \\ 0 & 1 & 0 & 0 & 1 & 0 & 0 & 0 \\ 0 & 0 & 1 & 0 & 0 & 1 & 0 & 0 \\ 0 & 0 & 0 & 0 & 0 & 0 & 1 & 0 \end{bmatrix} \qquad \widetilde{D}_1 = \begin{bmatrix} 1 & 1 \\ 1 & 1 \\ 1 & 1 \\ 1 & 1 \end{bmatrix}$$

获得 $\widetilde{\phi}$ 与 $\widetilde{\psi}$ 的表达式列于附录Ⅵ中。如需应用该公式重构，需要满足以下不等式：

$$\| \xi(t) \|^2 \leqslant \| \zeta(t) \|^2 \tag{7.17}$$

为了便于控制设计，电力系统模型最终总结为

$$\Delta \dot{x}(t) = A\Delta x(t) + B_1 \Delta u(t) + B_2 \xi(t) \tag{7.18}$$

$$y(t) = C_2 \Delta x(t) + D_2 \xi(t)) \tag{7.19}$$

$$\zeta(t) = C_1 \Delta x(t) + D_1 u(t) \tag{7.20}$$

条件式（7.17）将使我们能够应用极小化极大 LQG 控制设计方法来获得基础非线性系统的控制器。极小化极大 LQG 控制器的鲁棒特性可确保该控制器在所有线性化误差实例中稳定非线性系统式（7.18）~式（7.20）。

输出矩阵 $C_2 = [0, 0, 0, 0, 0, 0, 0, 0, 1, 0; 0, 0, 0, 0, 0, 0, 0, 1, 0]$。式（7.18）~式（7.20）提供了包含线性项和高阶项的电力系统模型的新表示法。本节中介绍的新公式用于与极小化极大 LQG 控制器合成方法来设计非线性风力发电机的 STATCOM 控制器。

7.5.3 极小化极大 LQG STATCOM 控制器

本节将介绍极小化极大 LQG 控制算法。该方法可视为标准 LQG 控制器设计的鲁棒版本，其结合了 LQG 和 H_∞ 控制的优点[57]，在极小化极大最优控制设计框架内，通过优化底层不确定系统的最坏情况二次型性能来实现鲁棒性，有助于实现控制性能与系统鲁棒性之间的可接受平衡。对于具有图 7.4 所示形式的不确定性系统，文献［56，57］中所述的极小极大 LQG 方法适用于电力系统模型式（7.18）~式（7.20）的以下随机版本，其中 $w(t)$ 为单一高斯白噪声。

$$\Delta \dot{x}(t) = A\Delta x(t) + B_1 \Delta u(t) + B_2 \xi(t) + B_2 w(t) \tag{7.21}$$

$$y(t) = C_2 \Delta x(t) + D_2 \xi(t) \tag{7.22}$$

$$\zeta(t) = C_1\Delta x(t) + D_1 u(t) \tag{7.23}$$

基础物理系统（电力系统）不包括噪声类输入。白噪声项是一种技术补充，可用于设计一个鲁棒输出反馈控制器，该控制器可计算控制输入，当系统中存在不确定干扰（例如因非线性影响而产生的干扰）时，可将系统驱动至其平衡点。文献［57］的第 342 页中提出，上述系统式（7.21）~式（7.23）的最优极小极大 LQG 控制器也是确定性系统式（7.18）~式（7.20）的一个二次稳定鲁棒控制器，其范数有界不确定性受限于式（7.17）。它激励人们采用随机极小极大 LQG 控制设计方法来为本研究中的问题设计鲁棒控制器。与标准 LQG 控制相比，该极小极大 LQG 控制器因不确定性而具有鲁棒性，这对于风力发电机的控制设计而言非常重要。

在随机系统式（7.21）~式（7.23）的极小极大 LQG 问题中，考虑以下二次成本泛函：

$$J = \lim_{T\to\infty} \frac{1}{2T} E\int_0^T (\Delta x(t)^{\mathrm{T}} R\Delta x(t) + \Delta u(t)^{\mathrm{T}} G\Delta u(t))\,\mathrm{d}t \tag{7.24}$$

式中，$R\geqslant 0$；$G>0$；$R\in R^{n\times n}$；$G\in R^{m\times m}$；E 是期望算子。文献［56,57］中考虑了对所有不确定性下的成本的最大值进行最小化，例如图 7.4 中的 ϕ，从而满足一个积分二次约束（1QC）[57]。如果不确定性属于由所有 ϕ 构成的集合 ϕ_{IQC}，使得对于输入信号 $\zeta(t)$ 和输出信号 $\xi(t) = \phi[\zeta(t)]$，存在一个常数 $d>0$ 和一个时间序列 $\{t_l\}\, l=1,2,\cdots, t_l\to\infty$，使得以下不等式适用所有的 l，那么不确定性满足一个 IQC

$$E\int_0^{t_l} \|\xi(t)\|^2\,\mathrm{d}t \leqslant E\int_0^{t_l} \|\zeta(t)\|^2\,\mathrm{d}t + d \tag{7.25}$$

本章中考虑的不确定性类别是 IQC 不确定性类别的一个子集。这意味着最优成本（$\inf_{\tau>0} V_\tau$）是本章所考虑的范数有界不确定性的最优成本的上界。

最优成本是所有 $\tau>0$ 下获得的函数 V_τ 的下限。函数 V_τ 是

$$V_\tau = \frac{1}{2}\mathrm{tr}\Big[Y_\infty R_\tau + (Y_\infty C_2^{\mathrm{T}} + B_2 D_2^{\mathrm{T}})\varGamma^{-1}$$
$$\times (C_2 Y_\infty + D_2 B_2^{\mathrm{T}}) X_\infty \Big(I - \frac{1}{\tau} Y_\infty X_\infty\Big)^{-1}\Big] \tag{7.26}$$

式中，τ 是自由参数；矩阵 X_∞ 和 Y_∞ 是下列参数依赖代数黎卡提方程组[56]的解：

$$(A - B_2 D_2^{\mathrm{T}} \varGamma^{-1} C_2) Y_\infty + Y_\infty (A - B_2 D_2^{\mathrm{T}} \varGamma^{-1} C_2)^{\mathrm{T}}$$
$$- Y_\infty \Big(C_2^{\mathrm{T}} \varGamma^{-1} C_2 - \frac{1}{\tau} R_\tau\Big) Y_\infty + B_2 (1 - D_2^{\mathrm{T}} \varGamma^{-1} D_2) B_2^{\mathrm{T}} = 0 \tag{7.27}$$

且

$$X_\infty(A - B_1 G_\tau^{-1}\gamma_\tau^T + (A - B_1 G_\tau^{-1}\gamma_\tau^T)X_\infty$$

$$+ (R_\tau - \gamma_\tau G_\tau^{-1}\gamma_\tau^T) - X_\infty\left(B_1 G_\tau^{-1}B_1^T - \frac{1}{\tau}B_2 B_2^T\right)X_\infty = 0 \tag{7.28}$$

上述两个黎卡提方程[方程（7.27）和方程（7.28）]的解必须满足以下条件：$Y_\infty > 0$，$X_\infty > 0$；矩阵 $X_\infty Y_\infty$ 的谱半径 $\rho(X_\infty Y_\infty) < \tau$；$R_\tau - \gamma_\tau^T G_\tau^{-1}\gamma_\tau \geqslant 0$；$R_\tau = R + \tau C_1^T C_1$；$G_\tau = G + \tau D_1^T D_1$；$\gamma_\tau = \tau C_1^T D_1$。

极小化极大 LQG 最优控制器 u^*，其中达到 V_τ 的下限时的 τ^* 由文献[56]给出：

$$\hat{\dot{x}}_c = (A - B_1 G_{\tau*}^{-1}\gamma_{\tau*}^T)\hat{x}_c - \left[\left(B_1 G_{\tau*}^{-1}B_1^T - \frac{1}{\tau^*}B_2 B_2^T\right)X_\infty\hat{x}_c + \left(I - \frac{1}{\tau^*}Y_\infty X_\infty\right)^{-1}\right.$$

$$\times (Y_\infty C_2^T + B_2 D_2^T)\Gamma^{-1}\left[y - \left(C_2 + \frac{1}{\tau^*}D^2 B_2^T X_\infty\right)\hat{x}_c\right]$$

$$\tag{7.29}$$

$$u^* = -G_{\tau*}^{-1}(B_1^T X_\infty + \gamma_{\tau*}^T)\hat{x}_c \tag{7.30}$$

控制器 u^* 保证了以下极小化极大属性：

$$\sup_{\zeta \in \phi_{IQC}} J(u^*,\zeta) = \inf_u \sup_{\zeta \in \phi_{IQC}} J(u,\zeta) = \inf_\tau V_\tau \tag{7.31}$$

为了获得本节中考虑的系统控制器，选择参数 τ 来最小化量 V_τ。进行线性搜索以找到 $\tau > 0$ 的值，这可得出成本函数的最小值 V_τ。该线性搜索包括为不同的 τ 值求黎卡提方程[方程（7.27）和方程（7.28）]的解，并找到在式（7.26）中给出最小 V_τ 的值。它允许我们在构建一个具有式（7.30）中的形式的控制器。本节中设计了一个用于范数有界不确定性的次优控制器，并在测试系统上实现。

7.5.4 案例研究

案例采用图 7.3 所示的测试系统来分析风电并网和 STATCOM 额定值对 WT 的 FRT 能力的影响。本书将风力发电机的 FRT 能力表述为电压和暂态稳定裕度。电压稳定裕度是指工作电压和临界电压之间的差值。暂态稳定裕度是指特定故障持续时间后的转速与发电机的临界转速之间的差异。图 7.5 所示为随着风力发电增加的转矩－转速特性。

表 7.1 显示出随着风力发电增加且无补偿和控制的 CS 和 CCT。图 7.6 所示为不同风力发电的功率－电压关系。可以看出，随着风力发电机数量的增加，相应的 CS 和 CCT 以及端电压减少。对于 CS 和 CCT，从式（7.4）中获得的估计值与使用详细仿真获得的估计值之间的最大差异分别为 3.74% 和 7.8%。估计的转速大于从详细仿真中获得的值。该误差由重合闸时的暂态造成，因为需要一段时间来重新磁化 IG，之后才能输出由稳态转矩－转速特性给出的电磁转矩。

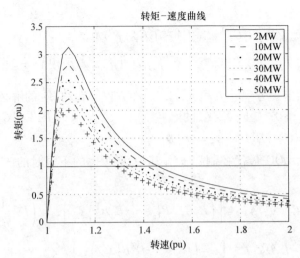

图 7.5　随着风力发电增加的转矩与转速曲线

表 7.1　风力发电增加的影响

容量/MW	参数	计算中的临界速度和 CCT	仿真中的临界速度和 CCT
2	$\omega_{临界}$	1.47	1.415
	CCT	0.45	0.485
10	$\omega_{临界}$	1.42	0.137
	CCT	0.40	0.423
20	$\omega_{临界}$	1.37	1.298
	CCT	0.35	0.382
30	$\omega_{临界}$	1.345	1.298
	CCT	0.325	0.344
40	$\omega_{临界}$	1.31	1.295
	CCT	0.29	0.318
50	$\omega_{临界}$	1.285	1.274
	CCT	0.265	0.281

　　表 7.2 列出了一个 50 MW 风电场（带 PI 控制器和端电压反馈）的不同 STATCOM MV·A 额定值的 CS。可以看出，STATCOM 显著增加了 CS，从而增加了 IG 的稳定性极限和 FRT 能力，这使得三相故障期间 CCT 相应增加。从表 7.2 中的数据可以得出结论，具有较高额定值 STATCOM 的系统可能具有较长的短路故障穿越时间。

　　采用 50MW 发电、25Mvar 电容器和 10 MVA STATCOM 进行仿真的临界转速为 1.35pu。图 7.7 所示为在只有一个 50MVAr 并联电容器的情况下以及在 10MV·A STATCOM 和 25Mvar STATCOM 的组合情况下，母线 2 处发生三相故障时的 IG 的速度，从中可以清楚了解到，在系统中添加一个 STATCOM 可避免 IG 的失稳，这是因为并联电容器所提供的无功功率与端电压的二次方成正比，这意味着在低电压条件下，无功支持下降，从而导致问题复杂化。STATCOM 预计能够动态性地提供额外的无功功率支持，当电压变低时，电压恢复的输出会持续快速变化。

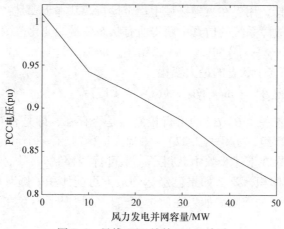

图 7.6　母线 PCC 处的 $P-V$ 关系

表 7.2　STATCOM 额定值的影响

STATCOM /MV·A	误差	计算中的临界速度和 CCT	仿真中的临界速度和 CCV
0	$\omega_{临界}$	1.285	1.174
	CCT	0.265	0.281
10	$\omega_{临界}$	1.35	1.28
	CCT	0.315	0.33
25	$\omega_{临界}$	1.40	1.31
	CCT	0.38	0.396
40	$\omega_{临界}$	1.44	1.38
	CCT	0.42	0.437

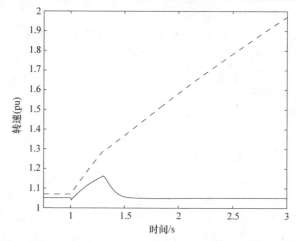

图 7.7　STATCOM 对 FRT 能力的影响（实线：有 STATCOM；虚线：没有 STATCOM）

7.5.5 控制设计算法和性能评估

首先，通过应用大扰动来进行多次仿真，以获得暂态期间的工作范围。随后对控制器进行设计，用于在兴趣区域中稳定运行。基本步骤是：

第 1 步：从故障系统的仿真中获得所有状态变量的变化范围，并形成一个体积 Ω，拐角点由 $(x_{0p} - x_{fp})$ 和 $(x_{0p} + x_{fp})$ 给出，$p = 1, 2, \cdots, 7$，其中 $2x_{fp}$ 是关于其平衡值 x_{0p} 的第 p 个状态的最大变化。

第 2 步：求得 $\beta^* = \max\limits_{x^{*p} \in \Omega} \{\beta: \|\phi(t)\|^2 < 1\}$。

第 3 步：检查一个 $\beta = \beta^*$ 的可行控制器是否存在，即是否存在一个标量 τ，使耦合黎卡提方程组［方程（7.27）～方程（7.28）］有一个可行解。

第 4 步：如果在上述步骤中获得了一个可行的控制器，则要么扩大体积 Ω，即增加区域 Ω 的体积，要么如果已经达到最大可能体积，则对标量参数 τ 进行最优搜索，得到 V_τ 的下限。如果在所选 $\beta = \beta^*$ 的情况下不存在可行解，则减小体积 Ω 并转到步骤 2。

该过程可以选择得到可行控制器的最大范围。对于给定的电力系统模型，我们可以获得一个可行控制器，其中 $\beta = 96$。控制器对由端点形成的多面体区域 Ω 中的所有状态变化都是稳定的，端点为 $[\bar{s}, \bar{E}'_{dr}, \bar{E}'_{qr}, \bar{\omega}_m, \bar{\omega}_G, \bar{\gamma}, \bar{v}_{dc}, \bar{v}_{tm}]^T$ 和 $[\underline{s}, \underline{E}'_{dr}, \underline{E}'_{qr}, \underline{\omega}_m, \underline{\omega}_G, \underline{\gamma}, \underline{v}_{dc}, \underline{v}_{tm}]^T$，其中 $\bar{s} = s_0 + 0.43\text{pu}$，$\underline{s} = s_0 - 0.43\text{pu}$，$\bar{E}'_{dr} = E'_{dr0} + 0.29\text{pu}$，$\underline{E}'_{dr} = E'_{dr0} - 0.29\text{pu}$，$\bar{E}'_{qr} = E'_{qr0} + 0.29\text{pu}$，$\underline{E}'_{qr} = E'_{qr0} - 0.29\text{pu}$，$\bar{\omega}_m = \omega_{m0} + 0.32\text{pu}$，$\underline{\omega}_m = \omega_{m0} - 0.32\text{pu}$，$\bar{\omega}_G = \omega_{G0} + 0.43\text{pu}$，$\underline{\omega}_G = \omega_{G0} - 0.43\text{pu}$，$\bar{\gamma} = \gamma_0 + 28°$，$\underline{\gamma} = \gamma_0 - 28°$，$\bar{v}_{dc} = v_{dc0} + 0.35\text{pu}$，$\underline{v}_{dc} = v_{dc0} - 0.35\text{pu}$，$\bar{v}_{tm} = v_{tm0} + 0.225\text{pu}$，$\underline{v}_{tm} = v_{tm0} - 0.225\text{pu}$，$\bar{k} = k_0 + 0.27\text{pu}$，$\underline{k} = k_0 - 0.27\text{pu}$，$\bar{\alpha} = \alpha_0 + 28°$ 和 $\underline{\alpha} = \alpha_0 - 28°$。

对所设计的 10MV·A STATCOM 控制器的性能进行评估，用于当服务于风电场的其中一条线路突然中断的情况下。其中一条连接母线 1 和 3 的线路将停用 1s，并在 300ms 后恢复。PI 控制器和所设计的 STATCOM 控制器的发电机速度和端电压分别如图 7.8 和图 7.9 所示。很明显，所设计的控制器可以稳定电压以及 IG，并且比 PI 控制的性能更好。

对其中一条长传输线上严重的对称三相短路进行仿真，图 7.10 和 7.11 所示为用 PI 和拟议控制器实现的 IG 的转速和端电压。

三相故障在 1s 处施加，并在 1.35s 时切除。故障切除时 1.32pu 的转速大于数值模拟得到的 PI 控制器 1.28pu 的临界转速。因此，PI 控制器即使在故障切除后转速也会继续增加。此外，电压逐渐下降，风力发电机必须从电网断开，进行自我保护，避免电压崩溃。从图 7.10 和 7.11 可以看出，所设计的控制器比 PI 控制器运作性能更好并且具备更高的 CCT。

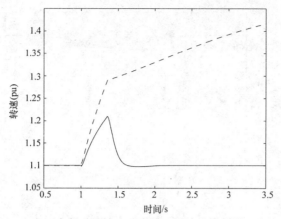

图 7.8 线路 1—3 之一中断时的转速（实线：设计的控制器；虚线：PI 控制器）

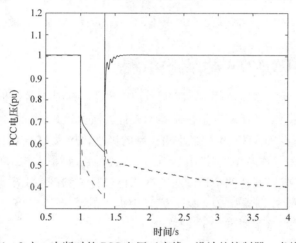

图 7.9 线路 1—3 之一中断时的 PCC 电压（实线：设计的控制器；虚线：PI 控制器）

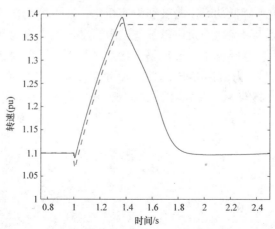

图 7.10 线路 1—3 之一中断时的转速（实线：设计的控制器；虚线：PI 控制器）

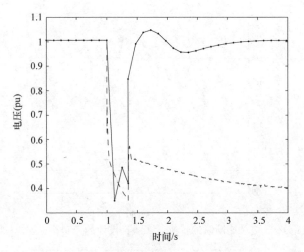

图 7.11　线路 1—3 之一中断时的 PCC 电压（实线：设计的控制器；虚线：PI 控制器）

7.6　同步 STATCOM 和桨距角控制

在本节中，为提高风场的 LVRT 能力，提出了一种针对静态同步补偿器和恒速异步发电机桨距角鲁棒多变量控制器的设计方法。这种情况下的控制问题促使我们选择用于同步 STATCOM 和桨距角控制的极小化极大 LQG 设计方法，以增强 WT 的 LVRT 能力。本章中的控制设计通过在各种扰动情况下，在测试系统上进行模拟测试来完成。其他两个控制器的性能也进行了测试：①根据前一部分设计的鲁棒 STATCOM 控制器；②文献［12］中提出的基于 PI 的 STATCOM 控制器，并与本节中提到的控制器进行了比较。

测试系统见图 7.3 所示，用于设计控制器。桨距控制通过将每片叶片绕其轴线旋转以减小攻角来降低功率。与被动失速相比，桨距控制在额定风速以上提供了更多的能量捕捉。恒速风力机可以配备桨距驱动器，当检测到转子加速时，可以快速增大桨距角。这降低了机械功率，从而限制了转子速度和故障后的无功功率消耗。图 7.12 所示为桨距角控制器。在此文献中，桨距率限制设置为 $8°/s$，$\theta_{min} = -5°$，$\theta_{max} = 45°$，$\dot{\theta}_{min} = -10°/s$，$\dot{\theta}_{max} = 10°/s$，时间常数为 $0.2s$。

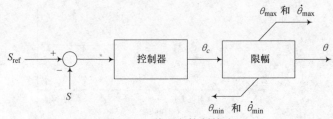

图 7.12　桨距角控制策略

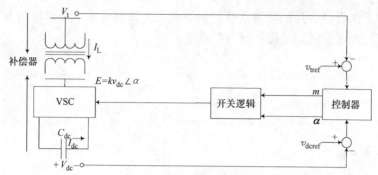

图 7.13　STATCOM 控制策略

本节使用的 STATCOM 控制策略如图 7.13 所示。采用 PWM 控制技术是因为基于 PWM 的静态同步补偿器能更快地响应且具有谐波分布能力[58]。这种技术通过测量 PCC 上的方均根电压和直流电容电压来实现补偿。VSC 的输出电压大小与直流侧电压有关，也是控制相位角和 PWM 调制比的函数。

图 7.14 和图 7.15 所示为线性化开环系统在以下运行条件下的频率响应：①标称系统；②一条传输线路中断；③负荷增加 10%；④负荷下降 10%。图 7.14 和图 7.15 中的伯德图显示了输出端电压和转差随触发角输入发生的变化。从图中可以清楚地看到，传递函数在大范围的操作条件下没有太大变化。对于系统的其他输入（调制指数和桨距角）也是如此。图 7.14 和图 7.15 也表明，仅基

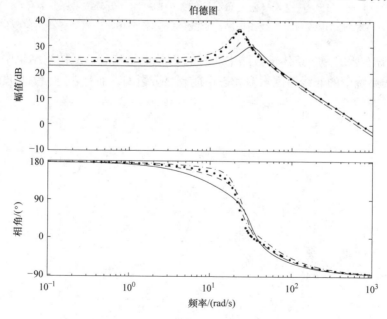

图 7.14　从输入（触发角）到端电压的传输函数伯德图（开环线性系统）
（实线：标称系统；虚线：一线路中断；点线：负荷增加 10%；点划线：负荷减少 10%）

于线性化系统设计的控制器将具有相似的动态。只有考虑常被忽略的非线性项,才能保证控制器在期望工作区域内的性能。

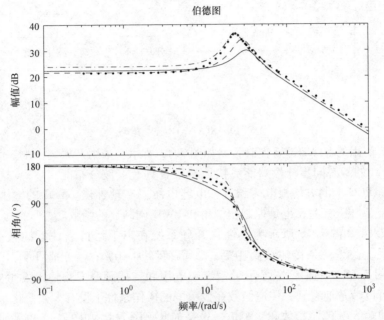

图 7.15 从输入(触发角)到转差的伯德图(开环线性系统)
(实线:标称系统;虚线:某一线路中断;点线:负荷增加 10%;点划线:负荷减少 10%)

图 7.16 所示为一条传输线路中断时的 PCC 电压响应。从仿真结果中可以明显看出,系统中的非线性因素对动态性能有显著影响,而且轨迹很大程度上偏离

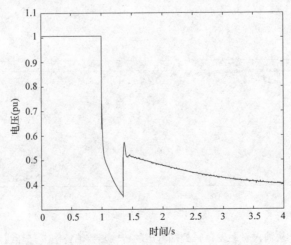

图 7.16 线路 1—3 之一中断时的 PCC 电压

了平衡点。系统非线性可以通过本研究中提出的公式来捕获。本节设计了一种线性控制器，该控制器采用了线性化算法，可确保状态空间中预定义区域的稳定性。

通过几次仿真，得到了瞬态大扰动下的操作范围。通过仿真，我们估算出了带有角点 $[\bar{s},\ \bar{E}'_{dr},\ \bar{E}'_{qr},\ \bar{\omega}_m,\ \bar{\omega}_G,\ \bar{\gamma},\ \bar{v}_{dc},\ \bar{v}_{tm}]^T$ 和 $[\underline{s},\ \underline{E}'_{dr},\ \underline{E}'_{qr},\ \underline{\omega}_m,\ \underline{\omega}_G,\ \underline{\gamma},\ \underline{v}_{dc},\ \underline{v}_{tm}]^T$ 由: $\bar{s}=s_0+0.115\text{pu}$, $\underline{s}=s_0-0.115\text{pu}$, $\bar{E}'_{dr}=E'_{dr0}+0.398\text{pu}$, $\underline{E}'_{dr}=E'_{dr0}-0.398\text{pu}$, $E'_{qr}=E'_{qr0}+0.374\text{pu}$, $\underline{E}'_{qr}=E'_{qr0}-0.374\text{pu}$, $\bar{\omega}_m=\omega_{m0}+0.336\text{pu}$, $\underline{\omega}_m=\omega_{m0}-0.336\text{pu}$, $\underline{\omega}_G=\omega_{G0}+0.483\text{pu}$, $\underline{\omega}_G=\omega_{G0}-0.483\text{pu}$, $\bar{\gamma}=\gamma_0+25°$, $\underline{\gamma}=\gamma_0+25°$, $\bar{v}_{dc}=v_{dc0}+0.216\text{pu}$, $\underline{v}_{dc}=v_{dc0}-0.216\text{pu}$, $\bar{v}_{tm}=v_{tm0}+0.225\text{pu}$, $\underline{v}_{tm}=v_{tm0}-0.225\text{pu}$, $\bar{\theta}=\theta_0+17°$, $\underline{\theta}=\theta_0-17°$, $\bar{m}=m_0+0.475$, $\underline{m}=m_0-0.475$, $\bar{\alpha}=\alpha_0+28°$和$\underline{\alpha}=\alpha_0+28°$的严重故障运行区域 Ω。

图7.17所示的控制器的设计方式与上一节所述相同。对于给定的电力系统模型，我们可以得到一个可行控制器，该控制器对于区域 Ω，值为 $\beta=0.975$，$[\bar{s},\ \bar{E}'_{dr},\ \bar{E}'_{qr},\ \bar{\omega}_m,\ \bar{\omega}_G,\ \bar{\gamma},\ \bar{v}_{dc},\ \bar{v}_{tm}]^T$ 和 $[\underline{s},\ \underline{E}'_{dr},\ \underline{E}'_{qr},\ \underline{\omega}_m,\ \underline{\omega}_G,\ \underline{\gamma},\ \underline{v}_{dc},\ \underline{v}_{tm}]^T$ 的角点由值 $\bar{s}=s_0+0.265\text{pu}$, $\underline{s}=s_0-0.265\text{pu}$, $\bar{E}'_{dr}=E'_{dr0}+0.42\text{pu}$, $\underline{E}'_{dr}=E'_{dr0}-0.42\text{pu}$, $\bar{E}'_{qr}=E'_{qr0}+0.405\text{pu}$, $\underline{E}'_{qr}=E'_{qr0}-0.405\text{pu}$, $\bar{\omega}_m=\omega_{m0}+0.436\text{pu}$, $\underline{\omega}_m=\omega_{m0}-0.436\text{pu}$, $\bar{\omega}_G=\omega_{G0}+0.523\text{pu}$, $\underline{\omega}_G=\omega_{G0}-0.523\text{pu}$, $\bar{\gamma}=\gamma_0+40°$, $\underline{\gamma}=\gamma_0+40°$, $\bar{v}_{dc}=v_{dc0}+0.365\text{pu}$, $\underline{v}_{dc}=v_{dc0}-0.365\text{pu}$, $\bar{v}_{tm}=v_{tm0}+0.345\text{pu}$, $\underline{v}_{tm}=v_{tm0}-0.345\text{pu}$, $\bar{\theta}=\theta_0+35°$, $\underline{\theta}=\theta_0-35°$, $\bar{m}=m_0+0.475$, $\underline{m}=m_0+0.475$, $\bar{\alpha}=\alpha_0+25°$和$\underline{\alpha}=\alpha_0-25°$给出。

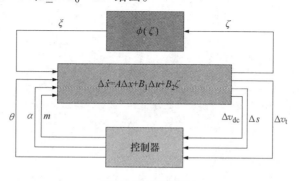

图 7.17　控制框图

这个变量的变化范围大于前面本小节提到的几个大扰动范围。虽然所设计的控制器不是全局稳定的，但我们可以确信，它将在大多数情况下稳定系统。

7.6.1　控制器性能评估

表7.3给出了测试系统的闭环特征值。闭环的主模为 $-5.34 \pm i21.86$，阻尼为0.244。从特征值可以看出，闭环系统的阻尼良好。通过图7.18～图7.21所示的设计控制器的伯德图可以看出其可行低频增益和合适的截止频率。

表 7.3　闭环特征值

$-6.8 \pm i27.2$	$-5.4 \pm i21.9$	-5.3	-15.2	-8.9	-5.0

我们比较了以下三种控制器对 CCT 和 CS 的性能：①基于 PI 的 STATCOM 控制器（$\Delta\theta = 0$）；②单输入鲁棒 STATCOM 控制器（$\Delta\theta = 0$）；③双输入双输出同步 STATCOM 和桨距控制器（设计的控制器）。比较结果见表7.4。与使用具有 10MV·A STATCOM 三相故障的 CCT 和 CS 为 0.33s 和 1.305pu 的单输入鲁棒 STATCOM 控制器和 CCT 及 CS 为 0.315s 和 1.28pu 的基于 PI 的静态同步补偿器相比，同步 STATCOM 和桨距控制器的为 0.35s 和 1.33pu。可以得出结论，无功功率电压控制和转矩转速控制的适当组合是提高相关 IG 型风力发电机稳定性和其 FRT 性能的有效途径。

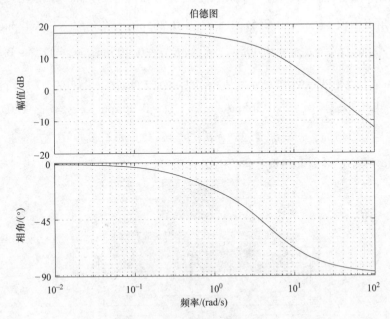

图 7.18　STATCOM 控制器触发角与端电压的伯德图

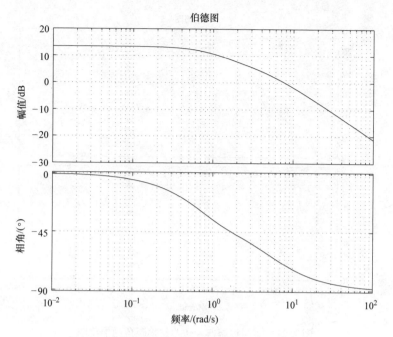

图 7.19　桨距控制器 – 桨距角对端电压的伯德图

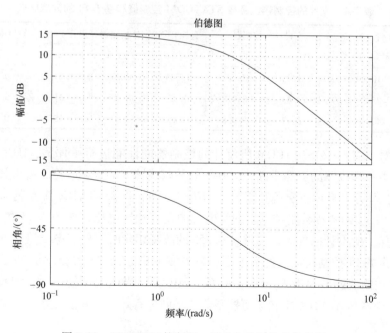

图 7.20　STATCOM 控制器 – 转差与触发角的伯德图

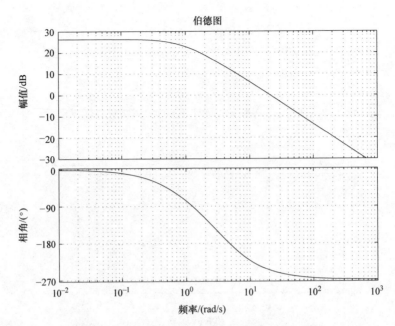

图 7.21　桨距控制器 – 转差与桨距角的伯德图

表 7.4　设计的控制器、鲁棒 STATCOM 控制器和基于 PI 的性能比较

STATCOM /MV · A	设计的控制器		鲁棒 STATCOM 控制器		基于 PI 的 STATCOM 控制器	
	CS（pu）	CCT/s	CS（pu）	CCT/s	CS（pu）	CCT/s
10	1. 33	0. 35	1. 305	0. 33	1. 28	0. 315
25	1. 43	0. 418	1. 35	0. 405	1. 31	0. 396
40	1. 47	0. 458	1. 45	0. 43	1. 38	0. 415

　　针对 10MV · A STATCOM 所设计的控制器的性能进行了评估：①用于风电场的其中一条线路的突然中断；②在一条并联线路上的三相故障，由于其中一条输电线路中断 300ms，配备基于 PI 的 STATCOM、鲁棒 STATCOM 控制器以及所设计的 STATCOM 和桨距控制器的发电机的速度和端电压，如图 7.22 和 7.23 所示。显然，所设计的控制器能够以 0.35s 的故障切除时间稳定电压以及 IG 速度，而经整定的 PI 控制器无法稳定电压和风力发电机。在这种情况下，整定（试凑法）PI 控制器的增益为 $K_P = 0.3$ 和 $K_I = 10.25$。当端电压恢复时，鲁棒 STAT-COM 控制器与 STATCOM 和桨距控制器几乎同样有效，但在防止风力发电机超速方面效果较差。

　　对其中一条长传输线上的严重三相短路进行了仿真。三相故障在 1s 时施加，在 1.33s 时切除。与 0.33s 的鲁棒 STATCOM 控制器和 0.315s 的基于 PI 的 STAT-

COM 三相故障 CCT 相比，STATCOM 和桨距控制器的为 0.35s。

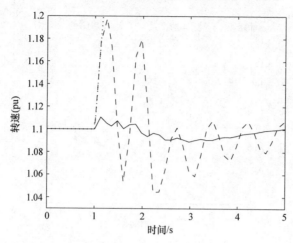

图 7.22　线路 1—3 之一中断时的转速（实线：同步 STATCOM 和桨距角控制器；
　　　　　虚线：鲁棒 STATCOM，点划线：基于 PI 的 STATCOM 控制器）

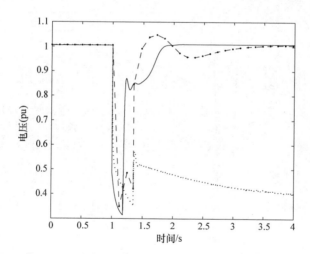

图 7.23　线路 1—3 之一中断时的 PCC 电压（实线：同步 STATCOM 和桨距角控制器；
　　　　　虚线：鲁棒 STATCOM；点划线：基于 PI 的 STATCOM 控制器）

图 7.24 和图 7.25 分别所示为配备基于 PI 的 STATCOM、鲁棒 STATCOM 控制器和所设计的控制器的 IG 的速度和端电压，从图中可以看出，所设计的同步 STATCOM 和桨距角控制器的性能优于基于 PI 的单输入鲁棒 STATCOM 控制器，并可得到更高的 CCT。

当电力系统稳定桨距角控制器控制风电场的有功功率时，速度振荡就会减弱，在 1.0s 到 6.0s 的仿真时间段尤为明显。显然，仅通过鲁棒 STATCOM 控制

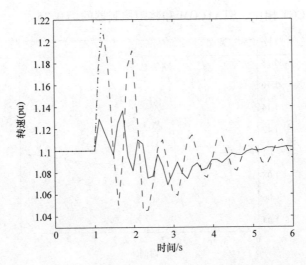

图 7.24　线路 1—3 之一发生三相故障时的转速（实线：同步 STATCOM 和桨距角控制器；
虚线：鲁棒 STATCOM；点划线：基于 PI 的 STATCOM 控制器）

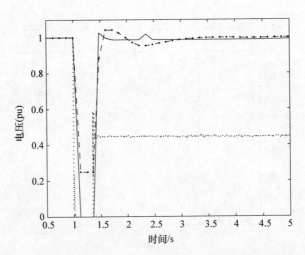

图 7.25　线路 1—3 之一发生三相故障时的 PCC 电压（实线：同步 STATCOM 和
桨距角控制器；虚线：鲁棒 STATCOM；点划线：基于 PI 的 STAT – COM 控制器）

器来控制电压可能不足以保持系统稳定。有时，为了快速稳定系统，可能需要使用桨距角控制。鲁棒 STATCOM 和桨距角控制的组合在恢复系统运行方面更为有效，这种组合控制使系统在不需要将发电机与系统断开的情况下就能切除故障。

7.7　具有结构不确定性的风电场 STATCOM 控制器

非结构化不确定性综合方法的主要特征是允许人们找到封闭式的解决方案来

解决合成问题[59]。这些方法的固有限制是它们在实际应用中可能非常保守。结构不确定性问题的技术和算法是新近的研究热点[59]。本节完成具有结构不确定性的鲁棒 STATCOM 控制器设计并在测试系统上实现。

7.7.1 测试系统和控制工作

图 7.26 所示的测试系统由 11 条母线和 3 台发电机组成。附录Ⅳ给出了该系统的参数。该系统的总负荷为 $P_L = 6655\,\mathrm{MW}$ 和 $Q_L = 2021\,\mathrm{Mvar}$，并且发电 $P_G = 6871\,\mathrm{MW}$，$Q_G = 1738\,\mathrm{Mvar}$。在一个偏远地区（发电机 $G_1 = 3981\,\mathrm{MW}$，$G_2 = 1736$ MW）的发电设备通过 5 条传输线连接到主负荷。剩余负荷（$P = 1154$ MW）由本地发电机 G_3 提供。对于有功功率和无功功率，母线 11 的负荷建模为 50% 恒定阻抗和 50% 恒定电流，母线 8 的负荷建模为有功功率和无功功率的常数（MV·A）。

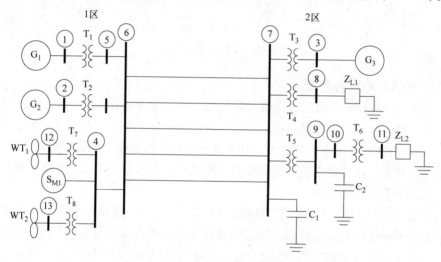

图 7.26 带有风电场的 3 机 2 区域研究系统（G：同步发电机；WT：风力机，S：STATCOM；L：负荷）

我们为改良后的测试系统设计了一个鲁棒 STATCOM 控制器，其中发电机 $G_2 = 0$ MW，$G_3 = 0$ MW，$WT_1 = 1736$ MW，$WT_2 = 1154$ MW。发电机 G_2 和 G_3 与系统断开连接。剩余的电力由 G_1 提供，在这种情况下 G_1 被认为是无限大容量母线。STATCOM 在母线 4 上连接，以满足电力系统输电网的连接需求。风力发电机安排在两条并联线路上，我们用聚合式风力发电机模型[60]来表示每个风力发电机。为了解控制工作的本质，我们对开环系统进行了模态分析。测试系统的主模是 $-0.105 \pm j0.71$。表 7.5 显示了主模的参与向量。参与向量表明状态 $E'_{\mathrm{qr}1}$，$E'_{\mathrm{qr}2}$，s_1 和 s_2 对主模的贡献最大。主模与有功功率和无功功率失配有关。我们设计的 STATCOM 控制器可以控制无功功率，而传统的桨距控制器用于控制有功功率。对于测试系统，状态向量是 $x = \left[s_1, E'_{\mathrm{dr}1}, E'_{\mathrm{qr}1}, s_2, E'_{\mathrm{dr}2}, E'_{\mathrm{qr}2}, V_{\mathrm{dc}}, V_{\mathrm{tm}} \right]^{\mathrm{T}}$。

表 7.5　参与因子

状态	Δs_1	$\Delta E'_{dr1}$	$\Delta E'_{qr1}$	Δs_2	$\Delta E'_{dr2}$	$\Delta E'_{qr2}$
参与因子	0.96	0.048	1.0	0.94	0.04	0.97

图 7.27 所示为桨距角控制策略。在此文献中，桨距率限制设置为 $8°/s$，$\theta_{min} = -5°$，$\theta_{max} = 45°$，$\dot\theta_{min} = -10°/s$，$\dot\theta_{max} = 10°/s$ 时间常数为 $0.2s$。在这种情况下，整定（试凑法）PI 控制器的增益为 $K_P = 5$ 和 $K_I = 25$。

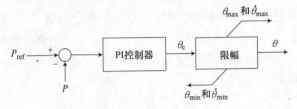

图 7.27　桨距角控制策略

7.7.2　STATCOM 控制策略

使用 STATCOM 必须通过提供受控制的无功功率来抵消与 IG 运行条件相关的已知失稳问题，并由此提高稳定裕度。设计的控制策略的基本原理基于逆变器在 IG 和负荷之间分配电力的能力，从而保证负荷所需的电压分布。更具体地说，在稳态条件下，逆变器不会与负荷交换有功功率，结果是只有 IG 提供负荷和逆变器损耗所需的有功功率。

本节使用的 STATCOM 控制策略如图 7.28 所示。在这种方法中，通过测量 PCC 上的 rms 电压来实现补偿。VSC 的输出电压（E）大小与直流侧电压有关，也是控制相位角和 PWM 调制比的函数。在这种情况下，k 是固定值，而 α 用作控制变量。逆变器控制包括调节 emf（电动势）E 与逆变器输出电压（v_t）之间的电压振幅和相位延迟角（α）。

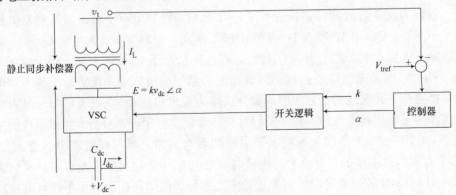

图 7.28　STATCOM 控制策略

7.7.3　线性化和不确定性建模

　　线性控制器是基于平衡点周围的泰勒级数近似值设计的。这种线性化技术限制了线性模型对平衡点的小偏差的适用性。通常，这些小偏差的范围很难量化。为了量化被忽略的高阶项，我们提出使用线性化方案，该方案以柯西余项的形式保留高阶项的贡献。在线性控制器的设计中，将柯西余项的界限作为不确定项纳入，从而量化线性模型中允许的偏差。

　　测试系统动态以紧凑形式写成

$$\Delta \dot{x} = A\Delta x + (L-A)\Delta x + B_1\Delta u + (M-B_1)\Delta u \tag{7.32}$$

式中，$A = \dfrac{\partial f}{\partial x}\Big|_{\substack{x=x_0 \\ u=u_0}}$，$B_1 = \dfrac{\partial f}{\partial u}\Big|_{\substack{x=x_0 \\ u=u_0}}$

我们根据图 7.29 所示的框图重写系统式（7.32），其中

$$(L-A)\Delta x + (M-B_1)\Delta u = \sum_{k=0}^{7} B_{2k}\xi_k(t) \tag{7.33}$$

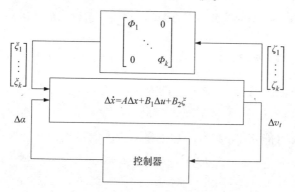

图 7.29　结构不确定性系统的控制策略

式中，$\xi_1(t), \cdots, \xi_k(t)$ 被称为不确定性输入。矩阵 $[B_{20}, \cdots, B_{27}]$，$[\widetilde{C}_{10}, \cdots, \widetilde{C}_{27}]$ 计算如下

$$(L-A)\Delta x + (M-B_1)\Delta u = \sum_{k=0}^{7} B_{2k}\,\widetilde{\phi}_k(\widetilde{C}_{1k}\Delta x) + \sum_{k=0}^{7} B_{2k}\,\widetilde{\psi}_k(\widetilde{D}_{1k}\Delta u)$$

$$\tag{7.34}$$

式中 $\xi_k = \widetilde{\phi}_k\,\widetilde{C}_{1k}\Delta x + \widetilde{\psi}_k\,\widetilde{D}_{1k}\Delta u$，$k=0, \cdots, 7$，

$$B_{20} = \left[\frac{1}{2H_{m1}}\,0\,0\,0\,0\,0\,0\right]^{\mathrm{T}}, \quad B_{21} = \left[0\,\frac{T'_{01}}{X_1-X'_1}\,0\,0\,0\,0\,0\right]^{\mathrm{T}}$$

$$B_{22} = \left[0\,0\,\frac{T'_{01}}{X_1-X'_1}\,0\,0\,0\,0\right]^{\mathrm{T}}, \quad B_{23} = \left[0\,0\,0\,\frac{1}{2H_{m2}}\,0\,0\,0\right]^{\mathrm{T}}$$

$$B_{24} = \begin{bmatrix} 0 & 0 & 0 & 0 & \dfrac{T'_{02}}{X_2 - X'_2} & 0 & 0 & 0 \end{bmatrix}^T, \quad B_{25} = \begin{bmatrix} 0 & 0 & 0 & 0 & 0 & \dfrac{T'_{02}}{X_2 - X'_2} & 0 & 0 \end{bmatrix}^T$$

$$B_{26} = \begin{bmatrix} 0 & 0 & 0 & 0 & 0 & \dfrac{1}{T_{01}} & 0 \end{bmatrix}^T, \quad B_{27} = \begin{bmatrix} 0 & 0 & 0 & 0 & 0 & 0 & 0 & K_m X_{s1} \end{bmatrix}^T \quad (7.35)$$

这个系统中的非线性是由于 s_i，E'_{dri}，E'_{qri} 和 v_{dc}，$i = 1, 2$，由此，两个矩阵选择如下：

$$\widetilde{C}_{1k} = \begin{bmatrix} 1 & 0 & 0 & 0 & 0 & 0 & 0 & 0 \\ 0 & 1 & 0 & 0 & 0 & 0 & 0 & 0 \\ 0 & 0 & 1 & 0 & 0 & 0 & 0 & 0 \\ 0 & 0 & 0 & 1 & 0 & 0 & 0 & 0 \\ 0 & 0 & 0 & 0 & 1 & 0 & 0 & 0 \\ 0 & 0 & 0 & 0 & 0 & 1 & 0 & 0 \\ 0 & 0 & 0 & 0 & 0 & 0 & 1 & 0 \end{bmatrix}, \quad \widetilde{D}_{1k} = \begin{bmatrix} 1 & 1 & 1 & 1 & 1 & 1 & 1 \end{bmatrix}^T$$

$$(L - A)\Delta x + (M - B_1)\Delta u = \sum_{k=0}^{7} B_{2k}\xi_k(t), k = 0, \cdots, 7 \quad (7.36)$$

式中 $\xi_k = \widetilde{\phi}_k \widetilde{C}_{1k}\Delta x + \widetilde{\psi}_k \widetilde{D}_{1k}\Delta u$ 和 $\phi_k(t) = \dfrac{1}{\sqrt{\beta_k}}\begin{bmatrix} \widetilde{\phi}_k(t) & \widetilde{\psi}_k(t) \end{bmatrix}$，$\beta_k$ 为比例因子，其影响不确定性输出 $\zeta_k, k = 0, \cdots, 7$ 的大小。

通常，$x^{*p}, p = 1, \cdots, 8$ 是事先未知的，很难获得 $(L - A)$ 和 $(M - B_1)$ 的确切值，但是有可能获得 $\widetilde{\phi}_k$ 和 $\widetilde{\psi}_k$ 在工作范围内的界限，并选择参数 β_k 以确保

$$\| \phi_k(t) \|^2 \leqslant 1, k = 0, \cdots, 7 \quad (7.37)$$

由此得到

$$\| \xi_k(t) \|^2 \leqslant \beta_k \| (\widetilde{C}_{1k}\Delta x + \widetilde{D}_{1k}\Delta u) \|^2 \quad (7.38)$$

恢复了 IQC（积分二次约束）[57]：

$$\| \xi_k(t) \|^2 \leqslant \| \zeta_k(t) \|^2, k = 0, \cdots, 7 \quad (7.39)$$

获得 $\widetilde{\phi}_k(t)$ 和 $\widetilde{\psi}_k(t)$ 的表达式在附录Ⅷ中给出。系统式（7.32）现在可以写成

$$\Delta\dot{x} = A\Delta x + B_1\Delta u + \sum_{k=0}^{7} B_{2k}\xi_k(t) \quad (7.40)$$

为了便于控制设计，电力系统模型最终总结为

$$\Delta\dot{x}(t) = A\Delta x(t) + B_1\Delta u(t) + \sum_{k=0}^{7} k_{2k}\xi_k(t) \quad (7.41)$$

$$y(t) = C_2\Delta x(t) + \sum_{k=0}^{7} D_{2k}\xi_k(t)), \quad (7.42)$$

$$\zeta_k(t) = C_{1,k}\Delta x(t) + D_{1,k}u(t), k = 0, \cdots, 7 \qquad (7.43)$$

式中 $\zeta_k, k = 0, \cdots, 7$，被称为不确定性输出，而 $y(t)$ 被称为可测量输出。

输出矩阵被定义为 $C_2 = [0, 0, 0, 0, 0, 0, 0, 1]$。选定 $D_{20} = 0.01$，$D_{21} = 0.01$，$D_{22} = 0.01$，$D_{23} = 0.1$，$D_{24} = 0.1$，$D_{25} = 0.01$，$D_{26} = 0.1$ 和 $D_{27} = 0.005$。式（7.41）~ 式（7.43）提供了包含线性项和高阶项的电力系统模型的新表示法。本节介绍的新公式用于设计非线性电力系统的鲁棒输出反馈 STATCOM 控制器。

7.7.4 STATCOM 控制器设计

本节考虑的控制设计问题是为包含某个 IQC 所描述的结构不确定性的系统提供稳定鲁棒输出反馈控制算法[57,61]。该输出反馈控制方法应用于图 7.29 所示的不确定性系统。

文献 [61] 中表明，线性鲁棒控制理论可以应用于式（7.41）~ 式（7.43），并受以下约束：

$$\int_0^{t_i} \| \xi_k(t) \|^2 dt \leqslant \int_0^{t_i} \| \zeta_k(t) \|^2 dt, \forall_i \text{ 和 } \forall_k = 0, \cdots, 7 \qquad (7.44)$$

不确定系统式（7.41）~ 式（7.43）绝对可稳性的充分必要条件是一对参数依赖的代数黎卡提方程有解[57]。对于给定的常数，考虑黎卡提方程的定义如下 $\tau_1 > 0, \cdots, \tau_7 > 0$：

$$(A - \tilde{B}_2 \tilde{D}_2^T \Gamma_\tau^{-1} C_2)Y + Y(A - \tilde{B}_2 \tilde{D}_2^T \Gamma_\tau^{-1} C_2)^T + Y(C_\tau^T C_\tau - C_2^T \Gamma_\tau^{-1} C_2)Y$$
$$+ \tilde{B}_2(I - \tilde{D}_2^T \Gamma_\tau^{-1} \tilde{D}_2)\tilde{B}_2^T = 0$$
$$(7.45)$$

$$X(A - B_1 G_\tau^{-1} D_\tau^T C_\tau) + (A - B_1 G_\tau^{-1} D_\tau^T C_\tau)^T X + C_\tau^T (1 - D_\tau G_\tau^{-1} D_\tau^T)C_\tau \qquad (7.46)$$
$$+ X(\tilde{B}_2 \tilde{B}_2^T - B_1 G_\tau^{-1} B_1^T)X = 0$$

其中

$$C_\tau = \begin{bmatrix} C_{10} \\ \sqrt{\tau_1}C_{11} \\ \vdots \\ \sqrt{\tau_7}C_{17} \end{bmatrix}; \quad D_\tau = \begin{bmatrix} D_{10} \\ \sqrt{\tau_1}D_{11} \\ \vdots \\ \sqrt{\tau_7}D_{17} \end{bmatrix}; \quad \tilde{B}_2 = \begin{bmatrix} B_{20} & \dfrac{1}{\sqrt{\tau_1}}B_{21} \cdots \sqrt{\tau_7}B_{27} \end{bmatrix};$$

$$G_\tau = D_\tau^T D_\tau; \quad \tilde{D}_2 = \begin{bmatrix} D_{20} & \dfrac{1}{\sqrt{\tau_1}}D_{21} \cdots \sqrt{\tau_7}D_{27} \end{bmatrix}; \quad \Gamma_\tau = \tilde{D}_2 \tilde{D}_2^T$$

原始控制问题是通过鲁棒控制来稳定不确定性系统。但是通过引入 $\tau_1, \cdots, \tau_k$，使不确定性系统绝对稳定的问题等价于输出反馈 H_∞ 控制问题，而后者的解是众所周知的[62]。上述黎卡提方程的解应满足以下条件以保证闭环稳定性，

$X>0$、$Y>0$，且矩阵的谱半径 XY 为 $\rho(XY)<1$。

不确定性系统式（7.41）~式（7.43）需要满足以下假设。假设矩阵 B_2、C_1、D_1、D_2、G 和 Γ 定义为

$$B_2 = \begin{bmatrix} B_{20} & \cdots & B_{27} \end{bmatrix}; \quad D_2 = \begin{bmatrix} D_{20} & \cdots & D_{27} \end{bmatrix};$$

$$C_1 = \begin{bmatrix} C_{10} \\ \vdots \\ C_{17} \end{bmatrix} \quad D_1 = \begin{bmatrix} D_{10} \\ \vdots \\ D_{17} \end{bmatrix}; \quad G \sum_{k=0}^{7} D'_{1k} D_{1k}$$

且 $\Gamma = \sum_{k=0}^{7} D'_{2k} D_{2k}$。通过上述选择，$(A, B_1)$ 这对具有可稳定性，$G>0$，$\Gamma>0$，(A, C_2) 这对具有可检测性，$(A-B_1 G^{-1} D'_1 C_1, (I-D_1 G^{-1} D'_1) C_1)$ 这对具有可观察性，而 $(A-B_2 D'_2 \Gamma^{-1} C_2, B_2(I-D_2 \Gamma^{-1} D'_2))$ 这对具有可控制性。输出反馈控制器为[61]：

$$\dot{x}_c = A_c x_c(t) + B_c y(t), \quad u(t) = C_c x_c(t) \tag{7.47}$$

$$A_c = A + B_1 C_c - B_c C_2 + (\widetilde{B}_2 - B_c \widetilde{D}_2) \widetilde{B}'_2 X \tag{7.48}$$

$$B_c = (I-YX)^{-1} (Y \widetilde{C}_2 + \widetilde{B}_2 \widetilde{D}'_2) \Gamma_\tau^{-1} \tag{7.49}$$

$$C_c = -G_\tau^{-1} (B'_1 X + D'_\tau C_\tau) \tag{7.50}$$

7.7.5　控制器设计算法

首先，我们通过施加大扰动来进行多次仿真，以便于获得 LVRT 暂态期间工作范围的估计。该控制器按照以下方式设计，以确保在兴趣工作范围的稳定性：

1）对于一个给定的平衡点，根据 7.7.3 节所述的方法获得系统表示式（7.41）~式（7.43）的矩阵；

2）选择一个工作范围 $(x^{*P}-x^P)$ $p=1, \cdots, 8$；

3）通过此范围内 L 和 M 的所有值来确定 β_k 的最大值，$k=0, \cdots, 7$；

4）设计由式（7.47）~式（7.50）给出的鲁棒控制器；

5）如果控制器可行，则转到步骤4，否则停止；

6）扩大此范围 $(x^{*P}-x^P)$ 并转到步骤2。

上述过程使得能够选择获得可行控制器的最大范围。这个系统的平衡点是，$(s_{i0}=0.013, E'_{qri0}=0.9176, v_{dc0}=1.3, v_{tm0}=1)$ pu，$i=1, 2$。对于给定的电力系统模型，我们获得表 7.6 给出的区域 β_k 与角点的值 $[\bar{s}_1, \bar{E}'_{dr1}, \bar{E}'_{qr1}, \bar{s}_2,$ $\bar{E}'_{dr2}, \bar{E}'_{qr2}, \bar{v}_{dc}, \bar{v}_{tm}]^T$ 和 $[\underline{s}_1, \underline{E}'_{dr1}, \underline{E}'_{qr1}, \underline{s}_2, \underline{E}'_{dr2}, \underline{E}'_{qr2}, \underline{v}_{dc}, \underline{v}_{tm}]^T$，由以下值得出：$\bar{s}_i = s_{i0}+0.45\text{pu}$，$\underline{s}_i = s_{i0}-0.45\text{pu}$，$\bar{E}'_{dri} = E'_{dri0}+0.28\text{pu}$，$\underline{E}'_{dri}$ $E'_{dri0}-0.28\text{pu}$，$\bar{v}_{dc} = v_{dc0}+0.35\text{pu}$，$\underline{v}_{dc} = v_{dc0}-0.35\text{pu}$，$\bar{v}_{tm} = v_{tm0}+0.45\text{pu}$，$\underline{v}_{tm} = v_{tm0}-0.45\text{pu}$，$\bar{\alpha} = \alpha_0+0.25°$ 和 $\underline{\alpha} = \alpha_0-0.25°$，$i=1, 2$。为求解，令 $\tau_1 =$

0.0005，$\tau_2 = 0.0106$，$\tau_3 = 0.0346$，$\tau_4 = \tau_5 = \tau_6 = \tau_7 = 0.0045$。

表 7.6　β_k，$k = 0$，$\cdots$，7 的值

β_0	β_1	β_2	β_3	β_4	β_5	β_6	β_7
0.85	0.95	0.45	0.98	0.68	0.65	0.79	0.94

7.7.6　控制器性能评估

图 7.30 和图 7.31 所示为测试系统的开环和闭环频率响应。从图 7.30 可以看出，开环系统的幅值响应存在谐振峰值，而相位角也存在急剧下降。图 7.31 所示的阻尼比较高，而过冲较小。

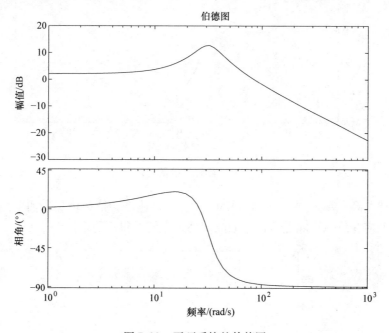

图 7.30　开环系统的伯德图

7.7.7　低电压期间的稳定性

评估在母线 6 与母线 7 之间一条并联线路上出现三相故障时，用于所设计的 150MV·A STATCOM 的控制器的性能。在设计控制下的 CCT 和 CS 分别为 0.18s 和 0.215pu。为了比较性能，我们还确定在基于 PI 的 STATCOM 下的 CCT 和 CS，它们分别为 0.165s 和 0.19pu。

图 7.32 和 7.33 所示为 IG 在具备 PI 控制器和所设计的控制器下的速度和端电压。故障在 1s 时应用并在 1.18s 时切除。从图 7.32 和 7.33 中可见，很明显，所提议的控制器可以通过 0.18s 的故障切除时间稳定 IG 的电压和速度。故障切除时 0.195pu 的转差大于 PI 控制器运用数字仿真所获得的 0.19pu 的 CS。由于故

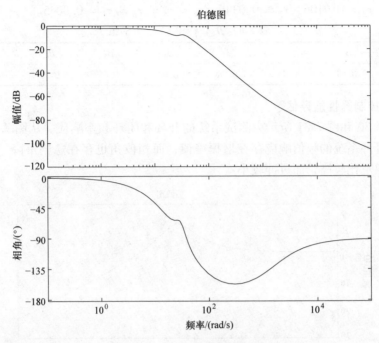

图 7.31 闭环系统的伯德图

障后的转差高于基于 PI 的 STATCOM 下的 CS，速度会持续增加，而电压会逐渐下降，即使在故障切除之后也是如此。结果系统变得不稳定。

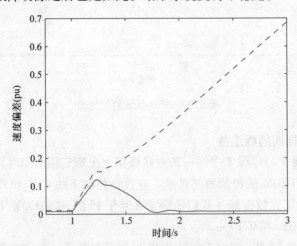

图 7.32 线路 6—7 之一发生三相故障时的发电机速度
（实线：所设计的控制器；虚线：PI 控制器）

如果系统工作点在故障切除之后属于控制器的设计范围，则所设计的控制器

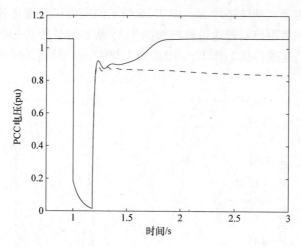

图 7.33　线路 6—7 之一发生三相故障时母线 4 上的电压
（实线：所设计的控制器；虚线：PI 控制器）

可以保证稳定性。我们可以得出这样的结论：所设计的控制器比 PI 控制器的性能更好，且 CCT 更高。

7.7.8　风力发电机对风速变化的响应

最初施加在每台 WT 上的风速为 8m/s，然后在 5s 时开始让风速在 1s 内上升到 9m/s，再恢复到原始值。随后在 10s 时于风电场 1 处施加瞬时性故障。由于异步电机在发电机模式下工作，其速度略高于同步速度（1.011pu）。

图 7.34～图 7.38 分别显示出风速的响应、风力发电机的有功输出功率、风力发电机的速度、桨距控制器的桨距角输出，以及所设计 STATCOM 控制器的无

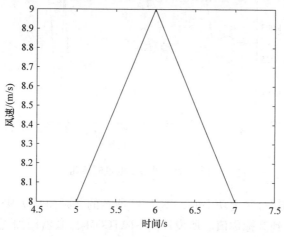

图 7.34　风速

功输出功率。由于气动转矩增加，图 7.36 所示的发电机速度迅速增加。电力也不断增加，直到桨距控制器通过修改如图 7.35 所示的桨距角作出反应。在此期间，风力发电机速度将从 1.0028pu 增加到 1.0047pu。最初，风力发电机叶片的桨距角为 7.95°。

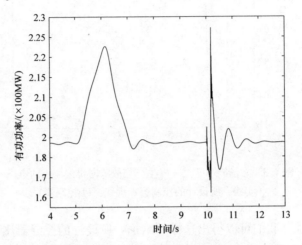

图 7.35　风力发电机的有功输出功率

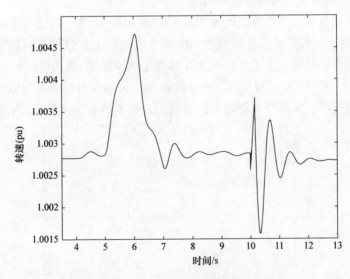

图 7.36　风力发电机的转速

当输出功率超过额定功率时，图 7.37 所示的桨距角从 7.95°增加到 12°，以使输出功率恢复到其标称值。所设计的 STATCOM 控制器增加无功功率供应，以保持图 7.38 中可见的电压恒定，而速度控制器可防止发电机转速过高。可以得出结论，所提议的控制器在发生输入风速变化和严重三相故障的情况下表现良好。

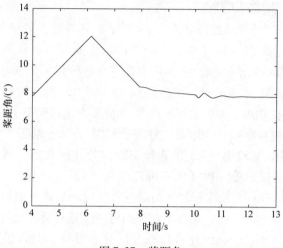

图 7.37 桨距角

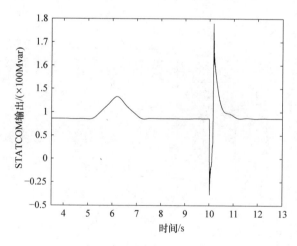

图 7.38 所设计 STATCOM 控制器的无功输出功率

7.8 分散式 STATCOM/ESS 控制器

本节介绍了在大型互联电力系统中配备 FSIG 的 WT 无功功率补偿、电压调节和暂态稳定性增强的新控制方案的设计和实施。针对采用极小化极大输出反馈控制设计方法的大型互联电力系统，提出了一种设计分散式多变量控制器的系统化程序，并将控制器设计程序表述为涉及秩约束 LMI 的优化问题。在本章中，我们可以看出，带有储能系统的 STATCOM——STATCOM/ESS 通过鲁棒控制技术进行控制，是提高 FSWT 的 LVRT 能力的有效手段。

7.8.1 测试系统和控制工作

新英格兰系统[63]的单线图如图 7.39 所示，其参数在附录 XI 中给出。此系统的修改通过将母线 31～34 上 4 台传统发电机更换为风电场来实现，并用作本节的测试系统。修改后的系统网络由 6 个火力发电厂和 4 个风电场组成。此系统的传统发电量、风力发电量和总负荷分别为 3760.48MW、2432.93MW 和 6150.5MW。我们使用聚合的风力发电机[60]和同步发电机模型[64]进行控制器设计。

通过 110kV 的并联耦合变压器，将两个 150kV·A，基于 VSC 的 2 级 STAT-COM/ESS 连接到母线 32 和 34 上的系统，以在公共耦合点（PCC）调节其各自的母线端电压。通过比较留数（模态可控性与可观度格拉姆矩阵的乘积)[65]的方法，发现了 STATCOM/ESS 和 PSS 的最有效位置和最佳反馈信号。模态可控性表示给定输入对所述模式的影响程度。模态可观度是对反馈信号中所包含模态信息的度量。它们是独立的，因此可以分开计算。母线 36 和 39 是 PSS 的最佳位置。STATCOM/ESS 和 PSS 的位置以及最佳反馈信号的选择是通过比较所有位置的留数来进行的。

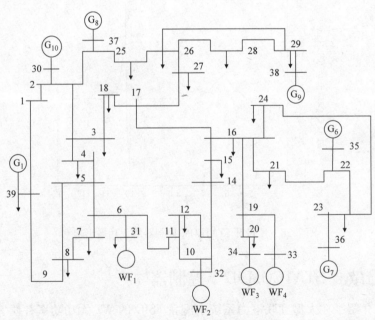

图 7.39 10 机 39 母线研究系统

原始系统的特征值分析（在风电场取代传统发电之前）显示，其在 -0.0131±j0.711 处具有主模，此时阻尼比为 0.019。修改后的系统具有三种临界模式，其最显著的归一化参与向量的值见表 7.7。－0.062 ± j2.21 模式是阻尼比为 0.028 的机电模式。特征值为 0.018 和 0.14 的另外两个模式是与两种 IG 的转子机电动态相关的单调模式。由于将异步发电更换为同步发电，引入了这两种单调模式。在这种情况下，关注点将指向这些不稳定模式的鲁棒控制设计。

在这种情况下，根据发电机组的相干组（发电机一起旋转），研究的测试系统分为 4 个子系统：①风电场 WF_1 和 WF_3；②风电场 WF_2 和 WF_4；③G_6、G_9 和 G_{10}；④G_7、G_8 和 G_1。每个 STATCOM/ESS 控制器是子系统①和②的一部分，而 PSS 是子系统③和④的一部分。PSS 是使用如文献 [66] 所给出的标准过程设计的。对于系统①和②，状态向量是 $x_i = \begin{bmatrix} \Delta\omega_{mi}, & \Delta\omega_{Gi} \Delta\gamma_i, & \Delta s_i, & \Delta E'_{dri}, & \Delta E'_{qri}, \\ \Delta v_{dci}, & \Delta v_{tmi}, & \Delta v_{sci} \end{bmatrix}$，$i = 1$，2。对于 STATCOM/ESS 控制器，控制输入 $u_i = \begin{bmatrix} \Delta m_i \Delta\alpha_i \end{bmatrix}^T$，$y_i = \begin{bmatrix} \Delta v_{ti} \Delta v_{dci} \end{bmatrix}^T$，而对于 PSS，$u_i = \Delta V_{si}$ 和 $y_i = \Delta\omega_i$，其中 V_{si} 是 PSS 输出信号，ω_i 则是同步发电机的转子速度。在 STATCOM/ESS 控制设计中，转差是控制变量，这是因为单调模式对转差频率的灵敏度高，并且稍微增加发电机速度可以降低这些模式的阻尼。

表 7.7 临界模式和参与因子

模式	参与因子		
$-0.062 \pm j2.21$	$\Delta\delta_6 = 1$	$\Delta\delta_1 = 0.7738$	$\Delta E_{dr1} = 0.74$
0.018	$\Delta V_{dc1} = 1$	$\Delta E_{dr1} = 0.52$	$\Delta s_1 = 0.49$
0.14	$\Delta V_{dc2} = 1$	$\Delta E_{dr2} = 0.93$	$\Delta s_2 = 0.29$

对于稳定性分析，变压器和输电线路被列入简化导纳矩阵中。本研究中使用的 WT 非线性模型包括空气动力学的静态模型、传动系的二质量模型、执行器模型和异步发电机的三阶模型[67]。此外，还使用了单轴三阶发电机模型和 IEEE－ST1A 型励磁系统[68]。

如图 7.40 所示，STATCOM/ESS 的主要组件是一个常规的 STATCOM 和一个基于超级电容器的 ESS，后者由一个超级电容器和一个控制超级电容器模块充放电的双向 DC－DC 升降压型换流器组成。开关损耗用与直流电容器并联的电阻表示。此模块的目的是将能量存储在超级电容器中，然后在需要时通过直流母线将其传输到电网。DC－DC 换流器在降压模式下工作以对超级电容器进行再充电，而通过升压模式将存储的能量传输到直流母线[69]。一个传统控制器被用于控制升降压型换流器[69]。

STATCOM/ESS 控制器如图 7.41 所示。控制器将控制信号转换为 STATCOM/ESS 的 PWM 开关指令，以调节调制增益和触发角。触发角 α_i 主要影响系统与 STATCOM 之间交换的有功功率的变化，而占空比 m_i 主要调节 STATCOM 输出电压的大小，从而调节系统电压。

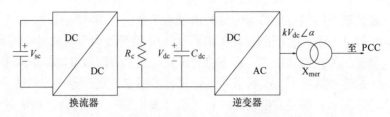

图 7.40 STATCOM/ESS 的电源电路

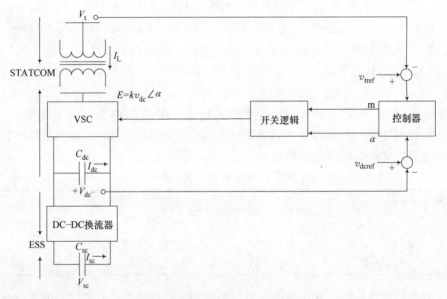

图 7.41 STATCOM/ESS 控制策略

7.8.2 问题描述

在本研究中提出的运用柯西余项的公式重构让我们能够表示非线性大型电力系统 S，该系统包括以下形式的 n 个子系统 S_i：

$$S_i : \Delta \dot{x}_i = A_i \Delta x_i + B_i \Delta u_i + E_i \xi_i + L_i r_i \tag{7.51}$$

$$z_i = C_i \Delta x_i + D_i \Delta u_i \tag{7.52}$$

$$\zeta_i = H_i \Delta x_i + G_i \Delta u_i \tag{7.53}$$

$$y_i = C_{yi} \Delta x_i + D_{yi} \Delta \xi_i \tag{7.54}$$

式中，Δx_i 是状态向量；Δu_i 是控制输入；y_i 是测量输出；z_i 是受控输出；ξ_i 被称为不确定性输入；ζ_i 被称为不确定性输出；而 r_i 描述其他子系统 S_1，$\cdots$，S_{i-1}，S_{i+1}，$\cdots$，S_N 对子系统 S_i 的影响。不确定性系统框图请参如图 7.42 所示。

如图 7.39 所示测试系统的模型式（7.51）~式（7.54）中的矩阵如下给出：

$$E_i = \text{diag}\left(\frac{1}{2H_{mi}}, \frac{1}{2H_{Gi}}, 0, \frac{1}{2H_{Gi}}, \frac{X_i - X_i'}{T_{oi}'}, \frac{X_i - X_i'}{T_{oi}'}, \frac{1}{C_i}, T_{mi}, 0 \right) \tag{7.55}$$

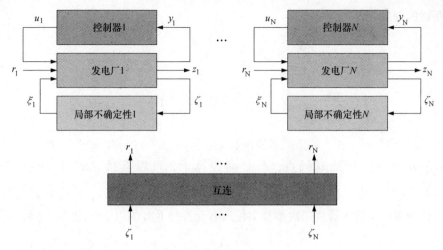

图 7.42 不确定性系统框图

$$A_i = \frac{\partial f_i}{\partial x_i}\bigg|_{\substack{x_i = x_{i0} \\ u_i = u_{i0}}}, B_i = \frac{\partial f_i}{\partial u_i}\bigg|_{\substack{x_i = x_{i0} \\ u_i = u_{i0}}}, H_i = \sqrt{\varGamma_i}\begin{bmatrix} 0&0&0&1&0&0&0&0&0 \\ 0&0&0&0&1&0&0&0&0 \\ 0&0&0&0&0&1&0&0&0 \\ 0&0&0&0&0&0&1&0&0 \end{bmatrix} \tag{7.56}$$

$$L_i = \mathrm{diag}\left(E_i, 0, \frac{1}{2H_i}, \frac{X_{di} - X'_{di}}{T'_{doi}} \right), G_i = \begin{bmatrix} 1&1 \\ 1&1 \\ 1&1 \\ 1&1 \end{bmatrix} \tag{7.57}$$

和 $\xi_i = \widetilde{\phi}_i\, \widetilde{H}_i \Delta x_i + \widetilde{\psi}_i\, \widetilde{G}_i \Delta u_i$，$N_i \Delta x_j = L_i r_i$，其中 $r_i = \sum\limits_{\substack{j=1 \\ j \neq i}}^{n} \widetilde{\varXi}_i \zeta_j$。
选定 $\varGamma_i$ 的值，使

$$\| \phi_i \|^2 \leqslant 1, \ \| \varXi_i \|^2 \leqslant 1. \tag{7.58}$$

公式重构满足范数有界约束[70]

$$\| \xi_i \|^2 \leqslant \| \zeta_i \|^2, \ \| r_i \|^2 \leqslant \sum_{j \neq i} \| \zeta_j \|^2. \tag{7.59}$$

对于这个控制器设计，我们考虑

$$C_i = [0,0,0,1,0,0,0,0,0]^{\mathrm{T}}, D_i = 10^{-4}[1,1]^{\mathrm{T}} \tag{7.60}$$

$$C_{yi} = [0,0,0,0,0,0,0,1,0;0,0,0,0,0,0,0,0,1]^{\mathrm{T}} \tag{7.61}$$

$$D_{yi} = 10^{-4}[0,0,0,1,1,1,0,0;0,0,0,1,1,1,1,0,0]^{\mathrm{T}} \tag{7.62}$$

7.8.3 使用秩约束 LMI 的分散式控制器设计

在本节中，使用 LMI 设计了一种分散式极小化极大输出反馈控制[70, 71]。文献 [70] 中开发的鲁棒控制设计方法利用 IQC 来描述子系统之间不确定性扰动

和互联的程度，

$$E \int_0^{t_l} (\parallel \zeta_i(t) \parallel^2 - \parallel \xi_i(t) \parallel^2) \mathrm{d}t > - x_{i0}^{\mathrm{T}} M_i x_{i0} \tag{7.63}$$

$$E \int_0^{t_l} \left(\sum_{n=1, n \neq i}^N \parallel \zeta_n(t) \parallel^2 - \parallel r_i(t) \parallel^2 \right) \mathrm{d}t > - x_{i0}^{\mathrm{T}} \overline{M}_i x_{i0} \tag{7.64}$$

式中 $i = 1, 2, \cdots, N$，N 是子系统的数量；$M_i = M_i^{\mathrm{T}} > 0$，$\overline{M}_i = \overline{M}_i^{\mathrm{T}} > 0$；$\{t_l\}_{l=1}^{\infty}$，$t_l \to +\infty$ 是一系列的时间点；E 是期望算子。可以直接以式（7.63）和式（7.64）的形式将约束式（7.59）改写为任意选择的小 $x_{i0}^{\mathrm{T}} M_i x_{i0}$ 和 $x_{i0}^{\mathrm{T}} \overline{M}_i x_{i0}$。

这种极小化极大线性二次型技术使所有允许的 IQC 的以下性能的成本最小化：

$$J_{\mathrm{wc}}(u) \triangleq \int_0^{\infty} \sum_{i=1}^N \parallel z_i(t) \parallel^2 \mathrm{d}t \tag{7.65}$$

在这个设计中，我们考虑如式（7.59）所示的范数有界约束，而非更一般的 IQC。这意味着所设计的控制器对于范数有界约束是次优的。控制算法是在集合 T 内找到以下函数的下确界：

$$J(\tau, \theta) = \sum_{i=1}^N x_{i0}^{\mathrm{T}} [X_i + \tau_i M_i + \theta_i \overline{M}_i] x_{i0}, \tag{7.66}$$

式中，$\mathscr{T} = \{\{t_i \theta_i\} \in R^{2N}, \tau_i > 0, \theta_i > 0\}$，$m_i > 0$ 和 $M_i > 0$ 是两组对称矩阵，而矩阵 X_i 和 Y_i 是下面一对耦合广义的代数黎卡提方程和代数黎卡提不等式的解[70]：

$$A_i^{\mathrm{T}} X_i + X_i A_i + \overline{C}_i^{\mathrm{T}} \overline{C}_i - X_i [B_i R_i^{-1} B_i^{\mathrm{T}} - \overline{B}_{2i} \overline{B}_{2i}^{\mathrm{T}}] X_i = 0 \tag{7.67}$$

$$A_i^{\mathrm{T}} Y_i + Y_i A_i + Y_i \overline{B}_{2i} \overline{B}_{2i}^{\mathrm{T}} Y_i - [C_{yi}^{\mathrm{T}} W_i^{-1} C_{yi} - \overline{C}_i^{\mathrm{T}} \overline{C}_i] < 0 \tag{7.68}$$

其中 $R_i = \overline{D}_i^{\mathrm{T}} \overline{D}_i$，$W_i = \overline{D}_{yi} \overline{D}_{yi}^{\mathrm{T}}$，$\theta_i = \sum_{n=1, n \neq i}^N \theta_n$，

$$\overline{C}_i = \begin{bmatrix} C_i \\ (\tau_i + \theta_i)^{1/2} H_i \end{bmatrix}, \quad \overline{D}_i = \begin{bmatrix} D_i \\ (\tau_i + \theta_i)^{1/2} G_i \end{bmatrix}$$

$$\overline{B}_{2i} = [\tau_i^{-1/2} E_i \theta_i^{-1/2} L_i], \quad \overline{D}_{yi} = [\tau_i^{-1/2} D_{yi0}] \tag{7.69}$$

文献［70］给出了控制器 u_i^*、τ^* 和 θ^*：

$$\dot{x}_{ci} = \{ A_i - [B_i R^{-1} B_i^{\mathrm{T}} - \overline{B}_{2i} \overline{B}_{2i}^{\mathrm{T}}] X_i \} x_{ci} \tag{7.70}$$
$$+ [Y_i - X_i]^{-1} C_{yi}^{\mathrm{T}} W_i^{-1} [y_i - C_{yi} x_{ci}]$$

$$u_i^* = - R_i^{-1} B_i^{\mathrm{T}} X_i X_{ci} \tag{7.71}$$

这些解需要满足以下条件：$\tau_i > 0$，$\theta_i > 0$，$X_i \geqslant 0$，$Y_i \geqslant 0$ 和 $X_i \geqslant Y_i$。

控制器 u^* 保证了以下极小化极大属性

$$J_{wc}(u^*) \le J(\tau^*, \theta^*) = \inf_{\mathcal{T}} J(\tau, \theta) \tag{7.72}$$

在这种情况下使用的次优控制设计涉及解决式（7.72）右侧给出的优化问题。一般来说，提供一种系统的方式来执行此类优化是很困难的。在这种情况下，可以将问题 $\inf_{\tau} J(\tau, \theta)$ 更换为涉及秩约束 LMI 的等效优化问题 [72]。从式（7.68），我们得到

$$A_i^T X_i + X_i A_i + \overline{C}_i^T \overline{C}_i - X_i[B_i R_i^{-1} B_i^T - \overline{B}_{2i} \overline{B}_{2i}^T] X_i < 0 \tag{7.73}$$

将式（7.73）的左右侧同时乘以 $\widetilde{X}_i = X_i^{-1}$，得到

$$\widetilde{X}_i A_i^T + A_i \widetilde{X}_i + \widetilde{X}_i \overline{C}_i^T \overline{C}_i \widetilde{X}_i - [B_i R_i^{-1} B_i^T - \overline{B}_{2i} \overline{B}_{2i}^T] < 0$$
$$\tag{7.74}$$

在不改变式（7.74）可行性的情况下引入具有适当维数的矩阵 F_i，在式（7.74）的左侧添加一个二次项 F_i，如下：

$$\widetilde{X}_i A_i^T + A_i \widetilde{X}_i + \widetilde{X}_i \overline{C}_i^T \overline{C}_i \widetilde{X}_i - [B_i R_i^{-1} B_i^T - \overline{B}_{2i} \overline{B}_{2i}^T]$$
$$+ [F_i^T + B_i R^{-1}] R_i [F_i^T + B_i R_i^{-1}]^T < 0, \tag{7.75}$$

其相当于

$$\widetilde{X}_i A_i^T + A_i \widetilde{X}_i + \widetilde{X}_i \overline{C}_i^T \overline{C}_i \widetilde{X}_i + \overline{B}_{2i} \overline{B}_{2i}^T$$
$$+ F_i^T R_i F_i + B_i F_i + F_i^T B_i^T < 0 \tag{7.76}$$

通过使用式（7.69），式（7.76）的项可以表示为

$$\overline{B}_{2i} \overline{B}_{2i}^T = \tau_i^{-1} E_i E_i^T + \theta_i^{-1} L_i L_i^T$$

$$\widetilde{X}_i \overline{C}_i^T \overline{C}_i \widetilde{X}_i = \widetilde{X}_i [C_i^T C_i + (\tau_i + \overline{\theta}_i) H_i^T H_i] \widetilde{X}_i$$

$$F_i^T R_i F_i = F_i^T [D_i^T D_i + (\tau_i + \overline{\theta}_i) G_i^T G_i] F_i \tag{7.77}$$

令 $\widetilde{\tau}_i = \tau_i^{-1}$，$\widetilde{\theta}_i = \theta_i^{-1}$。结合式（7.76）和式（7.77），并应用舒尔补定理（Schur complement），我们获得了具有以下，变量为 $\widetilde{X}_i$，F_i，$\widetilde{\theta}_i$，$\widetilde{\tau}_i$ 的 LMI：

$$\begin{bmatrix} N_i & X_i C_i^T & F_i^T D_i^T & Q_i \\ \star & -I & 0 & 0 \\ \star & \star & -I & 0 \\ \star & \star & \star & -\Theta_i \end{bmatrix} < 0 \tag{7.78}$$

其中

$$N_i = \widetilde{X}_i A_i^T + A_i \widetilde{X}_i + \widetilde{\tau}_i E_i E_i^T + \widetilde{\theta}_i L_i L_i^T + B_i F_i + F_i^T B_i^T$$

$$Q_i = [F_i^T G_i^T + \widetilde{X}_i H_i^T, \cdots, F_i^T G_i^T + \widetilde{X}_i H_i^T] \qquad i = 1, 2, \cdots, N \tag{7.79}$$

$$\Theta_i = \text{diag}[\widetilde{\tau}_i I, \widetilde{\theta}_1 I, \cdots, \widetilde{\theta}_{i-1} I, \widetilde{\theta}_{i+1} I, \widetilde{\theta}_N I]$$

同样，通过将式（7.69）代入式（7.67）并应用舒尔补定理，我们获得了带有变量 $\widetilde{Y}_i$，F_i，θ_i，τ_i 的 LMI：

$$\begin{bmatrix} M_i & Y_iE_i & Y_iL_i \\ \star & -\tau_iI & 0 \\ \star & \star & -\theta_iI \end{bmatrix} < 0 \tag{7.80}$$

其中

$$M_i = A_i^{\mathrm{T}}Y_i + Y_iA_i - \tau_iC_{yi}^{\mathrm{T}}[D_{yi}D_{yi}^{\mathrm{T}}]^{-1}C_{yi} + C_i^{\mathrm{T}}C_i + (\tau_i + \overline{\theta}_i)H_i^{\mathrm{T}}H_i$$

耦合条件就 $Y_i > X_i > 0$ 相当于

$$\begin{bmatrix} \widetilde{X}_i & I \\ I & Y_i \end{bmatrix} > 0 \tag{7.81}$$

现在，我们考虑式（7.72）右侧上界的性能。应该指出的是，最小化 $J(\tau, \theta)$ 相当于最小化 $(\lambda_1 + \lambda_2 + \cdots + \lambda_n)$，约束条件是

$$\lambda_i = x_{i0}^{\mathrm{T}}[X_i + \tau_iM_i + \theta_i\overline{M}_i] \tag{7.82}$$

再次使用舒尔补定理，式（7.82）相当于以下 LMI：

$$\begin{bmatrix} \lambda_i & \Pi & x_{i0}^{\mathrm{T}}M_i^{1/2} & x_{i0}^{\mathrm{T}}\widetilde{M}_i^{1/2} \\ \star & \widetilde{X}_i & 0 & 0 \\ \star & \star & \widetilde{\tau}_iI & 0 \\ \star & \star & \star & \widetilde{\theta}_iI \end{bmatrix} < 0 \tag{7.83}$$

式中，$\Pi = [\pi_1^{1/2}x_{i0}^{\mathrm{T}}, \cdots, \pi_k^{1/2}x_{i0}^{\mathrm{T}}]$，条件 $\widetilde{\tau}_i > 0$，$\tau_i > 0$，$\widetilde{\tau}_i\tau_i > 1$，$\widetilde{\theta}_i > 0$，$\theta_i > 0$，$\widetilde{\theta}_i\theta_i = 1$ 也相当于秩约束 LMI：

$$\begin{bmatrix} \widetilde{\tau}_i & I \\ I & \tau_i \end{bmatrix} \geqslant 0, 秩\begin{bmatrix} \widetilde{\tau}_i & I \\ I & \tau_i \end{bmatrix} \leqslant 1 \tag{7.84}$$

$$\begin{bmatrix} \widetilde{\theta}_i & I \\ I & \theta_i \end{bmatrix} \geqslant 0, 秩\begin{bmatrix} \widetilde{\theta}_i & I \\ I & \theta_i \end{bmatrix} \leqslant 1 \tag{7.85}$$

我们现在考虑变量 λ_i，$\widetilde{X}_i$，Y_i，F_i，$\widetilde{\theta}_i$，$\widetilde{\tau}_i$ 和 τ_i，θ_i[72] 中的以下线性成本优化问题：

$$J_{\mathrm{LMI}}^* \triangleq \inf(\lambda_1 + \cdots + \lambda_n) \tag{7.86}$$

受式（7.78）、式（7.80）、式（7.81）、式（7.83）、式（7.84）和式（7.85）约束。

请注意，这个问题是最小化线性成本（受制于秩约束 LMI）的问题。通过使用秩约束 LMI 求解器 LMIRank，数值问题得到了解决[73]。

7.8.4 控制器设计算法

本节中的控制器专为解决严重故障而设计，因此它原则上也可以确保抗其他扰动的稳定性。我们通过仿真估计了由拐角点 $[\bar{s}_i,\ \bar{E}'_{\mathrm{dri}},\ \bar{E}'_{\mathrm{qri}},\ \bar{\omega}_{\mathrm{mi}},\ \bar{\omega}_{\mathrm{Gi}},\ \bar{\gamma}_i,\ \bar{v}_{\mathrm{dci}},\ \bar{v}_{\mathrm{tmi}},\ \bar{v}_{\mathrm{sci}}]^{\mathrm{T}}$ 和 $[\underline{s}_i,\ \underline{E}'_{\mathrm{dri}},\ \underline{E}'_{\mathrm{qri}},\ \underline{\omega}_{\mathrm{mi}},\ \underline{\omega}_{\mathrm{Gi}},\ \underline{\gamma}_i,\ \underline{v}_{\mathrm{dci}},\ \underline{v}_{\mathrm{tmi}},\ \underline{v}_{\mathrm{sci}}]^{\mathrm{T}}$ 中心位于严重故障平衡点的形成的工作范围 Ω，其值为 $\bar{s}_i - \underline{s}_i = 2\times0.225\mathrm{pu}$，$\bar{E}'_{\mathrm{dri}} - \underline{E}'_{\mathrm{dri}} = 2\times0.242\mathrm{pu}$，$\bar{E}'_{\mathrm{qri}} - \underline{E}'_{\mathrm{qri}} = 2\times0.225\mathrm{pu}$，$\omega_{\mathrm{mi}} - \underline{\omega}_{\mathrm{mi}} = 2\times0.395\mathrm{pu}$，$\omega_{\mathrm{Gi}} - \underline{\omega}_{\mathrm{Gi}} = 2\times0.337\mathrm{pu}$，$\gamma_i - \underline{\gamma}_i = 2\times25°$，$\bar{v}_{\mathrm{dci}} - \underline{v}_{\mathrm{dci}} = 2\times0.334\mathrm{pu}$，$\bar{v}_{\mathrm{tmi}} - \underline{v}_{\mathrm{tmi}} = 2\times0.235\mathrm{pu}$，$\bar{v}_{\mathrm{sci}} - \underline{v}_{\mathrm{sci}} = 2\times0.248\mathrm{pu}$，$m_i - \underline{m}_i = 2\times0.328\mathrm{pu}$ 和 $\bar{\alpha}_i - \underline{\alpha}_i = 2\times28°$，$i = 1,\ 2$。设计过程如以下步骤所述：

1）从仿真中选择发电机组的相干组，并将其以等价模型表示。

2）执行模态分析并确定临界模式。分析临界模式的参与矢量并确定与它们相关的状态。

3）根据故障系统的仿真（在 LVRT 暂态期间经历大扰动），获得所有状态变量的变化范围，并形成体积 Ω，拐角点由 $(x_{0p} - x_{\mathrm{fp}})$ 和 $(x_{0p} + x_{\mathrm{fp}})$ 得到，$p = 1,\ \cdots,\ 7$，其中，$2x_{\mathrm{fp}}$ 是第 p 个状态变量 u 关于其平衡值 x_{0p} 的最大变化。

4）如式（7.58）中给出，获得 $\Gamma_i^* = \max_{x_i^{*p}\in\Omega_i}\{\Gamma_i \parallel\phi_i\parallel^2 < 1,\ \parallel\psi_i\parallel^2 < 1\}$，获得 Γ_i^* 的过程涉及在兴趣工作范围内获得 $\parallel\phi_i\parallel$ 和 $\parallel\Xi_i\parallel$ 的最大值。

5）检查是否存在一个 $\Gamma_i = \Gamma_i^*$ 的可行控制器，即标量 τ_i 和 θ_i 存在，使得 LMI 有一个可行解（如 8.5 节所述）

6）将控制范围与提供 LVRT 能力所需的工作范围进行比较。

7）如果我们在上述步骤中获得了可行的控制器，则扩大工作范围，如果不满足步骤 6 或者我们已经达到最大可能范围，则对标量参数 τ_i 和 θ_i 执行最优搜索，以得到式（7.86）中的下界。如果在所选 $\Gamma_i = \Gamma_i^*$ 的情况下不存在可行解，则缩小范围并转到步骤 4。

对于给定的系统，我们能够获得可行控制器，其值 $\Gamma_1 = 0.968$ 和 $\Gamma_2 = 0.976$。控制器正在稳定由带有以下值的拐角点 $[\bar{s}_i,\ \bar{E}'_{\mathrm{dri}},\ \bar{E}'_{\mathrm{qri}},\ \bar{\omega}_{\mathrm{mi}},\ \bar{\omega}_{\mathrm{Gi}},\ \bar{\gamma}_i,\ \bar{v}_{\mathrm{dci}},\ \bar{v}_{\mathrm{tmi}},\ \bar{v}_{\mathrm{sci}}]^{\mathrm{T}}$ 和 $[\underline{s}_i,\ \underline{E}'_{\mathrm{dri}},\ \underline{E}'_{\mathrm{qri}},\ \underline{\omega}_{\mathrm{mi}},\ \underline{\omega}_{\mathrm{Gi}},\ \underline{\gamma}_i,\ \underline{v}_{\mathrm{dci}},\ \underline{v}_{\mathrm{tmi}},\ \underline{v}_{\mathrm{sci}}]^{\mathrm{T}}$ 形成的多面体区域 Ω 中状态的所有变化：

$\bar{s}_i = s_{i0} + 0.243\mathrm{pu}$，$\underline{s}_i = s_{i0} - 0.243\mathrm{pu}$，$\bar{E}'_{\mathrm{dri}} = E'_{\mathrm{dri}0} + 0.347\mathrm{pu}$，$\underline{E}'_{\mathrm{dri}} = E'_{\mathrm{dri}0} - 0.347\mathrm{pu}$，$\bar{E}'_{\mathrm{qri}} = E'_{\mathrm{qri}0} + 0.315\mathrm{pu}$，$\underline{E}'_{\mathrm{qri}} = E'_{\mathrm{qri}0} - 0.315\mathrm{pu}$，$\omega_{\mathrm{mi}} = \omega_{\mathrm{mi}0} + 0.428\mathrm{pu}$，$\underline{\omega}_{\mathrm{mi}} = \omega_{\mathrm{mi}0} - 0.428\mathrm{pu}$，$\bar{\omega}_{\mathrm{Gi}} = \omega_{\mathrm{Gi}0} + 0.437\mathrm{pu}$，$\underline{\omega}_{\mathrm{Gi}} = \omega_{\mathrm{Gi}0} - 0.437\mathrm{pu}$，$\bar{\gamma}_i = \gamma_{i0} + 36°$，$\underline{\gamma}_i = \gamma_{i0} - 36°$，$\bar{v}_{\mathrm{dci}} = v_{\mathrm{dci}0} + 0.365\mathrm{pu}$，$\underline{v}_{\mathrm{dci}} = v_{\mathrm{dci}0} - 0.365\mathrm{pu}$，$\bar{v}_{\mathrm{tmi}} = v_{\mathrm{tmi}0} + 0.269\mathrm{pu}$，$\underline{v}_{\mathrm{tmi}} = v_{\mathrm{tmi}0} - 0.269\mathrm{pu}$，$\bar{v}_{\mathrm{sci}} = v_{\mathrm{sci}0} + 0.275\mathrm{pu}$，$\underline{v}_{\mathrm{sci}} = v_{\mathrm{sci}0} - 0.275\mathrm{pu}$，$\bar{m}_i = $

$m_{i0} - 0.467\text{pu}$，$\overline{\alpha}_i = \alpha_{i0} + 23°$，$\underline{\alpha}_i = \alpha_{i0} + 23°$，$i = 1,2$。这种状态变量的变化范围大于本小节先前指出的几个大扰动的范围。$\phi(\zeta)$ 的上述界限是在该范围内部的一个点上获得的，即 $s_i{}^* = 0.185\text{pu}$，$E'_{dri}{}^* = 0.85\text{pu}$，$E'_{qri}{}^* = 0.825\text{pu}$，$\omega_{mi}{}^* = 1.45\text{pu}$，$\omega_{Gi}{}^* = 1.42\text{pu}$，$\gamma_i{}^* = 125.5°$，$v_{dci}{}^* = 0.86\text{pu}$，$v_{sci}{}^* = 0.845\text{pu}$，$m_i{}^* = 0.425\text{pu}$ 和 $\alpha_i{}^* = 22.5°$，$i = 1,2$。虽然所设计控制器并不是全局稳定的，但我们知道它在一个包括大多数故障系统运行情况的大工作范围内是稳定的。

从所设计子系统 1 的九阶控制器的伯德图（如图 7.43 所示）可以看出，该控制器具有可行的低频增益和合适的截止频率。其他控制器的伯德图具有相似的特征。

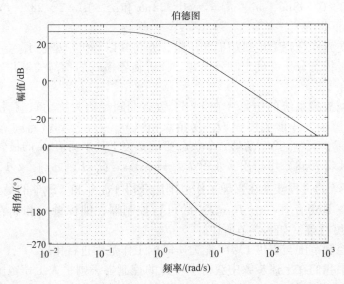

图 7.43　子系统 1 的 STATCOM/ESS 控制器调制指数与端电压的传递函数的伯德图

7.8.5　控制器性能评估

本书将风力发电机的 FRT 能力表述为电压和暂态稳定裕度。电压稳定裕度是指工作电压和临界电压（V_{cr}）之间的差值。暂态稳定裕度是指特定故障持续时间后的速度与发电机的临界速度（CS）之间的差异。CS 由指定系统的转矩 - 速度曲线与机械转矩之间的交点给出[54]。临界电压可以从 $P - V$ 曲线获得[55]。电力系统的稳定性分析可以考虑为给定故障确定其临界切除时间（CCT），以便找到故障后系统稳定的 CCT 的最大值。在这项研究中，首先通过使用式（7.87）估计 CCT，随后根据仿真确定确切值，在这些仿真中通过增加故障时间间隔直到系统失去稳定性获得[74]。

$$t_c = \frac{1}{T_m} 2H_m(s_c - s_0) \tag{7.87}$$

式中，s_c 是发电机的 CS。

在本书中，控制器是使用 Matlab 设计的，随后用非线性动态模型进行了仿真。所设计控制器的性能在以下情况下进行了测试，见表 7.8。

表 7.8 所设计的控制器基于 PI 的 STATCOM/ESS 控制器的性能比较

STATCOM/ESS/(MV·A)	所设计的控制器			基于 PI 的 STATCOM/ESS 控制器		
150MV·A/95F	CS（pu）	CCT/s	V_{cr}（pu）	CS（pu）/s	CCT/s	V_{cr}（pu）
150 MV·A/95F	1.35	0.165	0.605	1.315	0.140	0.625

7.8.6 电压的升高和暂态稳定裕度

对模拟图 7.39 中的系统执行了仿真研究，其目的是评估用所提出的基于 PI 的 STATCOM/ESS 控制器可实现的暂态和电压稳定性极限。见表 8.1，对于 150MV·A STATCOM 和 95F，19kJ 超级电容器的三相故障，所设计控制器的 CCT 和 CS 分别为 0.165s 和 1.35pu，而经整定的 PI 控制器的 CCT 和 CS 分别为 0.140s 和 1.315pu[69]。在这种情况下，整定（试凑法）PI 控制器的增益为 $K_P = 0.28$ 和 $K_I = 20.45$。可以得出结论，STATCOM/ESS 控制的有功功率和无功功率的适当组合是提高相关基于 IG 的 WT 稳定性和增强其 FRT 能力的有效方法。

为了评估所设计控制器的性能，在系统非线性和工作条件下，对母线 11 上的对称三相故障进行详细仿真，然后在 150ms 后将其切除。图 7.44 和图 7.45 分别显示出带有传统 PI 控制器的风电场 WF₁ 和所提出的 STATCOM/ESS 控制器的速度响应和端电压。

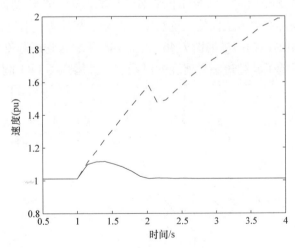

图 7.44 母线 11 上三相故障的速度响应（实线：所设计的控制器；
虚线：基于 PI 的 STATCOM/ESS 控制器）

在故障期间，风力发电机会加速，这是因为它不再能够产生足够的电磁转矩以平衡来自风力的机械转矩（明显不受电网故障影响）。当故障被切除时，在所

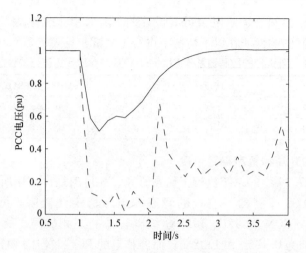

图 7.45　母线 11 上三相故障的端电压（实线：所设计的控制器；
虚线：基于 PI 的 STATCOM/ESS 控制器）

提议的控制下的发电机速度约为 1.15pu，而 PI 控制的发电机速度为 1.6pu。使用 PI 控制器的重合时间、速度和电压大于相应的 CCT、CS 和临界电压。通过 PI 控制器可以看出，端电压无法恢复，而异步发电机继续加速直到系统失去稳定性。

在电压明显骤降期间，所提出的鲁棒 STATCOM/ESS 控制的鲁棒响应允许 PCC 上的电压保持受限，从而使系统稳定。对于三相故障，对所设计 WF$_1$ STATCOM 控制器应用的控制措施如图 7.46 和图 7.47 所示。它还避免了 WT 速度的大幅增加，从而降低了其超过临界速度的可能性，并增强了 FRT 能力。

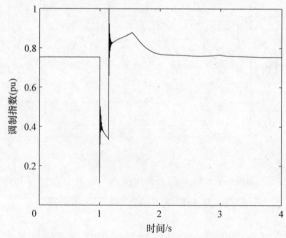

图 7.46　带有所设计控制器的母线 11 上三相故障的控制措施

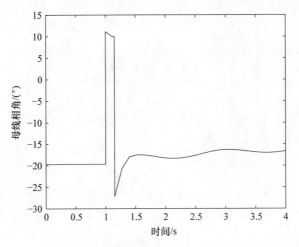

图 7.47　带有所设计控制器的母线 11 上三相故障的控制措施

7.8.7　低电压期间的有功和无功输出功率

在这种情况下，考虑电压恢复分析的苛刻条件，图 7.39 中母线 7 与 8 之间线路断开。图 7.48 所示为由于线路 7—8 中断 150ms 而产生的有功输出功率，由此可以看出，在故障期间，使用所设计的控制的风电场 WF_2 提供其额定功率的 82%，但使用 PI 控制则提供其额定功率的 72%。

图 7.49 展示了风电场 WF_2 吸收的无功功率和母线 32 上所设计 STATCOM/ESS 控制器的无功输出功率。可以看出，控制器的无功输出功率完全符合风电场 WF_2 的要求。从图 7.48 可以看出，PI 控制器在故障后引起振荡行为。所设计控制器在振荡、建立时间和阻尼方面性能有所改进。

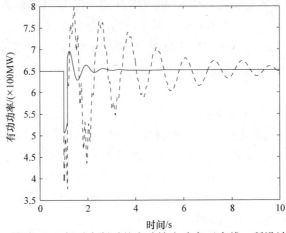

图 7.48　线路 7—8 暂时中断时的有功输出功率（实线：所设计控制器；
虚线：基于 PI 的 STATCOM/ESS 控制器）

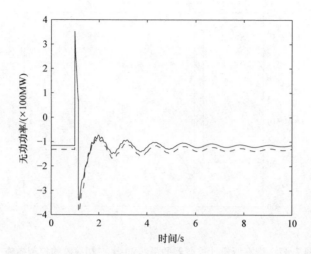

图 7.49　线路 7—8 暂时中断时的无功输出功率（实线：WF$_2$ 吸收的无功功率；
虚线：所设计 STATCOM/ESS 控制器供应的无功功率）

7.8.8　与标准 LVRT 要求的比较

互联标准因不同国家或美国个别省份或州而异，具体取决于当地的电网特性和公用事业的具体要求。关于 LVRT，联邦能源管理委员会要求风电场在任何三相故障期间保持服务，而该故障会导致在电网的高压 PCC 处所测量的输电电压低至 0V，并且通常在没有从输电系统分离风电场的情况下进行切除。典型的 FRT 要求规定风电场与电网保持连接，以使电压水平低至标称电压的 5%（持续长达 300ms）[53]。

图 7.50 所示为带有所设计的 STATCOM/ESS 控制器（持续 300ms 的零电压）的风电场 WF$_2$ 的端电压，从中可知，所设计的控制器显然能够满足 LVRT 能力的标准要求。从图 7.51a、b 中可以更清楚地看到在 LVRT 暂态期间提供稳定性的原因，所设计的控制器提供的控制范围显然大于 LVRT 所需的范围，对于其他状态变量也是如此。

7.8.9　不同运行条件下的性能

虽然控制器是为额定运行条件而设计，但所设计的控制器在不同的负荷条件下均表现良好。这是通过使用本研究中提出的控制算法使控制器获得广泛的运行区域实现的。图 7.52 和图 7.53 所示为由于负荷增加 10% 而产生的 PCC 电压和有功功率输出，从中可清楚地看到控制器在不同的平衡点使系统稳定。

7.8.10　添加超级电容器的影响

为了测试添加超级电容器的影响，使用 STATCOM/ESS 和仅 STATCOM 分别进行了仿真。1s 时在线路 16—17 的中间应用了三相故障，接着在 140ms 后通过

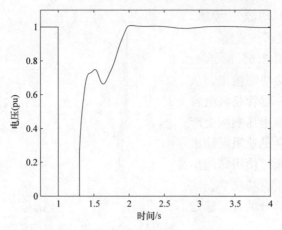

图 7.50　零电压持续 300ms 的端电压

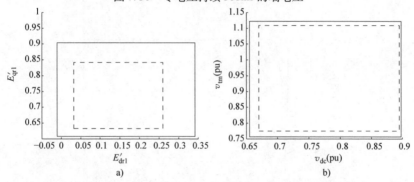

a)　　　　　　　　　　　　　　　b)

图 7.51　工作和控制区 Ω（实线：LVRT 暂态期间的控制区；虚线：其间工作区）

a）d 轴与 q 轴暂态电动势的关系　b）电容器电压与端电压的关系

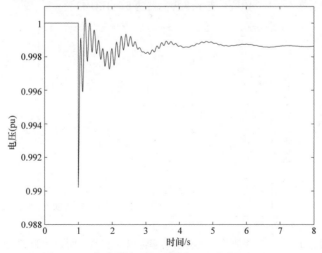

图 7.52　负荷增加 10% 时的 PCC 电压（WF_1）

打开线路 16—17 切除了故障。150ms 后再次恢复了该线路。

图 7.54 和图 7.55 所示为 WF$_2$ 的电压和有功功率输出，从中可清楚地看到，尽管超级电容器的增加不会在端电压响应上产生显著差异，但会迅速阻尼输出功率中的振荡。通过使用储能型超级电容器控制了有功功率，这对提高系统其他部分的暂态稳定性很有效。

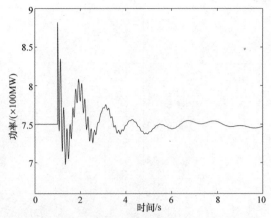

图 7.53　负荷增加 10% 时的有功输出功率（WF$_1$）

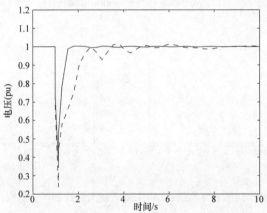

图 7.54　线路 16—17 三相故障时的电压响应（实线：带有 ESS 控制器设计的 STATCOM；虚线：无 ESS 控制器的 STATCOM）

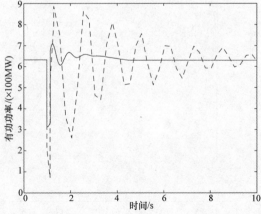

图 7.55　线路 16—17 三相故障时的有功功率输出（实线：所设计的 STATCOM/ESS；虚线：无 ESS 控制器的 STATCOM）

7.9　本章小结

本章介绍增加风力发电和 STATCOM 额定值对风电场 FRT 能力的影响。据观察，临界速度和电压以及 FRT 能力随着 FSIG 的并网而降低。另一方面，具有较高额定 STATCOM 的系统能具有较强的 FRT 能力。仿真结果表明，由电力系统扰动激活的快速桨距控制策略可显著提 WT 的动态稳定性和连接网络的电压稳定性。在整个故障期间通过桨距来减少可用风电以减小风力发电机机械输入转矩，可防止风力发电机超速，并使其保持稳定以及与电力系统保持连接。

本章介绍了已开发的四种不同的控制方案来控制 STATCOM。仿真研究表明，STATCOM 显著降低了风速变化引起的电压波动，并增强了 WTGS 的 FRT 能力。STATCOM/ESS 与传统 STATCOM 相比具有更高的灵活性，且由于有功功率能力提供了额外的控制自由度，其阻尼能力得到了改善。

参 考 文 献

1. Blaabjerg F, Chen Z, Kjaer SB (2005) Power electronics as efficient interface in dispersed power generation systems. IEEE Trans Power Syst 19(5):1184–1194
2. IEA Wind Energy Annual Report 2005 (2006) International Energy Agency (IEA). Technical report
3. Holttinen H, Pedersen J (2003) The effect of large-scale wind power on a thermal system operation. In: Proceedings of 4th international workshop on large-scale integration of wind power and transmission networks for offshore wind farms, Stockholm, Sweden, pp E1–E7
4. Chen Z, Blaabjerg F (2009) Wind farm a power source in future power systems. Renew Sustain Energy Rev 13(6–7):1288–1300
5. Johnson GL (2004) Wind energy systems. Prentice-Hall, Manhattan
6. Rathi MR, Mohan N (2005) A novel robust low voltage and fault ride through for wind turbine application operating in weak grids. In: 31st annual conference of IEEE Industrial Electronics Society, pp 2481–2486
7. Roy NK, Pota HR, Hossain MJ (2013) Reactive power management of distribution networks with wind generation for improving voltage stability. Renew Energy 58:85–94
8. Hossain MJ, Pota HR, Ramos RA (2011) Robust STATCOM control for the stabilisation of fixed speed wind turbines during low voltages. Renew Energy 36(11):2897–2905
9. Chen Z, Hu Y, Blaabjerg F (2007) Stability improvement of induction generator-based wind turbine systems. IET Renew Power Gener 1(1):81–93
10. Roy NK, Pota HR, Hossain MJ (2013) A cost-effective approach for fast voltage recovery of power distribution networks with wind generators. Int J Sustain Energy. doi:10.1080/14786451.2013.767803
11. Molinas M, Suul JA, Undeland T (2006) Wind farms with increased transient stability margin provided by a STATCOM. In: IEEE 5th international conference on power electronics and motion, control, pp 1–7
12. Molinas M, Suul JA, Undeland T (2007) Improved grid interface of induction generators for renewable energy by use of STATCOM. In: International conference on clean electrical, power, Capri, pp 215–222
13. Muyeen SM, Mannan MA, Ali MH, Takahashi R, Murata T, Tamura J (2005) Stabilization of grid connected wind generator by STATCOM. In: International conference on power electronics and drives systems, vol 2. Kuala Lumpur, Malaysia, pp 1584–1589
14. Qi L, Langston J, Steurer M (2008) Applying a STATCOM for stability improvement to an

existing wind farm with fixed-speed induction generators. In: IEEE power and energy society general meeting—conversion and delivery of electrical energy in the 21st Century, Pittsburgh, PA, pp 1–6

15. Molinas M, Suul JA, Undeland T (2008) Low voltage ride through of wind farms with cage generators: STATCOM versus SVC. IEEE Trans. Power Electron 23(3):1104–1117

16. Mahmud MA, Pota HR, Hossain MJ (2013) Nonlinear DSTATCOM controller design for distribution network with distributed generation to enhance voltage stability. IEEE J Photovoltaics. doi:10.1109/JPHOTOV.2013.2281721

17. Aziz T, Hossain MJ, Saha TK, Mithulananthan N (2013) Var planning with tuning of statcom in a DG integrated industrial system. IEEE Trans Power Delivery 28(2):875–885

18. Griffo A, Lauria D (1990) Series connected PWM GTO current/source convertor with symmetrical phase angle control. IEE Proc B, Electric Power Appl 137(1):205–212

19. Blaabjerg F, Teodorescu R, Liserre M, Timbus AV (2006) Overview of control and grid synchronization for distributed power generation systems. IEEE Trans Ind Electron 53(5):1398–1409

20. Hossain MJ, Pota HR, Ugrinovski V, Ramos RA (2009) Robust STATCOM control for the enhancement of fault ride-through capability of fixed-speed wind generators. In: IEEE multi-conference on systems and control, Saint Petersburg, Russia, pp 1505–1510

21. Shen C, Yang Z, Crow ML, Atcitty S (2000) Control of STATCOM with energy storage device. In: IEEE power Engineering Society winter meeting, vol 4. Singapore, pp 2722–2728

22. Kraan I, Bongers PMM (1993) Control of a wind turbine using several linear robust controllers. In: Proceedings of the 32nd IEEE conference on decision and control, vol 2. San Antonlo, Texas, pp 1928–1929

23. Jauch C, Islam SM, Sorensen P, Jensen BB (2007) Design of a wind turbine pitch angle controller for power system stabilisation. Renew Energy 32(14):2334–2349

24. Hossain MJ, Pota HR, Ugrinovskii V, Ramos RA (2009) Excitation control for large disturbances in power systems with dynamic loads. In: IEEE Power and Energy Society general meeting, Calgary, Canada, pp 1–8

25. Hossain MJ, Pota HR, Ramos RA (August 2012) Improved LVRT capability of fixed-speed wind turbines with decentralized STATCOM/ESS control. IET Gener Transm Distrib 6(8):719–730

26. Muyeen SM, Takahashi R, Murata T, Tamura J, Ali MH (2009) Application of STATCOM/BESS for wind power smoothening and hydrogen generation. Electric Power Syst Res 79(2):365–373

27. Kuiava R, Ramos RA, Bretas NG (2009) Control design of a STATCOM with energy storage system for stability and power quality improvements. In: IEEE international conference on industrial technology, Victoria, Australia, pp 897–902

28. Abdin ES, Xu W (2000) Control design and dynamic performance analysis of a wind turbine-induction generator unit. IEEE Trans Energy Convers 15(1):91–96

29. Akhmatov V, Knudsen H, Nielsen AH, Pedersen JK, Poulsen NK (2003) Modeling and transient stability of large wind farms. Int J Electric Power Energy Syst 25(2):123–144

30. Bianchi F, Mantz R, Christiansen C (2005) Gain scheduling control of variable speed wind energy conversion systems using quasi-LPV models. Control Eng Pract 13(2):247–255

31. Peng L (2004) Study on the voltage stability of induction motor load. IEEE PES Power Syst Conf Exposition 1:10–13

32. Chedid R, Mrad F, Basma M (1999) Intelligent control of a class of wind energy conversion systems. IEEE Trans Energy Convers 14(4):1597–1604

33. Li P, Keung PK, Ooi BT (2009) Development and simulation of dynamic control strategies for wind farms. IET Renew Power Gener 3(2):180–189

34. Connor B, Leithead WE, Grimble M (1994) LQG control of a constant speed horizontal axis wind turbine. In: Proceedings of the third IEEE conference on control applications, vol 1. Glasgow, pp 251–252

35. Shaked U, Soroka E (1985) On the stability robustness of the continuous time LQG optimal control. IEEE Trans Autom Control 30(9):1039–1043

36. Sakamoto R, Senjyu T, Kaneko T, Urasaki N, Takagi T, Sugimoto S, Sekine H (2006) Output

power leveling of wind turbine generator by pitch angle control using H_∞ control. In: IEEE PES power systems conference and exposition, Atlanta, GA, pp 2044–2049

37. Senjyu T, Kikunaga Y, Yona A, Sekine H, Saber AY, Funabashi T (2008) Coordinate control of wind turbine and battery in wind power generator system. In: IEEE Power and Energy Society general meeting, vol 2. Pittsburgh, PA, pp 1–7

38. Qiao W, Harley RG (2007) Power quality and dynamic performance improvement of wind farms using a STATCOM. In: IEEE power electronics specialists conference, Orlando, FL, pp 1832–1838

39. Guo Y, Hill DJ, Wang Y (2000) Nonlinear decentralized control of large-scale power systems. Automatica 36(9):1275–1289

40. Trinh H, Aldeen M (1991) Decentralized load-frequency control of interconnected power systems. In: International conference on advances in power system control, operation and management, Hong Kong, pp 815–820

41. Yeung L, Gouping L, Nobakhti A, Ho D, Wang H (2007) Large scale system decentralized controller design based on locally imposed decomposition constraints. In: American control conference, New York, USA, pp 1473–1478

42. Hossain MJ, Pota HR, Ugrinovskii V, Ramos RA (2010) Decentralized control to augment LVRT capability of wind generatorswith statcom/ess. In: IEEE Power and Energy Society general meeting, Minnesota, USA, pp 1–8

43. Kamwa I, Grondin R, Hebert Y (2001) Wide-area measurement based stabilizing control of large power systems-a decentralized/hierarchical approach. IEEE Trans Power Syst 16(1):136–153

44. Ilic M, Zaborszky J (2000) Dynamics and control of large electric power systems. Wiley, New York

45. Siljak DD, Zecevic AI, Neskovic G (2004) Robust decentralized exciter control with linear feedback. IEEE Trans Power Syst 19(2):1096–1103

46. Siljak DD, Stipanovic DM, Zecevic AI (2002) Robust decentralized turbine/governor control using linear matrix inequalities. IEEE Trans Power Syst 17(2):715–722

47. Suul JA, Molinas M, Undeland T (2010) STATCOM-based indirect torque control of induction machines during voltage recovery after grid faults. IEEE Trans Power Electron 25(5):1240–1250

48. El-Moursi MS, Bak-Jensen B, Abdel-Rahman MH (2010) Novel STATCOM controller for mitigating SSR and damping power system oscillations in a series compensated wind park. IEEE Trans Power Electron 25(2):429–441

49. Rahimi M, Parniani M (2010) Efficient control scheme of wind turbines with doubly fed induction generators for low-voltage ride-through capability enhancement. IET Renew Power Gener 4(3):242–252

50. Hossain MJ, Pota HR, Ugrinovskii V, Ramos RA (2010) Simultaneous STATCOM and pitch angle control for improved LVRT capability of fixed-speed wind turbines. IEEE Trans Sustain Energy 1(3):142–152

51. Guo Y, Hill DJ, Wang Y (2001) Global transient stability and voltage regulation for power systems. IEEE Trans Power Syst 16(4):678–688

52. Hossain MJ, Pota HR, Ugrinovskii V, Ramos RA (2009) A robust STATCOM control to augment lvrt capability of fixed-speed induction generators. In: 48th IEEE conference on decision and control, Shanghai, China, pp 1–8

53. Bary D (2004) Increasing renewable accessibility in ireland. 9th World Energy Congr, 1–10

54. Akhmatov V, Knudsen H, Bruntt M, Nielsen A, Pedersen JK, Poulsen NK (2000) A dynamic stability limit of grid-connected induction generator. In: International conference on power and energy systems, pp 235–244

55. Cutsem TV, Vournas C (1998) Voltage stability of electric power systems. Kluwer Academic, Norwell

56. Ugrinovskii VA, Petersen IR (2001) Minimax LQG control of stochastic partially observed uncertain systems. SIAM J Control Optim 40(4):1189–1226

57. Petersen IR, Ugrinovskii VA, Savkin AV (2000) Robust control design using H_∞ methods.

Springer, London

58. Giroux P, Sybille G, Le-Huy H (2001) Modeling and simulation of a distribution STATCOM using simulink's power system blockset. In: 27th annual conference of the IEEE Industrial Electronics Society, pp 990–996

59. Garulli A, Tesi A, Vicino A (1999) Robustness in identification and control. Springer, New York

60. Fernandez L, Garcia C, Saenz JR, Jurado F (2009) Equivalent models of wind farms by using aggregated wind turbines and equivalent winds. Energy Convers Manage 50(3):691–704

61. Savkin AV, Petersen IR (1995) Nonlinear versus linear control in the absolute stabilisability of uncertain linear systems with structured uncertainty. IEEE Trans Autom Control 40(1):122–127

62. Moheimani SR, Savkin AV, Petersen IR (1995) A connection between H_∞ control and the absolute stabilizability of discrete-time uncertain linear systems. Automatica 31(8):1193–1195

63. Hiskens IA. Power system test cases. http://psdyn.ece.wisc.edu/IEEE_benchmarks/

64. Germond AJ, Podmore R (1978) Dynamic aggregation of generating unit models. IEEE Trans Power Apparatus Syst PAS-97(4):1060–1069

65. Pal BC, Coonick AH, Macdonald DC (2000) Robust damping controller design in power systems with superconducting magnetic energy storage devices. IEEE Trans Power Syst 15(1):320–325

66. Werner H, Korba P, Yang TC (2003) Robust tuning of power system stabilizers using LMI-techniques. IEEE Trans Control Syst Technol 11(1):147–152

67. Ackermann T (2005) Wind power in power systems. Wiley, England

68. Hossain MJ, Pota HR, Ugrinovski V (2008) Short and long-term dynamic voltage instability. In: 17th IFAC world congress, Seoul, Korea, pp 9392–9397

69. Srithorn P, Sumner M, Yao L, Parashar R (2008) A STATCOM with supercapacitors for enhanced power system stability. In: 4th IET conference on power electronics, machines and drives. London, pp 96–100

70. Li L, Ugrinovskii VA, Orsi R (2007) Decentralized robust control of uncertain markov jump parameter systems via output feedback. Automatica 43(11):1932–1944

71. Li L, Petersen IR (2007) A rank constrained LMI algorithm for the robust H_∞ control of an uncertain system via a stable output feedback controller. In: 46th IEEE conference on decision and control New Orleans, LA, pp 5423–5428

72. Li L, Ugrinovskii VA (2007) On necessary and sufficient conditions for H_∞ output feedback control of markov jump linear systems. IEEE Trans Autom Control 52(7):1287–1292

73. Orsi R (2005) LMIRank : software for rank constrained LMI problems. http://rsise.anu.edu.au/robert/lmirank/

74. Hemeida AM (2009) Improvement of voltage stability and critical clearing time for multi-machine power systems using static var compensator. ICGST-ACSE 9(2):41–47

第8章

互联电力系统中双馈异步发电机的低电压穿越能力

摘要 本章介绍了一种新的控制方案，用于提高双馈异步发电机（DFIG）的低电压穿越（LVRT）能力。LVRT是通过扩大受控系统的运行范围以适应典型的故障后状况。同步控制器设计用于使用线性二次型（LQ）分散式控制策略的两个换流器。在本文中，电力系统的非线性行为由从泰勒级数展开式的柯西余项导出的不确定项表示，遗传算法用于计算不确定性的界限，且由该设计产生的鲁棒控制器提供了可接受的性能以增强电压和暂态稳定裕度，从而限制了转子电流的振荡、峰值以及在严重故障期间运行风电场所需的直流母线电压波动。所设计的控制器的性能通过测试系统上的大扰动仿真得到证明。

8.1 简介

过去，当公共耦合点（PCC）或风电场附近出现故障时，大多数风电场都会断开连接[1]。不过随着技术的进步和DFIG机组的推出，不再需要断开风电场连接，因为它们具有控制有功功率和无功功率的固有能力。这种能力可用于设计鲁棒控制以满足当前的并网规范要求。在并网规范要求中，LVRT是基于DFIG机组的风电场的重要相关问题之一[2]。DFIG的定子通过变压器而转子通过连排式功率换流器连接到电网。

由于局部的功率换流器、基于DFIG的风力机（WT）对电网扰动非常敏感，尤其是电网故障期间的电压骤降[3-5]。电力系统中的故障，即使远离WT的位置，也会在发电机的连接点处引起电压骤降。这种电压的突然下降将导致转子绕组中的过电流和功率换流器直流母线中的过电压。通常，转子的电流限制为2pu，而直流母线电压限制为其标称值（1pu）的1.2倍[6,7]。另外，电压骤降会导致风力发电机超速，从而威胁其安全运行。现有的LVRT策略可以分为两种主要类型：主动控制策略和包含附加硬件保护设备的被动方案。

文献中已经提出了包括硬件修改[8]的几种LVRT控制方案，例如crowbar方法[9,10]、虚拟电阻策略[11]、动态制动电阻[12]和DFIG换流器控制。LVRT的一些主动控制策略是：文献［13］中针对电压源换流器（Voltage Source Coverter,

VSC）的间接矩阵换流器控制策略，用于提高 DFIG 的动态稳定性；文献[6, 14]中的协调控制方法，用于满足基于 DFIG 的风力发电机中 LVRT 能力的要求；文献 [15] 中的鲁棒控制技术；电流传感控制[16]；先进控制方法[17]、内模控制[18]和文献 [19 - 21] 中用于提高系统稳定性的预测控制方法。不过这些方法并没有考虑电力系统固有的非线性和风电场之间的交互。由于大扰动期间 DFIG 换流器控制的主要难题是系统的非线性行为，因此必须在多机电力系统控制器的设计中考虑到这一点及其互联效应。另外，必须量化系统得以保持闭环稳定性的平衡点周围的运行区域。

为了提高 DFIG 的 LVRT 能力，还使用了非线性控制策略[22, 23]。使用了具有非线性反馈线性化技术的非线性模型，而不是换流器控制设计中常见的线性化模型。优点是它们不像线性化模型那样依赖于运行条件。尽管非线性控制器可以显著提高电力系统的暂态稳定性，但它们通常具有更复杂的结构，且在实践中难以实现。优选线性控制器，易于设计和实现的方法。

线性控制器的运行范围有限，通常不包括故障后电压条件，且实现 LVRT 能力的难点在于电力系统模型中的非线性特性[24, 25]。在故障期间及故障后操作中，系统状态可能明显远离期望的平衡点。在大多数情况下，故障后不受控制的系统具有不稳定的故障后轨迹。LVRT 问题的一种解决方案是设计全局稳定控制器[26]。不过它们通常需要全状态反馈，且其鲁棒性不足以处理建模不确定性。另一种方案是使用线性控制器，这对于变化工作条件下线性模型的变化具有鲁棒性，是基础非线性模型的必要结果。

如上所述，鲁棒控制器存在于电力系统中，但很少能够系统地提供鲁棒性以抵抗 LVRT 所需的大偏差。在本章中，我们介绍了一种可用于设计线性控制器的方法，该控制器的鲁棒性足以适应故障后的低电压条件。介绍了鲁棒分散式控制器的设计，该设计在严重系统故障引起失稳的情况下增强动态电压和暂态稳定性。设计的方法中的鲁棒性通过使用均值和柯西余项的非线性模型的精确线性化得以扩展。

本章的组织结构如下：8.2 节提供了在研究中的电力系统设备的数学建模；8.3 节介绍了测试系统和控制目标；8.4 节描述了线性化技术和获得非线性项的界限的过程；8.5 节讨论了采用秩约束 LMI 技术的分散式 LQ 输出反馈控制器设计程序；8.6 节介绍了控制设计算法；8.7 节则是关于通过一系列的仿真结果来演示控制器的性能；8.8 节给出了结论。

8.2 电力系统模型

本节介绍本章中所用设备的动态模型。本章使用单轴三阶同步发电机模型和 IEEE - ST1A 型励磁系统[27]。WT 的非线性模型由图 8.1 所示的各种模块组成，有基于空气动力学的静态模型、传动系统的二质量模型、发电机的三阶模型、带有直流母线电容器的电网侧换流器（Grid Side Converter，GSC）、桨距控制器和转子侧换流器（Rotor Side Converter，RSC）。

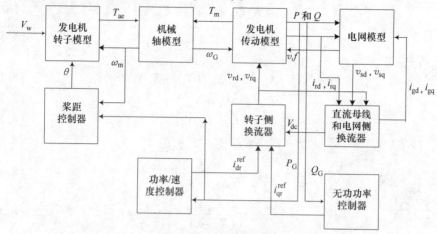

图 8.1　DFIG WT 系统框图

通过转子的有效风速给第 i 个风力发电机的转子施加的气动转矩为[28]

$$T_{aei} = \frac{\rho_i}{2\omega_{mi}} A_{wti} c_{pi}(\lambda_i, \theta_i) V_{wi}^3, \tag{8.1}$$

式中，$i = 1, \cdots, n$，表示风力发电机的数量；$\lambda_i = \dfrac{\omega_{mi} R_i}{V_{wi}}$。

连接到 WT 的传动系统将转子上的气动转矩 T_{aei} 转换成低速轴上的转矩，通过变速箱成比例缩小为高速轴扭矩。本章使用了风力发电机系统（WTGS）的二质块传动系模型，因为传动系统建模可以令人满意地再现 WTGS 的动态特性。第 i 轴的动态表示为[28]

$$\dot{\omega}_{mi} = \frac{1}{2H_{mi}} [T_{aei} - K_{si}\gamma_i - D_{mi}\omega_{mi}] \tag{8.2}$$

$$\dot{\omega}_{Gi} = \frac{1}{2H_{Gi}} [K_{si}\gamma_i - T_{ei} - D_{Gi}\omega_{Gi}] \tag{8.3}$$

$$\dot{\gamma}_i = 2\pi f(\omega_{mi} - \frac{1}{N_{gi}}\omega_{Gi}) \tag{8.4}$$

DFIG 的暂态模型由以下等式描述[29]：

$$\dot{s}_i = \frac{1}{2H_{Gi}} [T_{ei} - T_{mi}] \tag{8.5}$$

$$\dot{E}'_{qri} = -\frac{1}{T'_{oi}} [E'_{qri} - (X_i - X'_i)i_{dsi}] - s_i\omega_s E'_{dri} - \omega_s v'_{dri} \tag{8.6}$$

$$\dot{E}'_{dri} = -\frac{1}{T'_{oi}} \left[E'_{dri} + (X_i - X'_i) i_{qsi} \right] + s_i \omega_s E'_{qri} + \omega_s v'_{qri} \qquad (8.7)$$

$$v_{dsi} = R_{si} i_{dsi} - X'_i i_{qsi} + E'_{dri} \qquad (8.8)$$

$$v_{qsi} = R_{si} i_{dsi} + X'_i i_{dsi} + E'_{qri} \qquad (8.9)$$

$$v_{ti} = \sqrt{v_{dsi}^2 + v_{qsi}^2} \qquad (8.10)$$

其中

$$X'_i = X_{si} + X_{mi} X_{ri} / (X_{mi} + X_{ri}) \qquad (8.11)$$

$$X_i = X_{si} + X_{mi} \qquad (8.12)$$

$$T'_{oi} = (L_{ri} + L_{mi}) / R_{ri} \qquad (8.13)$$

$$T_{ei} = E_{dri} i_{dsi} + E_{qri} i_{qsi} \qquad (8.14)$$

$$v'_{dri} = \frac{v_{dri} X_{mi}}{(X_{mi} + X_{ri})} \qquad (8.15)$$

$$v'_{qri} = \frac{v_{qri} X_{mi}}{(X_{mi} + X_{ri})} \qquad (8.16)$$

直流母线动态由以下等式给出:

$$C_i v_{dci} \dot{v}_{dci} = -\frac{v_{dci}^2}{R_{lossi}} - P_{ri}(t) - P_{gi}(t) \qquad (8.17)$$

式中, 电阻 R_{lossi} 为换流器的总传导和开关损耗。且 $P_{ri}(t)$ 为转子瞬时输入功率, $P_{gi}(t)$ 为 GSC 的瞬时输出功率, 通过以下得到:

$$P_{ri} = v_{rdi} i_{rdi} + v_{rqi} i_{rqi} \qquad (8.18)$$

$$P_{gi} = v_{gdi} i_{gdi} + v_{gqi} i_{gqi} \qquad (8.19)$$

使用这种 DFIG 模型在下一节中提出了大型互联测试系统的控制策略。

8.3 测试系统和控制工作

新英格兰系统[30]的单线图如图 8.2 所示。为了测试提出的 LVRT 控制器的性能, 通过在母线 7、11、23 和 27 处连接四座风电场 (每座风电场的额定功率为 50MW) 对该新英格兰进行了改造。每台风力发电机在额定条件下提供 2MW 的功率, 每座风电场有 25 台风力发电机。改进后的系统网络由 10 个火力发电厂和 4 个风电场组成。传统发电、风力发电和该系统的总负荷分别为 5993.41MW、200MW 和 6150.5MW。风力发电机的参数在文献 [7] 中给出。本研究使用了聚合风力发电机[31]和同步发电机模型[32]来设计控制器, 并为每座风电场设计了分散式控制器。

互联标准因不同国家和美国个别省份或州而异, 具体取决于当地的电网特性和公用事业的具体要求。本书使用了如图 8.3 所示的由北美电气可靠性委员会 (NAERC) 和美国风能协会 (AWEA)[33]共同推荐的标准。根据该标准, 如果电

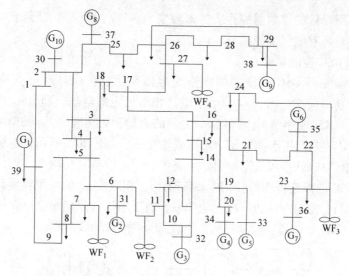

图 8.2　测试系统的单线图

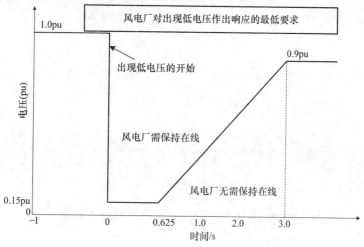

图 8.3　电网规范规定的电压限制标准

压保持在低至标称电压 15% 的水平上的持续时间不超过 0.625s，则电厂必须保持在线状态。爱尔兰也使用了类似标准[34]。尽管本项研究工作使用了该标准，但所设计的控制器也满足了一些其他并网规范和零电压穿越要求。

　　RSC 控制的功能是限制转子故障电流和增加定子磁链的阻尼，从而提高穿越能力。在正常条件下，图 8.4 所示的转子电流限制器（Rotor Current Limiter，RCL）（也称 crowbar 保护）无效。一旦检测到电压骤降，crowbar 就会被激活，转子侧换流器将运行以控制有功功率和无功功率。切除故障后，crowbar 将继续运行 150ms，以限制在切除故障时由于电压增加而产生的 DFIG 暂态[6]。不过在本研究中，所设计的控制器的性能在未触发 crowbar 的情况下得到了验证，因为未得到允许对所有电网都使用 crowbar。

GSC 和 RSC 控制策略如图 8.5 所示。GSC 控制的主要目标是保持直流电压恒定。RSC 需要由 GSC 提供的恒定直流电压来运行。GSC 通过直流母线提供 RSC 的有功功率需求。因为 GSC 用于维持相对恒定的电压，而 RSC 将接收几乎恒定的电源。RSC 还控制电网和 GSC 之间的有功和无功潮流。q 轴电流用于控制直流电压，d 轴电流用于调节无功功率或端电压。如图 8.5 所示，电流 i_{dgi} 和 i_{qgi} 通过 PI 控制器从 ΔV_{dci} 和 ΔV_{ti} 得到。始终优先考虑控制有功功率，以便检验器模块检查当 GSC 的额定值为 DFIG 的 25% 时，i_{dgi} 相对于 i_{qgi} 的可用容量。RSC 控制器通过 i_{qri} 和 i_{dri} 控制有功功率和无功功率。由于电压骤降期间难以保持直流母线电压恒定，因此可以通过限制直流电压波动来提供 LVRT 控制。

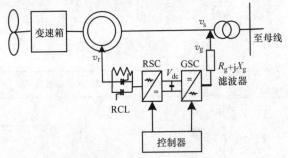

图 8.4　DFIG 的原理图

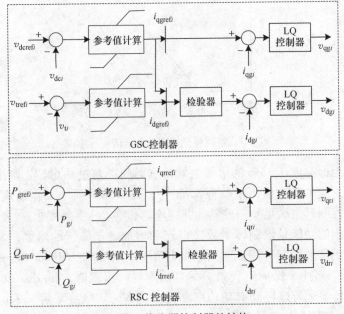

图 8.5　换流器控制器的结构

由于直流母线的动态是非线性的，所以传统的线性控制无法有效限制并网电压急剧下降时的直流电压。在设计的穿越方法中，考虑到 DFIG 的非线性，DFIG 通过控制有功功率和无功功率来提高电网稳定性。

直流和端电压的参考信号 v_{dcrefi} 和 v_{trefi} 被设定为恒定值（1pu），与 WT 运行模式无关。实际上，这些值完全取决于换流器的规格、定子—转子电压比和功率换流器的调制因子等因素。根据是否需要 DFIG 提供无功功率，RSC 的参考设定值 Q_{grefi} 可设置为零或非零值。在本章中，使用无功功率贡献的零值和非零值对控制器的性能进行测试。正常运行期间，有功功率设定点 P_{grefi} 由最大功率点跟踪（Maximum Power Point Tracking, MPPT）控制定义，如图 8.6 所示。但是在故障状态下，它由阻尼控制器确定，该阻尼控制器可以抑制传动系统中励磁的扭转振荡。

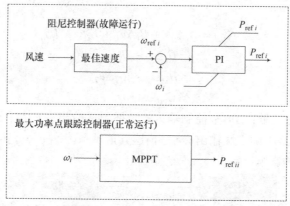

图 8.6 确定有功功率设定点

反馈信号和控制器的合理放置和选择，有助于满足控制目标。通过比较留数的方法找到用于控制器的最有效位置和最好的反馈信号，留数是模态可控性和可观测性格拉姆矩阵[35]的结果。模态可控性表示给定输入对所述模式的影响程度。模态可观度是对反馈信号中所包含模态信息的度量。它们是独立的，因此可以分开计算。通过比较所有位置上的留数来选择控制器位置。最好的输入和输出信号是为给定模式提供最大留数的信号。

根据发电机组的一致分类将测试系统划分为 6 个子系统：①WF_1；②WF_2；③WF_3；④WF_4；⑤$G_2 \sim G_7$；⑥G_1、$G_8 \sim G_{10}$。换流器控制器是子系统①~④的一部分，PSS 是子系统⑤和⑥的一部分。PSS 是使用如文献［36］所给出的标准过程设计的。对于子系统①~④，状态向量为 $\Delta x_i = [\Delta\omega_{mi}, \Delta\omega_{Gi}, \Delta\gamma_i, \Delta s_i, \Delta E'_{dri}, \Delta E'_{qri}, \Delta V_{dci}]^T$，$i = 1, 2, 3, 4$。对于 PSS，状态向量为 $u_i = \Delta V_{si}$ 和 $y_i = \Delta\omega_i$，其中 V_{si} 是 PSS 输出信号，而 ω_i 是同步发电机的转子速度。

控制器的结构如图 8.5 所示。控制器的输入和输出信号如图 8.5 所示。采用上述控制策略和 DFIG 的动态模型，下一节将解释控制设计的问题公式化。

8.4 问题描述

电力系统的线性化模型通常是通过使用泰勒级数展开关于平衡点的方程并仅保留线性项来获得的。在本章中，为了量化被忽略的高阶项，我们提出使用线性化方案，该方案以柯西余项的形式保留高阶项的贡献。风力发电机是一个非线性系统，其模型为一个线性部分加上一个非线性部分，非线性项是泰勒级数展开式中的柯西余项以及对风电场进行建模的方程。采用该柯西余项导出的界限来定义一个不确定的线性模型，为该模型执行鲁棒控制的设计。在本章的线性控制器设计中，柯西余项作为一个不确定项加入，从而量化了与平衡点的偏差。

每台风力发电机均被当成是图 8.7 所示的互联系统的一个子系统，并可以如下表示：

$$S_i : \quad \Delta \dot{x}_i = A_i \Delta x_i + B_i \Delta u_i + E_i \xi_i + L_i r_i \tag{8.20}$$

$$z_i = C_i \Delta x_i + D_i \Delta u_i \tag{8.21}$$

$$\zeta_i = H_i \Delta x_i + G_i \Delta u_i \tag{8.22}$$

$$y_i = C_{yi} \Delta x_i + D_{yi} \xi_i \tag{8.23}$$

式中，Δx_i 是状态向量；Δu_i 是控制输入；y_i 是测量输出；z_i 是受控输出；ξ_i 是不确定性输入；ζ_i 是不确定性输出；r_i 是描述其他子系统 S_1，$\cdots$，S_{i-1}，S_{i+1}，$\cdots$，S_N 对子系统 S_i 的影响。

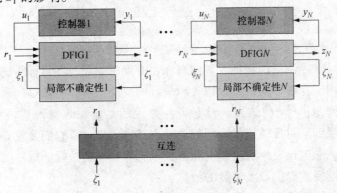

图 8.7　不确定性系统框图

下文描述了风力发电机子系统获得式（8.20）～式（8.23）中矩阵的过程和界限不确定性。

令（x_{i0}，u_{i0}）为兴趣区域中的任意点。使用中值定理，可以对风电场子系统①～④重写如下[37]：

$$\dot{x}_i = f_i(x_{i0}, u_{i0}) + P_i(x_i - x_{i0}) + Q_i(u_i - u_{i0})$$

$$+ \sum_{\substack{j=1 \\ j \neq i}}^{n} N_i (x_j - x_{j0}) \tag{8.24}$$

其中柯西余项是

$$P_i = \begin{bmatrix} \dfrac{\partial f_{i1}}{\partial x_i} \Big|_{\substack{x_i = x_i^{*1} \\ u_i = u_i^{*1}}} \\ \vdots \\ \dfrac{\partial f_{i7}}{\partial x_i} \Big|_{\substack{x_i = x_i^{*7} \\ u_i = u_i^{*7}}} \end{bmatrix}, Q_i = \begin{bmatrix} \dfrac{\partial f_{i1}}{\partial u_i} \Big|_{\substack{x_i = x_i^{*1} \\ u_i = u_i^{*1}}} \\ \vdots \\ \dfrac{\partial f_{i7}}{\partial u_i} \Big|_{\substack{x_i = x_i^{*7} \\ u_i^* = u_i^{*7}}} \end{bmatrix}$$

$$N_i = \begin{bmatrix} \dfrac{\partial f_{i1}}{\partial x_j} \Big|_{\substack{x_i = x_i^{*1} \\ u_i = u_i^{*1}}} \\ \vdots \\ \dfrac{\partial f_{i7}}{\partial x_j} \Big|_{\substack{x_i = x_i^{*7} \\ x_i = u_i^{*7}}} \end{bmatrix}$$

式中，x_i 是 1×7 列向量；$f_i = [f_{i1}, \cdots, f_{i7}]^T$ 也是由式（8.2）~式（8.7）和式（8.17）的右侧组成的 1×7 列向量；(x_i^{*p}, u_i^{*p})，$p = 1, \cdots, 7$，表示位于线段连接点上的点 (x_i, u_i) 和 (x_{i0}, u_{i0})。式（8.24）是系统的精确重构，其中第一项是平衡点处 f_i 的值（通常为零），其余项是柯西余项。柯西余项也可以是线性的，但它们必须在连接平衡点和当前运行点的线段上的点进行评估，而不是在平衡点上进行评估。

应该注意 x_i^{*p} 和 u_i^{*p} 的精确值不可用，因此，控制设计中不使用系统式（8.24）中 P_i、Q_i 和 N_i 的精确表达式，而使用所取得的它们的界限。

令 (x_{i0}, u_{i0}) 为平衡点并定义 $\Delta x_i \triangleq x_i - x_{i0}$ 和 $\Delta u_i \triangleq u_i - u_{i0}$，可以将式（8.24）重写如下：

$$\begin{aligned} \dot{\Delta x_i} &= \dot{x_i} - \dot{x_{i0}} \\ &= P_i (x_i - x_{i0}) + Q_i (u_i - u_{i0}) + \sum_{\substack{j=1 \\ j \neq i}}^{n} N_i (x_j - x_{j0}) \\ &= A_i \Delta x_i + B_i \Delta u_i + (P_i - A_i) \Delta x_i \\ &\quad + (Q_i - B_i) \Delta u_i + \sum_{\substack{j=1 \\ j \neq i}}^{n} N_i \Delta x_j \end{aligned} \tag{8.25}$$

式中，$A_i = \dfrac{\partial f_i}{\partial x_i} \Big|_{\substack{x_i = x_{i0} \\ u_i = u_{i0}}}$ 和 $B_i = \dfrac{\partial f_i}{\partial u_i} \Big|_{\substack{x_i = x_{i0} \\ u_i = u_{i0}}}$ 是评估此点 $\{x_{i0}, u_{i0}\}$ 的雅可比矩阵，系统式（8.25）是一种允许应用 LQ 控制设计技术[38]的形式。为了应用该技术，

我们根据图 8.7 所示的框图来重写系统式（8.25）。

我们引入信号 ξ_i，如此可满足以下关系：

$$(P_i - A_i)\,\Delta x_i + (Q_i - B_i)\,\Delta u_i = E_i\,\xi_i \tag{8.26}$$

其中

$$E_i = \mathrm{diag}\left(\frac{1}{2H_{mi}}, \frac{1}{2H_{Gi}}, 1, \frac{1}{2H_{Gi}}, \frac{X_i - X_i'}{T_{oi}'}, \frac{X_i - X_i'}{T_{oi}'}, \frac{1}{C_i R_{lossi}}\right)$$

我们可将式（8.26）写成

$$\xi_i = E_i^{-1}(P_i - A_i)\,\Delta x_i + (Q_i - B_i)\,\Delta u_i \tag{8.27}$$

$$= E_i^{-1}[P_i - A_i Q_i - B_i]\begin{bmatrix}\Delta x_i\\\Delta u_i\end{bmatrix} \tag{8.28}$$

$$= E_i^{-1}[P_i - A_i Q_i - B_i]\sqrt{\Gamma_i}\,\frac{1}{\sqrt{\Gamma_i}}\begin{bmatrix}\Delta x_i\\\Delta u_i\end{bmatrix} \tag{8.29}$$

$$= E_i^{-1}\sqrt{\Gamma_i}[P_i - A_i Q_i - B_i]\zeta_i \tag{8.30}$$

其中 ζ_i 定义为

$$\zeta_i = \frac{1}{\sqrt{\Gamma_i}}\begin{bmatrix}\Delta x_i\\\Delta u_i\end{bmatrix}$$

我们引入一个信号 r_i，使

$$r_i = L_i^{-1}\sum_{\substack{j=1\\j\neq i}}^{n}[N_j\,0]\sqrt{\Gamma_j}\,\frac{1}{\sqrt{\Gamma_j}}\begin{bmatrix}\Delta x_j\\\Delta u_j\end{bmatrix} \tag{8.31}$$

$$= L_i^{-1}\sum_{\substack{j=1\\j\neq i}}^{n}\sqrt{\Gamma_i}[N_j\,0]\zeta_j \tag{8.32}$$

其中 L_i 是 7×7 单位矩阵。

选定比例因子 $\sqrt{\Gamma_i}$，使得在整个兴趣区域中，

$$\sqrt{\Gamma_i}\,\|E_i^{-1}[P_i - A_i Q_i - B_i]\| \leqslant 1, \tag{8.33}$$

且

$$\sqrt{\Gamma_j}\,\|L_i^{-1}[N_j\,0]\| \leqslant 1, \forall i,j = 1,\cdots,n(i\neq j), \tag{8.34}$$

Γ_j 的选择是按照 8.6 节以数字形式进行的。

从式（8.33）和式（8.34）中，我们重新获得了范数有界约束[39]：

$$\|\xi_i\|^2 \leqslant \|\zeta_i\|^2, \|r_i\|^2 \leqslant \sum_{j\neq i}\|\zeta_j\|^2 \tag{8.35}$$

由式（8.35）给出的界限可以与 LQ 输出反馈控制设计方法一起使用，以获得用于底层非线性系统的控制器。$P_i - A_i$ 和 $Q_i - B_i$ 的表达式可以按照文献［27］中给出的步骤来确定。

该过程在其他子系统中类似。LQ 输出反馈控制器的鲁棒特性可确保该控制器在所有线性化误差实例中稳定非线性系统式（8.20）~ 式（8.23）。根据附录 I 中的重构，我们可以量化与平衡点的偏差并与从模拟中获得的 LVRT 的估计区域进行比较。本节中介绍的新公式与 LQ 输出反馈控制理论一起使用，使用 LMI 技术为 DFIG 设计分散式控制器。

8.5　使用秩约束 LMI 的分散式控制设计

用 LMI[39] 技术为这项研究工作设计了分散式 LQ 输出反馈控制。该 LQ 技术在所有允许的 IQC 上将以下性能成本降至最低：

$$J_{wc}(u) \triangleq \int_0^\infty \sum_{i=1}^N \| z_i(t) \|^2 dt \tag{8.36}$$

在此设计中，测量和受控输出相同，即 $y_i = z_i$。控制算法是在集合 $\mathscr{T}$ 内找到以下函数的下确界：

$$J(\tau, \Theta) = \sum_{i=1}^N x_{i0}^T [\overline{X}_i + \tau_i M_i + \Theta_i \overline{M}_i] x_{i0} \tag{8.37}$$

式中，$\mathscr{T} = \{ \{ \tau_i \Theta_i \} \in R^{2N}, \ \tau_i > 0, \ \Theta_i > 0 \}$，$M_i > 0$ 和 $\overline{M}_i > 0$ 是两组对称矩阵，而矩阵 $\overline{X}_i$ 和 $\overline{Y}_i$ 是下面一对耦合的广义代数黎卡提方程和代数黎卡提不等式的解[39]：

$$A_i^T \overline{X}_i + \overline{X}_i A_i + \overline{C}_i^T \overline{C}_i - \overline{X}_i [B_i R_i^{-1} B_i^T - \overline{B}_{2i} \overline{B}_{2i}^T] \overline{X}_i = 0 \tag{8.38}$$

$$A_i^T \overline{Y}_i + \overline{Y}_i A_i + \overline{Y}_i \overline{B}_{2i} \overline{B}_{2i}^T \overline{Y}_i - [C_{yi}^T W_i^{-1} C_{yi} - \overline{C}_i^T \overline{C}_i] < 0 \tag{8.39}$$

其中 $R_i = \overline{D}_i^T \overline{D}_i$，$W_i = \overline{D}_{yi} \overline{D}_{yi}^T$，$\overline{\Theta}_i = \sum_{n=1, n \neq i}^N \Theta_n$，

$$\overline{C}_i = \begin{bmatrix} C_i \\ (\tau_i + \overline{\Theta}_i)^{1/2} H_i \end{bmatrix}, \overline{D}_i = \begin{bmatrix} D_i \\ (\tau_i + \overline{\Theta}_i)^{1/2} G_i \end{bmatrix} \tag{8.40}$$

$$\overline{B}_{2i} = [\tau_i^{-1/2} E_i \Theta_i^{-1/2} L_i], \overline{D}_{yi} = [\tau_i^{-1/2} D_{yi} \ 0]$$

文献 [39] 给出了控制器 u_i^*，以及 τ^*，Θ^*：

$$\dot{x}_{ci} = \{ A_i - [B_i R^{-1} B_i^T - \overline{B}_{2i} \overline{B}_{2i}^T] \overline{X}_i \} x_{ci}$$
$$+ [\overline{Y}_i - \overline{X}_i]^{-1} C_{yi}^T W_i^{-1} [y_i - C_{yi} x_{ci}] \tag{8.41}$$

$$u_i^* = -R_i^{-1} B_i^T \overline{X}_i x_{ci} \tag{8.42}$$

要求解决方案满足以下条件：$\tau_i > 0$，$\Theta_i > 0$，$\overline{X}_i > 0$，$\overline{Y}_i > 0$ 和 $\overline{X}_i > \overline{Y}_i$。控制器 u^* 保证以下 LQ 属性

$$J_{wc}(u^*) \leq J(\tau^*, \Theta^*) = \inf_{\mathscr{T}} J(\tau, \Theta) \tag{8.43}$$

文献 [40] 中讨论了使用 LMI 技术优化问题的解决方案。下一节将介绍使用上述公式增强 LVRT 的控制算法。

8.6 控制设计算法

该控制器专为解决严重故障而设计，因此原则上它也可以确保稳定性且不受其他扰动的影响。在控制器设计之前，我们进行了几次大的扰动仿真来了解兴趣区域。通过该区域而不是整体来获得 $\|P_i - A_i\|$ $\|Q_i - B_i\|$ 的最大值。如果在整个不确定区域评估最大值，则计算负担将非常大，并且会导致形成一个保守的控制器。设计过程如以下步骤所述：

- 从对故障系统的模拟（在 LVRT 暂态过程中经历大扰动），获得所有状态变量的变化范围并形成一个体积 Ω，而角点由 $(x_{\text{fp}i} - x_{0\text{p}i})$ 和 $(x_{\text{fp}i} + x_{0\text{p}i})$ 给出，$p = 1$，$\cdots$，7，其中，$2x_{\text{fp}i}$ 是关于其平衡值 $x_{0\text{p}i}$ 的第 p 个状态变量的最大变化。

- 使用遗传算法[41, 42]获得 $\Gamma_i^* = \max_{x_i^{*p} \in \Omega}$ 使式（8.33）和式（8.34）成立。

- 如文献［40］中所述，检查是否存在一个可行控制器具有 $\Gamma_i = \Gamma_i^*$，即存在标量 τ_i 和 Θ_i，使得 LMI 有一个可行解。如果使用选定的 Γ_i^* 没有可行解，则选择不同的角点减小体积 Ω，并重复该过程。

- 在标量参数 τ_i 和 Θ_i 中进行最优搜索，得到式（8.43）中的下确界。

对于给定的系统，我们可以用 $\Gamma_1 = 0.865$，$\Gamma_2 = 0.925$，$\Gamma_2 = 0.956$ 和 $\Gamma_4 = 0.975$ 的值来求解。控制器用于稳定由下述角点形成的多面体区域 Ω_i 中的所有状态变化：$[\overline{\omega}_{\text{m}i}, \overline{\omega}_{\text{G}i}, \overline{\gamma}_i, \overline{s}_i, \overline{E}'_{\text{dr}i}, \overline{E}'_{\text{qr}i}, \overline{v}_{\text{dc}i}]^T$ 和 $[\underline{\omega}_{\text{m}i}, \underline{\omega}_{\text{G}i}, \underline{\gamma}_i, \underline{s}_i, \underline{E}'_{\text{dr}i}, \underline{E}'_{\text{qr}i}, \underline{v}_{\text{dc}i}]^T$，具有以下值：

$\overline{\omega}_{\text{m}i} = \omega_{\text{m}i0} + 0.465\text{pu}$，$\underline{\omega}_{\text{m}i} = \omega_{\text{m}i0} - 0.465\text{pu}$，$\overline{\omega}_{\text{G}i} = \omega_{\text{G}i0} + 0.427\text{pu}$，$\underline{\omega}_{\text{G}i} = \omega_{\text{G}i0} - 0.427\text{pu}$，$\overline{\gamma}_i = \gamma_{i0} + 35°$，$\underline{\gamma}_i = \gamma_{i0} - 35°$，$\overline{s}_i = s_{i0} + 0.253\text{pu}$，$\underline{s}_i = s_{i0} - 0.253\text{pu}$，$\overline{E}'_{\text{dr}i} = E'_{\text{dr}i0} + 0.325\text{pu}$，$\underline{E}'_{\text{dr}i} = E'_{\text{dr}i0} - 0.325\text{pu}$，$\overline{E}'_{\text{qr}i} = E'_{\text{qr}i0} + 0.335\text{pu}$，$\underline{E}'_{\text{qr}i} = E'_{\text{qr}i0} - 0.335\text{pu}$，$\overline{v}_{\text{dc}i} = v_{\text{dc}i0} + 0.225\text{pu}$，$\underline{v}_{\text{dc}i} = v_{\text{dc}i0} - 0.225\text{pu}$，$\overline{v}_{\text{dg}i} = v_{\text{dg}i0} + 0.314\text{pu}$，$\underline{v}_{\text{dg}i} = v_{\text{dg}i0} - 0.314\text{pu}$ 和 $\overline{v}_{\text{qg}i} = v_{\text{qg}i0} + 0.427\text{pu}$，$\underline{v}_{\text{qg}i} = v_{\text{qg}i0} - 0.427\text{pu}$，$\overline{v}_{\text{dr}i} = v_{\text{dr}i0} + 0.327\text{pu}$，$\underline{v}_{\text{dr}i} = v_{\text{dr}i0} - 0.327\text{pu}$。虽然设计的控制器整体上不是一直稳定的，但我们知道它可以在一个包括大多数故障系统运行的大型操作区域内稳定运行。从后文的图 8.17 所示的多面体 Ω 的两个截面可以看出，控制器运行的区域大于故障系统轨迹所涉及的区域。

图 8.8 和图 8.9 所示为 WF_1 的设计控制器和 PI（$V_{\text{dc}1}$ 与 $V_{\text{gd}1}$）控制器的伯德图。设计的 7 阶控制器的伯德图（图 8.8）显示它具有足够的低频增益（25dB），而带宽在 10 ~ 20rad/s 之间。

其他控制器的伯德图显示相似的特征。设计控制器的带宽大于 PI 控制器的带宽。希望在低频时具有高增益并且在增益交越频率之后具有迅速减小的增益，这些由鲁棒控制器提供。上述控制算法适用于新英格兰测试系统。下一节将使用

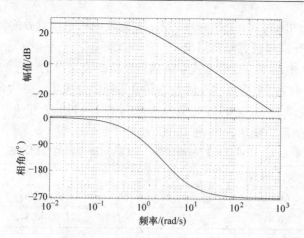

图 8.8　为子系统 1 设计的控制器：V_{dc} 与 V_{gd} 传输函数的伯德图

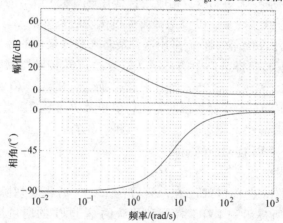

图 8.9　子系统 1 的 PI 控制器：V_{dc} 与 V_{gd} 传输函数的伯德图

大扰动模拟来演示设计控制器的性能。

8.7　控制器性能评估

　　风力发电机的 LVRT 能力以电压和暂态稳定裕度表示。电压稳定裕度是指工作电压和临界电压之间的差值。暂态稳定裕度是指特定故障持续时间后的速度与发电机的临界速度之间的差异。临界速度（SC）由指定系统的转矩 – 速度曲线与机械转矩之间的交点给出[43]。临界电压可以从 P – V 曲线获得[44]。电力系统的稳定性分析可以针对给定故障确定其临界切除时间（CCT），以便找到使系统稳定的 CCT 的最大值。在本章中，首先利用式（8.44）来估计 CCT，然后通过增加故障时间间隔，直到系统失稳的仿真来确定精确值[43]。

$$t_{c} = \frac{1}{T_{m}} 2H_{m}(s_{c} - s_{0}) \tag{8.44}$$

式中，t_c 是临界切除时间；s_c 是临界转差；s_0 是发电机平衡点处的转差。

8.7.1 电压的升高和暂态稳定裕度

针对图 8.2 中的 10 机 39 母线系统执行模拟研究，目的是评估提出的和传统的基于 PI 的向量控制方案可实现的暂态和电压稳定性极限。见表 8.1，配备设计控制器的三相故障的 CCT 和 CS 分别为 0.425s 和 1.436pu，相比之下，配备经适当整定的 PI 控制器的是 0.340s 和 1.345pu[45, 46]。

表 8.1　所设计的控制器和基于 PI 的向量控制的性能比较

所设计的控制器			PI 控制		
CS（pu）	CCT（s）	$V_{临界}$（pu）	CS（pu）	CCT/s	$V_{临界}$（pu）
1.436	0.425	0.825	1.345	0.340	0.875

PI 控制器由一阶 $[k_p + k_I/s]$ 构成，它具有与图 8.5 给出的设计控制器相同的输入和输出信号。实际上，PI 参数通常通过试凑法来整定，有时用如Ziegler - Nichols 方法[45]给出初始值。我们采用这种策略来获得最佳的稳定时间和峰值超调。在这种情况下，获得 WF_1 中的整定（试凑法）PI 控制器的增益，对于 GSC 而言，$K_{PGSC} = 0.8$，$K_{IGSC} = 5.25$，而对于 RSC 而言，$K_{PRSC} = 0.6$，$K_{IRSC} = 8.5$。可以得出结论，由两个换流器控制的有功功率和无功功率的适当组合是提高相关的基于 IG 的 WT 稳定性和增强其 FRT 能力的有效方法。

8.7.2 鲁棒 LQ 和 PI 控制器的比较

为了评估所设计控制器的性能，在工作条件发生巨大变化的情况下，对母线 6 上的对称三相故障进行详细仿真，然后在 150ms 后将其切除。图 8.10 和图 8.11 所示为配备所提出的 LVRT 控制和传统的基于 PI 的向量控制器的风电场 WF_1 的有功功率和端电压响应。

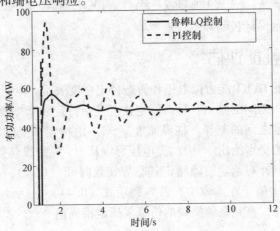

图 8.10　母线 6 上三相故障时 WF_1 的有功功率

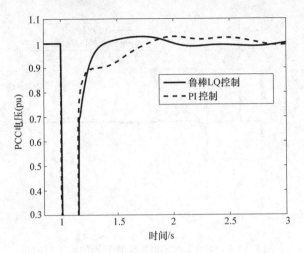

图 8.11　母线 6 上三相故障时 WF_1 的 PCC 电压

从图 8.10 可以看出，PI 控制器导致故障后的振荡行为。设计的控制器改进了阻尼振荡性能、减少了稳定时间并提高了阻尼效果。所设计的穿越方法也减少了 DFIG 暂态响应的振荡和稳定时间，并因此增强了 DFIG 电压骤降行为。它还减少了供应给直流母线电容器的转子瞬时功率振荡，反过来限制了直流母线电压波动。

接下来，三相故障在 1s 时施加在母线 12 上，并在 300ms 后切除。图 8.12 和图 8.13 所示为风电场 WF_2 的直流母线电压和转子电流的响应。从图 8.12 可以看出，通过使用所设计的直流母线控制技术，直流母线电压的波动范围减小并限制为 1.16pu。

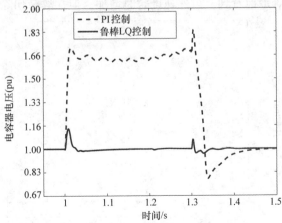

图 8.12　母线 12 上三相故障时 WF_2 的直流母线电压

从图 8.12 中可以看出配备传统控制的直流母线电压在故障期间达到最大值

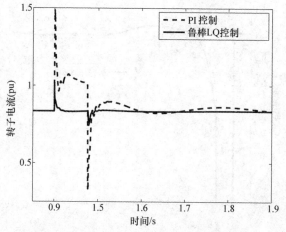

图 8.13 母线 12 上三相故障时 WF_2 的转子电流

1.83pu，因此直流母线电容器会处于较大的电压应力下并可能会被损坏。图 8.13 所示为转子电流，从中可以清楚地看到故障发生和切除瞬间的转子峰值故障电流低于转子侧换流器容限，即配备两个控制器的 2pu。然而，很显然，所提出的方法的性能比传统控制的性能更有效。

8.7.3 在风电场附近的严重低阻抗故障

在这种情况下，低阻抗（0.5Ω）施加在风电场 WF_4 的 PCC（母线 26）附近。当发生干扰或故障时，WT 端子处的电压会显著下降，导致发电机的电磁转矩和功率输出大大降低。但是假设在风电场中发生典型的非永久性故障时，机械输入转矩几乎恒定，这会导致发电机转子加速。图 8.14 所示为同一故障的速度偏差，从中可以清楚地看到，虽然速度暂时增加，但在故障切除后恢复到故障前

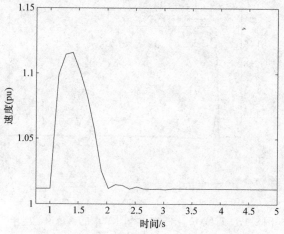

图 8.14 母线 26 上三相故障时 WF_4 的速度偏差

的值。图 8.15 所示为三相定子电流，从中可以清楚地看到电流在 0.3s 内恢复到之前的值。从上面的模拟结果可得出结论，设计的控制器提供了鲁棒性能，并确保在工作条件各异情况下的稳定性。

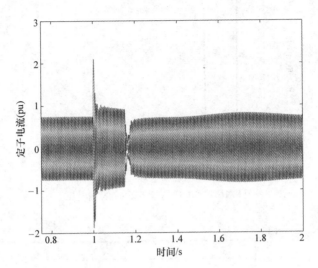

图 8.15　母线 26 上三相故障时 WF_4 的定子电流

8.7.4　对比低电压穿越标准

如前文所述，北美电力可靠性委员会（NAERC）的 LVRT 要求规定风电场在电压水平低至 15% 标称电压的情况下要与电网保持连接 625ms[33]。然而，所设计的控制器在零电压下的性能得到了验证，并确保了零电压穿越和常规 85% LVRT 的稳定性。

图 8.16 所示为使用所设计的控制方案（零电压持续 625ms）下的风电场 WF_1 的端电压，从中可知，所设计的控制显然能够满足 LVRT 能力的标准要求。从图 8.17 可清楚了解 LVRT 瞬变过程中提供稳定性的原因，这表明设计的控制器所覆盖的控制区域大于 LVRT 所需的区域。类似比较适用于其他状态变量。

在图 8.17 中，虚线区域代表了状态变量的最大变化，即当 WF_1 的 PCC（参见图 8.2）发生严重三相故障时，母线 7 风电场 WF_1 的 E'_{dr1}（d 轴瞬态电动势）和 E'_{qr1}（q 轴瞬态电动势）的最大变化。这种变化可从非线性模拟中获得。实线代表上述状态变量中的最大变化，所设计的控制器要确保该变化的稳定性，该区域从 8.6 节所述的控制设计算法中得出。

8.7.5　风力机对风速变化的响应

当 SCIG 速度突然下降时，有功功率下降而无功功率显著增加。通过改变有功功率并为系统提供足够的无功功率支持，设计的控制方案确保对速度变化相关

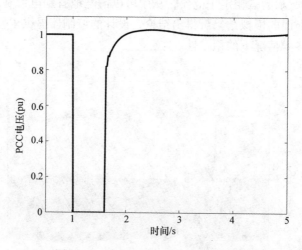

图 8.16　零电压持续 625ms 的端电压

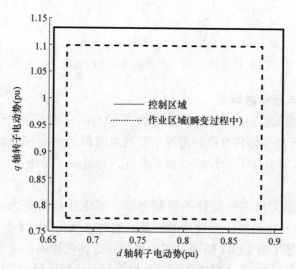

图 8.17　工作和控制区（实线和虚线分别为
LVRT 暂态期间的控制区和工作区）

的运行条件突变作出稳定响应。为了说明设计的控制器的这种稳定能力，在所进行的仿真中，初始风速为 15m/s，然后降至 10m/s。图 8.18 所示为采用的风速变化，而图 8.19 所示为对这种变化的响应。在这项仿真中，无功功率设定点为零。所设计的 DFIG 控制器增加无功功率供应，以保持图 8.20 中可见的电压恒定，而速度控制器可防止发电机速度过高。

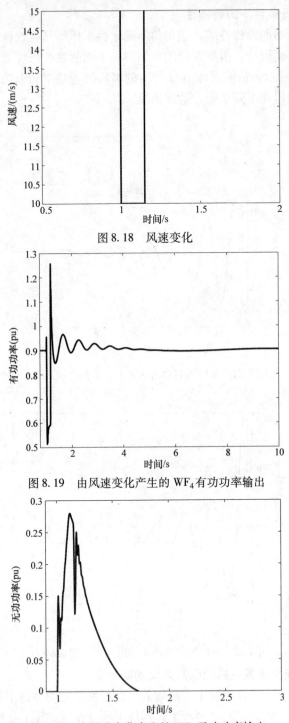

图 8.18　风速变化

图 8.19　由风速变化产生的 WF$_4$ 有功功率输出

图 8.20　由风速变化产生的 WF$_4$ 无功功率输出

8.7.6 不同运行条件下的鲁棒性

为验证控制器的鲁棒性能,在负荷不确定性下评估其有效性。虽然控制器是为额定运行条件而设计,但所设计的控制器在不同的负荷条件下均表现良好。图 8.21 和图 8.22 所示为负荷增加 10% 产生的 WF_1 有功功率和无功功率输出,从中可清楚了解控制器在不同平衡点稳定系统。

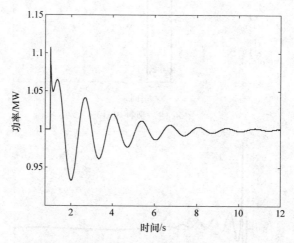

图 8.21　WF_1 的有功功率输出 (负荷增加 10%)

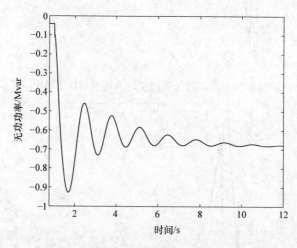

图 8.22　WF_1 的无功功率输出 (负荷增加 10%)

8.7.7 多个双馈异步发电机控制器之间的动态交互

本研究文献中,在设计每个子系统的鲁棒控制器时均考虑了局部不确定性和互联不确定性。因此,它们不会产生任何降低稳定裕度的不利影响。为研究多个

DFIG 控制器之间的交互，考虑以下因素进行仿真：①只有风电场（总体模型）；②含有所设计控制器的每个 DFIG 的详细模型。

图 8.23 和图 8.24 分别所示为 WF$_1$ 和在母线 6$^{\ominus}$发生严重三相故障的 DFIG 的端电压和有功功率输出。显然，DG 单元与所设计的控制器之间的交互不会降低系统的动态性能。

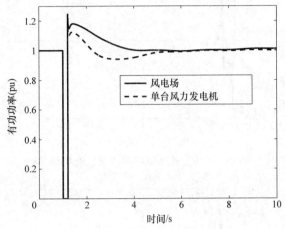

图 8.23　母线 6 发生三相故障时的有功功率输出

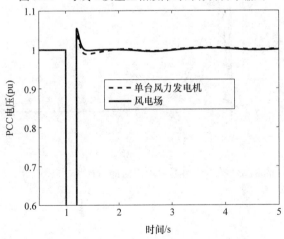

图 8.24　母线 6 发生三相故障时的 PCC 电压

8.7.8　不对称故障

所设计的控制器的性能也根据不平衡故障（即单相接地故障）进行了验证。故障持续时间为 5 个周期，故障切除后恢复原始系统。图 8.25 和图 8.26 所示为母线 23 单相接地故障导致的 WF$_3$ 有功和无功功率输出。从上述结果可知，设计

$\ominus$　原书此处为"母线 7"，似有误——编辑注。

的鲁棒控制器在发生对称和不对称故障的情况下确保了稳定性。

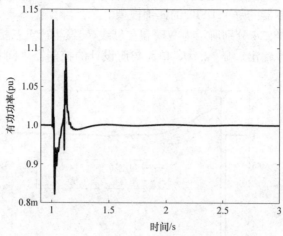

图 8.25　发生单相接地故障时的 WF_3 有功功率输出

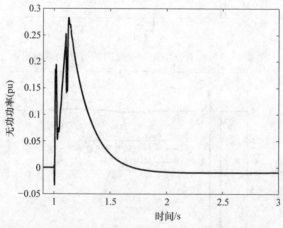

图 8.26　发生单相接地故障时的 WF_3 无功功率输出

8.8　结论

　　本章提出了一种新型鲁棒分散输出反馈控制来提高 DFIG 的 LVRT 能力，并对设计控制器的系统程序进行了讨论。如果系统故障后操作点位于设计控制器的区域，则所设计的控制器可确保稳定性。已对电网侧换流器的控制进行了设计以稳定内外部动态并限制直流电压波动。此外，控制转子侧换流器改善了电压骤降期间的瞬态阻尼。仿真结果表明，尽管不同类型发电机之间存在非线性耦合，并且工作条件变化较大，但设计的控制器可大大提高风力发电机的阻尼和电压稳定性以及 LVRT 能力。本研究的目的是在实时应用中实现所提出的算法。

参 考 文 献

1. Alberdi M, Amundarain M, Garrido AJ, Garrido I, Maseda FJ (2011) Fault-ride-through capability of oscillating-water-column-based wave-power-generation plants equipped with doubly fed induction generator and airflow control. IEEE Trans Ind Electron 58(5):1501–1517

2. de Luna A, Araujo Lima FK, Santos D, Rodriguez P, Watanabe EH, Arnaltes S (2011) Simplified modeling of a DFIG for transient studies in wind power applications. IEEE Trans Ind Electron 58(1):9–20

3. Verma V, Hossain MJ, Saha TK, Chakraborty C (2012) Performance of MRAS-based speed estimators for grid connected doubly fed induction machines during voltage dips. In: IEEE power and energy society general meeting, CA, pp 1–8

4. Abdel-Baqi O, Nasiri A (2011) Series voltage compensation for DFIG wind turbine low-voltage ride-through solution. IEEE Trans Energy Convers 26(1):272–280

5. Lopez J, Gubia E, Olea E, Ruiz J, Marroyo L (2009) Ride through of wind turbines with doubly fed induction generator under symmetrical voltage dips. IEEE Trans Ind Electron 56(10):4246–4254

6. Rahimi M, Parniani M (2010) Efficient control scheme of wind turbines with doubly fed induction generators for low-voltage ride-through capability enhancement. IET Renew Power Gener 4(3):242–252

7. Perdanad A (2008) Dynamic models of wind turbines. Ph.D. thesis, Chalmers University of Technology, Sweden

8. Joshi N, Mohan N (2009) A novel scheme to connect wind turbines to the power grid. IEEE Trans Energy Convers 24(2):504–510

9. Tohidi S, Oraee H, Zolghadri MR, Shao S, Tavner P (2013) Analysis and enhancement of low-voltage ride-through capability of brushless doubly fed induction generator. IEEE Trans Ind Electron 60(3):1146–1155

10. Kasem AH, El-Saadany EF, El-Tamaly HH, Wahab MAA (2008) An improved fault ride-through strategy for doubly fed induction generator-based wind turbines. IET Renew Power Gener 2(4):201–214

11. Hu S, Lin X, Kang Y, Zou X (2011) An improved low voltage ride through control strategy of doubly-fed induction generator during grid faults. IEEE Trans Power Electron 26(12):3653–3665

12. Ibrahim AO, Nguyen TH, Lee DC, Kim SC (2011) A fault ride-through technique of DFIG wind turbine systems using dynamic voltage restorers. IEEE Trans Energy Convers 26(3):871–882

13. Pena R, Cardenas R, Reyes E, Clare J, Wheeler P (2011) Control of a doubly fed induction generator via an indirect matrix converter with changing DC voltage. IEEE Trans Ind Electron 58(10):4664–4674

14. Hu J, He Y, Xu L, Williams BW (2009) Improved control of DFIG systems during network unbalance using PIR current regulators. IEEE Trans Ind Electron 56(2):439–451

15. da Costa JP, Pinheiro H, Degner T, Arnold G (2011) Robust controller for DFIGs of grid-connected wind turbines. IEEE Trans Ind Electron 58(9):4023–4038

16. Karimi S, Gaillard A, Poure P, Saadate S (2009) Current sensor fault-tolerant control for WECS with DFIG. IEEE Trans Ind Electron 56(11):4660–4670

17. Zhang S, Tseng KJ, Choi SS, Nguyen TD, Yao DL (2012) Advanced control of series voltage compensation to enhance wind turbine ride-through. IEEE Trans Power Electron 27(2):763–772

18. Campos-Gaona D, Moreno-Goytia EL, Anaya-Lara O (2013) Fault ride-through improvement of dfig-wt by integrating a two-degrees-of-freedom internal model control. IEEE Trans Ind

Electron 60(3):1143–1145

19. Abad C, Rodriguez MA, Poza J (2008) Three-level NPC converter-based predictive direct power control of the doubly fed induction machine at low constant switching frequency. IEEE Trans Ind Electron 56(10):4417–4429

20. Xu L, Zhi D, Williams BW (2009) Predictive current control of doubly fed induction generators. IEEE Trans Ind Electron 56(10):4143–4153

21. Rodriguez J, Pontt J, Silva A, Correa P, Lezana P, Cortes P, Ammann U (2007) Predictive current control of a voltage source inverter. IEEE Trans Ind Electron 54(1):495–503

22. Mullane A, Lightbody G, Yacamini R (2005) Wind-turbine fault ride-through enhancement. IEEE Trans Power Syst 20(4):1929–1937

23. Wu F, Zhang XP, Ju P, Sterling MJH (2008) Decentralized nonlinear control of wind turbine with doubly fed induction generator. IEEE Trans Power Syst 23(2):613–621

24. Hossain MJ, Saha TK, Mithulananthan N, Pota HR (2013) Control strategies for augmenting LVRT capability of dfigs in interconnected power systems. IEEE Trans Ind Electron 60(6):2510–2522

25. Hossain MJ, Pota HR, Ugrinovskii V, Ramos RA (2010) Simultaneous STATCOM and pitch angle control for improved LVRT capability of fixed-speed wind turbines. IEEE Trans Sustain Energy 1(3):142–152

26. Guo Y, Hill DJ, Wang Y (2001) Global transient stability and voltage regulation for power systems. IEEE Trans Power Syst 16(4):678–688

27. Hossain MJ, Pota HR, Ugrinovskii V, Ramos RA (2010) Voltage mode stabilisation in power systems with dynamic loads. Int J Electr Power Energy Syst 32(8):911–920

28. Ackermann T (2005) Wind power in power systems. Wiley, London

29. Lei Y, Mullane A, Lightbody G, Yacamini R (2006) Modeling of the wind turbine with a doubly-fed induction generator for grid integration studies. IEEE Trans Energy Convers 21(1):257–264

30. Hiskens IA: Power system test cases. http://psdyn.ece.wisc.edu/IEEE_benchmarks/

31. Fernandez L, Garcia C, Saenz JR, Jurado F (2009) Equivalent models of wind farms by using aggregated wind turbines and equivalent winds. Energy Convers Manage 50(3):691–704

32. Germond AJ, Podmore R (1978) Dynamic aggregation of generating unit models. IEEE Trans Power Apparatus Syst PAS-97(4):1060–1069

33. Interconnection for wind energy. Tech. rep., Order No. 661, 70 Fed. Reg. 34993 (FERC Stats. & Regs. 31,186 (2005) ("Final Rule" or "Order No. 661")

34. Wu Q, Xu Z, Ostergaard J (2010) Grid integration issues for large scale wind power plants (wpps). In: IEEE power and energy society general meeting, Minneapolis, Minnesota, pp 1–6

35. Pal BC, Coonick AH, Macdonald DC (2000) Robust damping controller design in power systems with superconducting magnetic energy storage devices. IEEE Trans Power Syst 15(1):320–325

36. Werner H, Korba P, Yang TC (2003) Robust tuning of power system stabilizers using LMI-techniques. IEEE Trans Control Syst Technol 11(1):147–152

37. Khalil HK (1992) Nonlinear systems. Prentice-Hall, New York

38. Petersen IR, Ugrinovskii VA, Savkin AV (2000) Robust control design using H_∞ methods. Springer, London

39. Li L, Ugrinovskii VA, Orsi R (2007) Decentralized robust control of uncertain markov jump parameter systems via output feedback. Automatica 43(11):1932–1944

40. Hossain MJ, Pota HR, Ugrinovskii VA, Ramos RA (2010) Decentralized control to augment LVRT capability of wind generators with STATCOM/ESS. In: IEEE power and energy society general meeting, Minneapolis, Minnesota, pp 1–8

41. Hossain MJ, Pota HR, Mahmud MA, Ramos RA (2010) Impacts of large-scale wind generators penetration on the voltage stability of power systems. In: IEEE power and energy society general meeting, Michigan, pp 1–8

42. Fogel DB, Back T, Michalewicz Z (2000) Evolutionary computation: basic algorithms and operators. Institute of Physics Publishing

43. Molinas M, Suul JA, Undeland T (2008) Low voltage ride through of wind farms with cage

generators: STATCOM versus SVC. IEEE Trans Power Electron 23(3):1104–1117
44. Cutsem TV, Vournas C (1998) Voltage stability of electric power systems. Kluwer Academic, Norwell
45. Mallesham G, Mishra S, Jha AN (2009) Maiden application of Ziegler-Nichols method to AGC of distributed generation system. In: IEEE/PES power systems conference and exposition, Seattle, pp 1–7
46. Rahimi M, Parniani M (2010) Efficient control scheme of wind turbines with doubly fed induction generators for low voltage ride-through capability enhancement. IET Renew Power Gener 4(3):242–252

第9章

光伏发电单元在配电网中的交互

　　摘要　本章说明了由于控制交互，配电网络与物理上相邻的 PV 机组间存在振荡。振荡的主要原因是由于标称工作状态下的控制器出现非线性动态以及分散校正导致 PV 单元的"增益"不断改变。本章所述的分散式鲁棒控制设计保证了物理上相邻的 PV 单元在不同运行条件下作出快速良好的阻尼响应。控制设计过程对太阳辐射变化、电负荷变化以及 PV 发电单元引起的模型变化进行了估算。使用最低程度的保守方法获得估值，作为范数有界未建模动态。被测试配电系统上的仿真证明了所设计的鲁棒控制器对于不同系统偶然事件的性能。

9.1　简介

　　近年来，中低压供电网的 PV 单元并网水平显著提高[1]。随着 PV 单元在配电系统的渗透率显著提高，必须深入了解其对电力系统动态运行的潜在影响[2]。尽管较小规模的 PV 单元在较低渗透率下进行零星并网不成问题，但小规模 PV 单元的较高渗透率可能会影响整个系统的电压分布和动态性能。低压供电网的现有 PV 单元不参与电压控制，因为它们仅注入有功功率并在单位功率因数下运行。预计在不久的将来，配备复杂逆变器的光伏发电单元将允许在 PCC 和其他分布式能源（Distributed Energy Resource，DER）设备中注入无功功率。在这种情况下，必须确保将这些光伏发电单元集成在一起，而不产生任何不良影响。

　　随着基于电力电子的可再生能源在配电层面的使用越来越多，未来的电压和无功功率控制很可能处于主要控制水平并具备较小时间常数，而不是离散式和三级控制水平[3]。由于逆变器由不同制造商生产，因此逆变器控制采用不同技术。DER 中有许多用于电压控制的控制回路，连接到配电系统的具有非协调控制器的多个逆变器，以及不同 DER 之间的极小阻抗可能会产生负面影响并降低系统的稳定性。

　　虽然已对输电系统中的动态交互进行了研究，但是由于输电和配电系统之间存在许多差异，因此配电系统中的交互可能完全不同。其中的差异包括：电抗电阻比较高、中低电压水平、控制电压的装置数量少以及连接到配电系统的负荷类型不同。靠近负荷的 PV 单元以及动态负荷与电力电子控制的强耦合使交互问题变得复杂。理解这一问题很重要，因为它可能影响整个系统的动态运行。

最近的一份文献报告了有关电压调节单元和光伏电压调节器的动态交互初步研究[4]。在文献［4］中，只分析了不同类型装置［如有载分接开关（OLTC），并联电容器和 PV 电压调节器］间的电压调节器的交互。在文献［5］中，分析了 DER 控制器在低压配供电网中的交互，并提出了一种用于减小负交互作用的简单校正算法。然而，在文献［5］中并未分析光伏逆变器控制器之间的交互作用。文献［5］中提出的控制器在固定工作点上效果很好，但不能保证其在多变工作条件下的性能。

通过收集系统级信息并将设定点发送至文献［6，7］的每个单元来设计基于最优潮流的集中控制方案。对于有众多 PV 单元的配电网而言，实施集中控制的价格高昂。已提出了基于下垂控制、潮流控制和 MPPT 的分散控制策略[6-12]，它们使用本地信息并且易于实现。为了优化复杂配电系统的电压调节，在文献［13］中提出了分散控制方案。在文献［14，15］中提出了一种基于干扰抑制和追踪的 DER 单元分散控制方案。然而，大多数控制器采用经典线性控制理论或 PI 控制技术，这些均无法保证多变工作条件下的鲁棒性。

必须减少 PV 控制器对电力系统安全可靠运行的负面影响，这点很重要。本章对光伏控制器之间可能出现的负面影响进行了分析，并介绍了缓解有害交互的鲁棒控制器设计。在本文提出的鲁棒控制设计中，将部分非线性动态和控制交互建模为干扰，这确保了非交互鲁棒性控制。本章其余部分组织如下：第 9.2 节提供了 PV 单元的数学建模；第 9.3 节通过案例研究阐述了对 PV 单元间的交互研究；第 9.4 节阐述了分散控制策略和不确定性建模；第 9.5 节阐述了 PV 控制；第 9.6 节介绍了控制设计算法，并通过一系列仿真验证了控制器的性能；第 9.7 节为结论。

9.2　光伏系统模型

如图 9.1 所示，光伏电站主要有两部分：太阳能转换和与电网的电力接口（电力电子变流器）。PV 阵列通过 DC – DC 换流器和 DC – AC 逆变器与电网连接。DC – DC 换流器能够将最大功率从太阳能模块传输到换流器中。如图 9.2 所示的 PV 阵列等效电路用其电流 – 电压特性函数[16,17]表示：

$$i_{pvi} = N_{pi}L_{Li} - N_{pi}I_{si}\left[\exp\left[\alpha_{pi}\left(\frac{v_{pvi}}{N_{si}} + \frac{R_{si}i_{pvi}}{N_{pi}} \right) \right] \right]$$

$$- 1 \right] - \frac{N_{pi}}{R_{shi}}\left(\frac{v_{pvi}}{N_{si}} + \frac{R_{si}i_{pvi}}{N_{pi}} \right) \tag{9.1}$$

式中，I_{Li} 是光生电流；I_{si} 是反向饱和电流，选定为 9×10^{-11} A；N_{si} 为串联电池的数量；N_{pi} 为并联模块的数量；R_{si} 和 R_{shi} 分别为阵列的串联电阻和分流电阻；i_{pvi} 为流

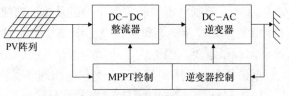

图 9.1　光伏系统框图

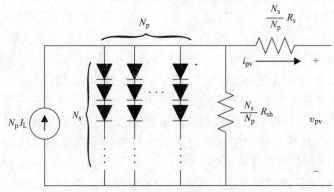

图 9.2　PV 阵列等效电路

经阵列的电流；$v_{\text{pv}i}$ 是阵列的输出电压。式 (9.1) 中的常数 $\alpha_{\text{p}i}$ 由式 (9.2) 得出

$$\alpha_{\text{p}i} = \frac{q_i}{A_i k_i T_{\text{r}i}} \tag{9.2}$$

式中，$k_i = 1.3807 \times 10^{-23} \text{J} \cdot \text{K}^{-1}$，是波耳兹曼常数；$q_i = 1.6022 \times 10^{-19}\text{C}$，是电子电荷；$A_i$ 是 PN 结理想系数，其值为 1~5；$T_{\text{r}i}$ 是电池参考温度。图 9.3 所示为由开关装置组成的并网光伏发电系统的示意图[18, 19]。图 9.3 所示的三相并网光伏发电系统的非线性模型表示方式见式 (9.3)[18,19]：

$$\dot{i}_{1\text{a}i} = -\frac{R_i}{L_{1i}}i_{1\text{a}i} - \frac{1}{L_{1i}}e_{\text{a}i} + \frac{v_{\text{pv}_i}}{3L_{1i}}(2K_{\text{a}i} - K_{\text{b}i} - K_{\text{c}i})$$

$$\dot{i}_{1\text{b}i} = -\frac{R_i}{L_{1i}}i_{1\text{b}i} - \frac{1}{L_{1i}}e_{\text{b}i} + \frac{v_{\text{pv}i}}{3L_{1i}}(-K_{\text{a}i} + 2K_{\text{b}i} - K_{\text{c}i})$$

$$\dot{i}_{1\text{c}i} = -\frac{R_i}{L_{1i}}i_{1\text{c}i} - \frac{1}{L_{1i}}e_{\text{c}i} + \frac{v_{\text{pv}i}}{3L_{1i}}(-K_{\text{a}i} - K_{\text{b}i} + 2K_{\text{c}i})$$

$$\dot{v}_{\text{cfa}i} = \frac{1}{C_{\text{f}i}}(i_{1\text{a}i} - i_{2\text{a}i}), \dot{v}_{\text{cfb}i} = \frac{1}{C_{\text{f}i}}(i_{1\text{b}i} - i_{2\text{b}i}) \tag{9.3}$$

$$\dot{v}_{\text{cfc}i} = \frac{1}{C_{\text{f}i}}(i_{1\text{c}i} - i_{2\text{c}i}), \dot{i}_{2\text{a}i} = \frac{1}{L_{2i}}(v_{\text{cfa}i} - e_{\text{a}i})$$

$$\dot{i}_{2\text{b}i} = \frac{1}{L_{2i}}(v_{\text{cfb}i} - e_{\text{b}i}), \dot{i}_{2\text{c}i} = \frac{1}{L_{2i}}(v_{\text{cfc}i} - e_{\text{c}i})$$

式中，K_{ai}、K_{bi} 和 K_{ci} 为二进制输入开关信号。通过在连接直流母线的节点处应用基尔霍夫电流定律，我们可以得到

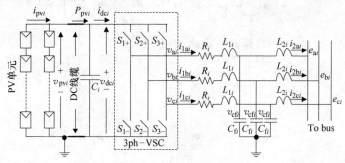

图 9.3　连接至电网的 PV 系统

$$\dot{v}_{pvi} = \frac{1}{C_i}(i_{pvi} - i_{dci}) \tag{9.4}$$

变流器的输入电流 i_{dci} 表示方式如下[19]：

$$i_{dci} = i_{ai}K_{ai} + i_{bi}K_{bi} + i_{ci}K_{ci} \tag{9.5}$$

现在式（9.4）可重新表示为

$$\dot{v}_{pvi} = \frac{1}{C_i}i_{pvi} - \frac{1}{C_i}(i_{ai}K_{ai} + i_{bi}K_{bi} + i_{ci}K_{ci}) \tag{9.6}$$

可以使用电网的角频率 ω_i 将式（9.3）和式（9.6）变换为 dq 坐标：

$$L_{1i}\dot{i}_{1di} = -R_i i_{1di} + \omega_i L_{1i} i_{1qi} - v_{cfdi} + K_{di}v_{pvi}$$
$$L_{1i}\dot{i}_{1qi} = -R_i i_{1qi} - \omega_i L_{1i} i_{1di} - v_{cfqi} + K_{qi}v_{pvi}$$
$$L_{2i}\dot{i}_{2di} = +\omega_i L_{2i} i_{2qi} + v_{cfdi} - E_{di}$$
$$L_{2i}\dot{i}_{2qi} = -\omega L_2 i_{2d} + v_{cfq} - E_q$$
$$C_{fi}\dot{v}_{cfdi} = \omega_i C_{fi} v_{cfqi} + C_{fi}(i_{1di} - i_{2di})$$
$$C_{fi}\dot{v}_{cfqi} = -\omega_i C_{fi} v_{cfdi} + C_{fi}(i_{1qi} - i_{2qi})$$
$$C_i \dot{v}_{pvi} = i_{pvi} - i_{1di}K_{di} - i_{1qi}K_{qi} \tag{9.7}$$

选择 $abc \rightarrow dq$ 变换的同步方案，使得 dq 坐标系的 q 轴与电网电压向量对齐，$E_{qi} = 0$，而输送到电网的有功和无功功率可写为 $P_i = \frac{3}{2}E_{di}I_{di}$ 和 $Q_i = -\frac{3}{2}E_{di}I_{qi}$。

对于 PV 系统，主要控制目标是①调节直流母线电压来控制提取自光伏阵列的功率；②通过控制电压源变流器（VSC）来调节端电压。通常从 MPPT 方案中获得参考直流母线电压。本章使用了文献［20］中所述的直流母线控制。图 9.4[20] 所示为光伏发电单元的 VSC 控制，其在下一节的案例研究中用于交互研究。

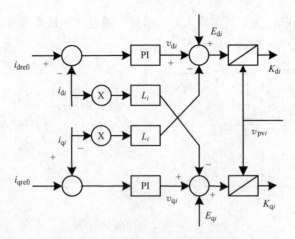

图 9.4 dq 坐标电流控制方案

9.3　案例研究

本章中使用的被测试配电系统的单线图如图 9.5 所示。此系统的参数可见于文献 [21]。此测试系统是日本熊本地区的代表性配电馈线[21]。它代表真实配电系统，在文献中已将之用于配电系统研究[21-23]。该系统包含三个 6.8kV 馈线，通过 69kV 辐射线路与电网相连。系统的总负荷为 6.301MW，0.446Mvar。在配电系统的 15 个负荷中，有两个是异步电动机（IM）负荷。原系统通过在母

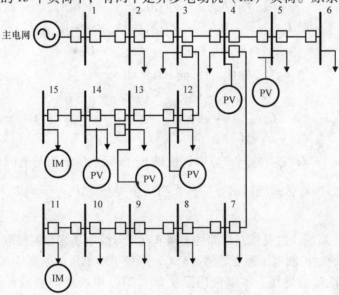

图 9.5　测试系统的单线图

线 4、5、12、13 和 14 上连接 5 个 PV 单元（每个机组的额定功率为 1.5MW）而得以改良。选择这些母线是因为它们承载力小，可用于考虑最糟糕的案例情形[23]。每条配电线路由一个串联 RL 支路来表示。PV 单元的最大有功和无功功率分别为 1570kW 和 708kvar。每个光伏阵列包含由 80 个串联模块组成的 150 个并联子串。每个模块的额定电流为 2.8735A，额定电压为 43.5V，PV 阵列的额定电流为 431A，额定电压为 3480V。

直流母线电容的数值为 5000μF，标称电压为 1582V。考虑以下水平的太阳辐照度来测试控制器对工作点变化的鲁棒性：1.0kW/m²、900W/m²、800W/m²、700W/m² 和 600W/m²。采用升压变压器来将 PV 单元连接到 PCC。光伏系统的参数见表 9.1[17]。本章所用的逆变器额定值如下：额定功率为 1.5MW，输出电压（低电压）为 330V$_{AC}$，每相最大输出电流为 2624A。

表 9.1　PV 系统参数

参数	数值
每个阵列中的并行子串数量	150
各串中的模块数	80
模块开路电压	43.5V
模块短路电流	2.8735A
二极管理想因子	1.3
VSC 开关频率	3000Hz
直流母线电容	5000μF
滤波器电容	100μF
接口电阻	3mΩ
接口电感	100μH
滤波电感（L_1 和 L_2）	500μH 和 220μH

多个光伏发电单元的交互分析

有多种方法来量化多变量系统中的控制交互。交互研究中最常用的测量方法是相对增益矩阵（RGA）[24, 25]。此方法存在一些缺点，主要是其一次仅涉及一个频率，并且通常对设计多变量控制器的方法有所限制。为克服 RGA 技术的大部分限制，引入了基于格拉姆行列式的交互测量方法——汉克尔交互指标矩阵（Hankel Interaction Index Array，HIIA）。如果系统与频率的交互发生非单调变化，HIIA 方法在处理此类系统时可克服 RGA 技术的局限性[26]。基于正规形分析技术的分析法已用于电力系统的交互测量[27, 28]。利用该指标可更好地理解复杂非线性交互现象，并为设计协调控制器提供一些指导。最近，由非线性时域仿真补充的小信号分析已广泛用于电力系统，以便对控制交互进行研究[29-31]。在本章中，常用特征值分析、基于正规形理论的定量指标和非线性仿真用于研究附近 PV 单元之间的控制器交互。选择小信号分析的原因在于这一方法可提供对该问题的深入见解，并量化特定模式中各种状态的作用。使用故障状态下的非线性仿真对线性分析进行了验证，是一种测试非线性系统（系统具备用于线性化模型的控制器）性能的可接受方式。

以下三种量化动态交互的方法应用于具有多个 PV 单元的配电系统：小信号分析、正规形技术（基于指标）和非线性仿真。

9.3.1 小信号分析

为深入了解交互现象，对小信号进行了分析。对于这种分析，标称系统由以下方程来表示：$\Delta \dot{x} = A\Delta x + Bu$ 和 $y = C\Delta x + Dy$，其中 A 是系统矩阵，B 是控制或输入矩阵，C 是输出矩阵，而 D 是前馈矩阵。对 A 矩阵的特征值进行计算，并且主模的特征值最接近于阻尼因数最低的虚轴。为了找出多个 PV 控制器之间的交互，我们考虑了不同情景。这些情景具体如下：①在母线 13 上连接一个光伏发电单元；②在母线 12 和 13 上连接 2 个 PV 单元；③在母线 12、13 和 14 上连接 3 个 PV 单元。

图 9.6 所示为具有单个、2 个和 3 个 PV 单元的主要特征值位置，其中"·"表示单个机组的特征值，"＊"表示 2 个机组的特征值，而"＋"代表 3 个机组的特征值。从图 9.6 可看出，增加第 2 个和第 3 个 PV 单元明显影响了特征值的位置，并且模型向右侧移动。从这个分析可得知模型是耦合的。针对 4 个和 5 个机组重复了该过程，并发现主模向右侧进一步移动。

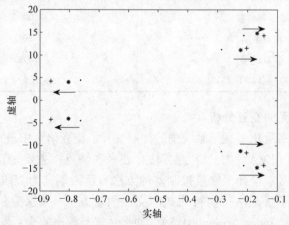

图 9.6 额外 PV 单元引起含单个 PV 单元系统的复杂主模移动

接下来分析增益参数改变对系统交互的影响。在本研究中，考虑了母线 12 和 13 上的两个 PV 单元。母线 13 上的 PV 单元的增益发生变化，而另一个机组的增益不变。分析了改变母线 13PV 单元 VSC 的 q 轴电流控制（如图 9.4 所示）

比例增益对系统特征值的影响。图 9.7 所示为具有两个不同增益参数的主特征值，其中"★"和"◇"分别代表了增益参数为 0.1pu 和 0.5pu 的母线 13 处的光伏发电单元特征值，而"×"和"▽"表示了增益为 0.1pu 和 0.5pu 的母线 12 处的 PV 单元特征值。可以看出，增加母线 13 处的 PV 单元增益会影响其自身特征值的位置以及另一个单元的特征值位置。

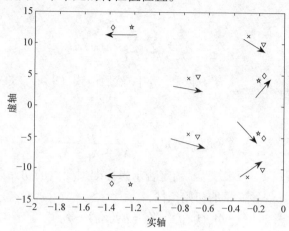

图 9.7　两种 PV 情况（母线 12 和 13）：由于一个 PV 单元（母线 13）的增益参数从 0.1 改变至 0.5pu，导致含两个光伏发电单元的系统的复杂主模移动

9.3.2　基于正规形理论的交互指标

通过配电馈线进行电力传输导致在配电系统不同节点连接的发电机之间发生交互。电力传输是状态的非线性函数，因此非线性项的相对量可以很好地指示出不同 PV 单元间的交互。这个相对量的指标是文献［32］中定义的非线性交互指标。首先以正规形将非线性系统方程写成有解耦线性项的一阶模态方程和包含其他模型的二次项来获得指标。使用二次项中的最大系数来获得指标[32]。换句话说，非线性交互指标是泰勒级数展开式中的二次项大小的指标。采用正规形表达式和初始条件，通过以下步骤计算交互指标[32]。

● 以一般非线性形式表示控制 PV 单元的动态方程：

$$\dot{X} = f(X) \tag{9.8}$$

式中，$X = [I_{1d1}, I_{1q1}, I_{2d1}, I_{12q1}, v_{cfd1}, v_{cfq1}, v_{pv1} \cdots I_{1dn}, I_{1qn}, I_{12dn}, I_{12qn}, v_{cfdn}, v_{cfqn}, v_{pvn}]^{T}$，$n$ 表示 PV 单元的数量，而 f 表示分析向量场。

● 将式（9.8）展开为关于干扰后稳定平衡点 X_{SEP} 的泰勒级数并保留至二阶项：

$$\dot{X} = A_i X + \frac{1}{2} X^{T} H^{i} X + 高阶项 \tag{9.9}$$

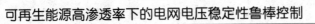

式中，A_i 是雅可比行列式 A 的第 i 行，等于 $\left[\dfrac{\delta F}{\delta X}\right]_{\mathrm{SEP}}$，黑塞（Hessian）矩阵
$$H_i = \left[\dfrac{\delta^2 F_i}{\delta X_j \delta X_k}\right]_{\mathrm{SEP}}$$

• 表示若尔当（Jordan）标准型变量中的二阶泰勒级数展开式，若 $X = UY$，则

$$\dot{y}_{\mathrm{d}j} = \lambda_j + \sum_{k=1}^{n}\sum_{l=1}^{n} C_{kl}^{j} y_{\mathrm{d}k} y_{\mathrm{d}l} \tag{9.10}$$

式中，$C^j = \dfrac{1}{2}\sum_{p=1}^{n} V_{jp}^{\mathrm{T}}\left[U^{\mathrm{T}}H^{P}U\right] = \left[C_{kl}^{j}\right]$，然后由式（9.11）进行正规形变换：

$$Y = Z + h_2(Z) \tag{9.11}$$

式中，$h_2^j(z) = \sum_{k=1}^{n}\sum_{l=1}^{n} h_{2kl}^{j} z_k z_l$，$h_{2kl}^{j} = \dfrac{C_{kl}^{j}}{\lambda_k + \lambda_l - \lambda_j}$，

• 根据关系式 $Y_0 = U^{-1}X_0$。确定若尔当标准型变量的初始条件。然后求解下列方程以获得正规形变量的初始条件：

$$\min f(Z_0) = Z_0 + h_2(Z_0) - Y_0 \tag{9.12}$$

• 最后，由式（9.13）得出非线性交互指标：

$$\mathrm{index}(j) = \left|\max_{k,l}(h_{2kl}^{j} z_{k0} z_{l0})/z_{j0}\right| \tag{9.13}$$

式中，h_{2kl}^{j} 表示模型之间的非线性交互强度，它表示了模型 k 与模型 l 至模型 j 的交互，而 Z_{lk0} 表示模型 k 的初始条件。

表 9.2 中列出了两种不同情况下的交互指标：①在恒定太阳辐照度下（1000W/m²）增加 PV 单元的数量；②太阳辐照度在配电系统配备 2 个 PV 单元（母线 12 和 13）时发生变化。表 9.2 所示的交互指标用于主控制模型，而控制模型是通过参与因数分析计算得出的。我们还发现此模型的非线性参与状态包含多个光伏发电单元的控制状态。从表 9.2 的数值间相关性与图 9.8 所示的模拟图可以看出，该指标很好地指示出了 PV 单元之间的交互。交互指标越大，模型阻尼越小，这表明控制交互已使模型向右侧移动。

表 9.2　非线性指标

PV 单元	指标	太阳辐射度/（W/m²）	指标
1 个	0.578	600	2.56
2 个	3.45	700	2.94
3 个	7.940	800	3.08
4 个	13.650	900	3.25
5 个	15.44	1000	3.45

9.3.3 时域仿真

进行时域仿真来确认小信号和正规形分析的结果。每个 PV 单元均配有图 9.4 所示的控制器。0.5s 时在母线 15 上引发三相故障，并在 0.1s 后相继切除故障。图 9.8 显示了母线 13（有单个和多个 PV 单元）上的 PV 单元的功率响应。选择母线 13 的原因是其靠近 PV 单元和动态负荷。从图 9.8 可清楚得知，彼此非常接近的多个不协调 PV 控制器有可能发生负交互作用。小信号和正规形分析的

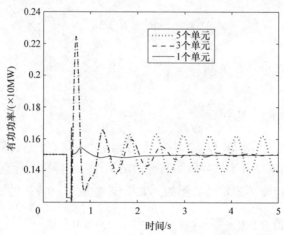

图 9.8 单个和多个 PV 单元的功率响应

结果与使用非线性模型的时域仿真结果非常吻合。由于多个 PV 单元之间的交互极强，必须考虑控制器之间的协调以确保稳定运行。后文将解释经合理设计的鲁棒控制器可减轻这种负交互作用并提高阻尼性能。

9.4 用于非交互控制的问题描述

适当的弱模态阻尼对于提高配电系统 PV 单元的稳定性和安全渗透率极限极为重要。由于式（9.7）所示的 PV 模型是非线性的，因此用线性模型设计的线性控制器不能保证在严重故障和其他存在应力的运行条件下保持稳定。在本章中，为了设计鲁棒控制器而重新设计 PV 系统以获取兴趣区域中的全部系统非线性。在问题公式中考虑了功角和控制交互以及鲁棒 H_∞ 控制器的设计。可以用式（9.14）来表示给定运行条件下的式（9.7）所述光伏系统：

$$\dot{\Delta x_i} = (A_i + \Delta A_i)\Delta x_i + (B_i + \Delta B_i)\Delta u_i$$
$$+ \sum_{j=1}^{n} G_{ij}\Delta x_j \tag{9.14}$$
$$y_i = C_i\Delta x_i + D_i y_i$$

式中，Δx_i 为状态向量（7×1）；Δu_i 为控制输入（2×1）；y_i 为第 i 个子系统的

实测输出（2×1）。在这种情况下，

$\Delta x_i = \left[\Delta i_{1di}, \ \Delta i_{1qi}, \ \Delta i_{2di}, \ \Delta i_{2qi}, \ \Delta v_{cfdi}, \ \Delta v_{cfqi}, \ \Delta v_{pvi} \right]^T$, $\Delta u_i = \left[\Delta k_{di}, \ \Delta k_{qi} \right]$ 以及 $y_i = \left[p_i, \ Q_i \right]$。矩阵 A_i、B_i、C_i 和 D_i 是表示标称模型的已知常数。矩阵的顺序为：$A_i = 7 \times 7$，$B_i = 7 \times 2$ 和 $C_i = 2 \times 7$。右侧总和表示了与邻近 N 个子系统的互联。矩阵 ΔA_i 和 ΔB_i 表示非线性项的未建模部分。这些是泰勒级数中的高阶项，即柯西余项：

$$(L_i - A_i) \Delta x_i + (M_i - B_i) \Delta u_i = \begin{bmatrix} L_{2i} \\ L_{3i} \end{bmatrix} \times$$

$$F_i(t) \left[E_{2i} E_{3i} \right] L_i = \left[\left. \frac{\partial f_{i1}}{\partial x_i} \right|_{\substack{x_i = x_i^{*1} \\ u_i = u_i^{*1}}}, \cdots, \left. \frac{\partial f_{iN}}{\partial x_i} \right|_{\substack{x_i = x_i^{*N} \\ u_i = u_i^{*N}}} \right]^T$$

$$M_i = \left[\left. \frac{\partial f_{i1}}{\partial u_i} \right|_{\substack{x_i = x_i^{*1} \\ u_i = u_i^{*1}}}, \cdots, \left. \frac{\partial f_{iN}}{\partial u_i} \right|_{\substack{x_i = x_i^{*N} \\ u_i = u_i^{*N}}} \right]^T$$

难以象征性地表示矩阵（L_i 和 M_i），但在给定点处对它们进行数值评估是很简单的，这便是我们计算不确定性界限时需要做的工作。在标称运行点计算矩阵 A_i 并在任意点计算 L_i 来建模不确定性。例如，如果仅考虑式（9.7）的 d 轴电流 $\dot{i}_{1di}$，则 $A_i = \left[-\frac{R_i}{L_i}, \omega_i L_{1i}, 0, 0, 0, 0, \frac{K_{di0}}{L_i} \right]^T$，$L_i - A_i = \left[0, 0, 0, 0, 0, 0, \frac{K_{di}^*}{L_i} - \frac{K_{di0}}{L_i} \right]^T$。可以在文献 [33] 和文献 [34] 中找到这种重构技术的完整描述。将交互项重组为 $G_{ij} = L_{1i} F_{ij}(t) E_{1j}$。所有矩阵均为已知，除了 $F_{ij}(t)$ 和 $F_i(t)$，但假设它们均满足[35]：$\| F_{ij}(t) \| \le F_{ij}$，$\| F_i(t) \| \le 1$，其中范数代表了所示矩阵的最大奇异值，而 f_{ij} 是表示交互量级的正标量。

子系统交互可以表示为外部干扰。式（9.14）可改写为

$$\dot{\Delta x}_i = A_i \Delta x_i + B_i \Delta u_i + \begin{bmatrix} \sigma_i L_{2i} \\ \gamma_i L_{3i} \end{bmatrix} w_i$$

$$y_i = C_i \Delta x_i + \begin{bmatrix} \sigma_i L_{3i} \\ 0 \end{bmatrix} w_i + D_i y_i$$

$$z_i = \begin{bmatrix} \frac{1}{\sigma_i} E_{2i} \\ E_{1i} \end{bmatrix} x_i + \begin{bmatrix} \frac{1}{\sigma_i} E_{3i} \\ 0 \end{bmatrix} u_i \tag{9.15}$$

式中，w_i 代表扰动；z_i 代表控制输出。本节介绍的新公式与 H_∞ 输出反馈控制理论一同用于设计光伏系统的分散式控制器。

9.5 光伏控制设计

进行仿真以便设计相干 PV 单元，并开发配备这些 PV 单元的子系统，从而

减少计算负担。根据相关性分析，系统分为 3 个子系统：①子系统 1：母线 13 和 14 处的 PV；②子系统 2：母线 12 处的 PV；③子系统 3：母线 4 和 5 处的 PV。分散式控制器用于每个只需要局部信息的子系统。所设计的逆变器控制策略如图 9.9 所示。在 PV 单元的电压控制模型中，P_i 和 Q_i 由 VSC 端电压振幅来控制。误差信号 $P_{refi} - P_i$ 和 $Q_{refi} - Q_i$ 馈送至控制器，该控制器在其各自的参考值（i_{drefi}，i_{qrefi}）处产生 VSC 电流的 d 轴和 q 轴分量，而这些参考值会再次受到处理以获得参考电压分量（v_{drefi}，v_{qrefi}）。随后将这两个信号通过 v_{pvi} 分开来生成用于 PWM 的 K_{di} 和 K_{qi}。所设计的控制的有功功率参考由最大功率点控制[36] 和稳态解决方案的无功功率参考来决定。

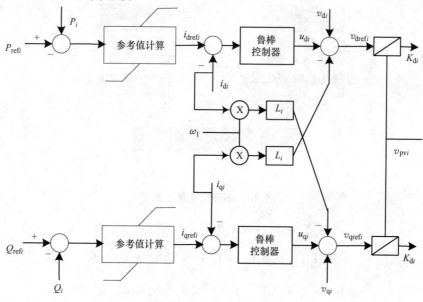

图 9.9　所设计的光伏控制策略

完整动态系统围绕平衡点进行线性化。从线性化小信号模型矩阵中得到 A_i、B_i 和 C_i。最具挑战性的问题是限制光伏系统模型非线性中的不确定性。PV 单元的非线性换流器可模型化为线性部分加非线性部分，非线性项是泰勒级数展开式中的柯西余项。采用该柯西余项导出的界限来定义一个不确定的线性模型，为该模型执行鲁棒控制的设计。可在文献［33，34］中找到计算方法。此方法对于现有的线性化方案来说，它的一个优点是在一个用于控制设计的严谨框架中处理非线性光伏模型，通过使用基于格拉姆矩阵的交互测量来计算不同子系统之间的交互 $\| G_{ij} \|$[26]。

分散式控制器的方框图如图 9.10 中所示。该控制器可使系统式（9.15）具有稳定的 H_∞ 单一扰动抑制[35,37]。线性输出反馈控制器如式（9.16）所示[37]：

$$\dot{x}_{ci} = A_{ci}x_{ci} + B_{ci}y_i(t), u_i = C_{ci}x_{ci} + D_{ci}y_i(t) \tag{9.16}$$

其中

$$A_{ci} = A_i + B_iC_{ci} - B_{ci}C_i + (\gamma_i^2 L_{1i}L_{1i}^{\mathrm{T}} +$$
$$\sigma_i^2 L_{2i}L_{2i}^{\mathrm{T}})X_i - (Y_i^{-1} - X_i)^{-1}(X_iB_iC_{ci} + Q_i)$$

$$B_{ci} = \frac{\beta_i}{2}(Y_i^{-1} - X_i)^{-1}C_i^{\mathrm{T}}$$

$$C_{ci} = \frac{\alpha_i}{2}B_i^{\mathrm{T}}X_i, D_{ci} = 0 \tag{9.17}$$

X_i 和 Y_i 是以下代数黎卡提方程式（9.18）的解：

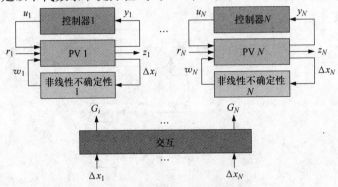

图 9.10 不确定性系统框图

$$A_i^{\mathrm{T}}X_i + X_i^{\mathrm{T}} - \alpha_iX_iB_iB_i^{\mathrm{T}}X_i + \gamma_i^2X_iL_{1i}L_{1i}^{\mathrm{T}} +$$
$$E_{1i}^{\mathrm{T}}E_{1i} + \sigma_i^{\mathrm{T}}X_iL_{2i}L_{2i}^{\mathrm{T}}X_i + \frac{1}{\sigma_i^2}E_{2i}^{\mathrm{T}}E_{2i} + Q_i = 0$$

$$A_iY_i + Y_iA_i^{\mathrm{T}} - \beta_iY_iC_i^{\mathrm{T}}C_iY_i + \gamma_i^2L_{1i}L_{1i}^{\mathrm{T}} +$$
$$Y_iE_{1i}^{\mathrm{T}}E_{1i} + \frac{1}{\sigma_i^2}Y_iE_{2i}^{\mathrm{T}}E_{2i}Y_i + \sigma_i^{\mathrm{T}}L_{2i}L_{2i}^{\mathrm{T}} + R_i = 0 \tag{9.18}$$

式中，α_i，β_i，γ_i 和 σ_i 是正数；Q_i 和 R_i 是正定矩阵，且 $Y_i^{-1} > X_i$，参数 α_i，β_i 和 σ_i 是通过逐次逼近法（其中黎卡提方程式均有正定解）选择的较小正数；参数 γ_i 由关系式 $\parallel C_i(SI - A_i)^{-1}B_i \parallel < \gamma_i$ 进行决定，一般小于 1。在本章中，我们选择 $\alpha_i = 0.0005$，$\beta_i = 0.0001$，$\sigma_i = 0.0025$ 以及 $\gamma_i = 0.694$。下一节将介绍使用上述公式设计光伏系统的非交互式控制器的算法。

9.6 控制设计算法和性能评估

所提出的控制算法可应用于包括径向和网格系统的一般配电系统。在本章中，PV 控制模式基于使用均值定理对 PV 单元的非线性动态特性进行公式重构。通过这种表示，可更容易地明确解释系统动态特性中的非线性影响，从而使我们能够更准确地表示系统并提供有保证的鲁棒性能。这也显著降低了设计控制器的保守性。设计控制器可确保在各种操作条件下保持稳定。

标称系统输出反馈分散控制器的设计步骤如下：

- 使用式（9.7）对系统进行建模并求解稳态条件；
- 从仿真中选择发电机组的相干组，并将其以等价模型表示；
- 从系统可控性和可观测性格拉姆矩阵得到的留数确定控制器的最佳输入/输出变量；
- 用最好的输入输出信号使系统线性化并确定标称系统矩阵（A_i，B_i，C_i）；
- 使用9.4节中提出的技术，重构非线性系统并确定式（9.15）中给出的其他矩阵；
- 量化不确定项（$L_i - A_i$）和（$M_i - B_i$），这是由于太阳辐照度变化、电力负荷变化和物理关闭光伏发电单元的结果，并检查 $F_i^{\mathrm{T}} F_i \leqslant I$ 是否成立，其中 I 指单位矩阵；
- 确定不同子系统之间的交互；
- 求解式（9.18）中给出的黎卡提方程；
- 设计式（9.16）和式（9.17）给出的控制器。

上述控制算法适用于基准分布测试系统。其设计为应用于系统的离线型控制器。计算不确定性界限的计算量和控制器设计并不构成问题，因为这些是在离线状态下完成的。控制器顺序完全等于光伏模型的顺序。表9.3为闭环系统的主要特征值。闭环系统的临界模式为44085 ± j3.4737，阻尼比0.1269，远高于5%的最小可接受阻尼比。从特征值可清楚地看出，闭环系统受到了很好的阻尼。9.3节中给出的非线性指标也用于确认设计控制器在不同运行条件下的性能。表9.4为包括5个PV单元的网络在不同位置发生三相故障时5个周期内的非线性指标。从表9.4可清楚地看出，在临界模式下，使用设计控制器的指标变化很小，可忽略不计。

表9.3 主闭环特征值

− 1.95 ± j5.56	− 3.75 ± j2.76	− 2.64 ± j9.39	0.44 ± j3.47

表9.4 具有鲁棒控制器的非线性指标

PV 单元	指标	故障母线	指标
1 个	0.4618	12	0.4625
2 个	0.4639	13	0.4613
3 个	0.4664	14	0.4637
4 个	0.4689	15	0.4628
5 个	0.4692	16	0.4642

接下来的内容包含用于证明设计控制器性能的大扰动仿真结果。使用完全非

线性模型完成仿真，并在不同运行条件下（包括靠近 PV 母线的三相严重故障）使用完全非线性模型验证鲁棒性。控制器设计成同时用于 5 个 PV 单元，其性能在不同运行条件下进行测试：①三相故障；②负荷突变；③参考点变化；④太阳辐射的快速变化。

9.6.1 三相故障

首先，验证设计控制器在母线 15 上发生三相严重故障时的性能。在 1s 内施加故障，随后打开断路器在 150ms 后切除故障。图 9.11 和图 9.12 所示为母线 13 上的 PV 单元端电压响应及其无功功率响应。可观察到，在故障期间电压会降低并且生成的无功功率会增加。设计控制器在故障排除后迅速作出反应，并且系统恢复同步运行。从图 9.11 和 9.12 中可见，设计控制器在过冲、上升时间、建立时间、振荡和稳态误差方面具有优良的性能。图 9.13 所示为母线 13 上 PV 单元的有功功率响应。图 9.8 给出的具有相同故障的多个 PV 单元的仿真结果表现出负交互。从图 9.13 和图 9.8 中可得出结论：设计控制器没有任何多余的负交互作用，因为它们会彼此协调。

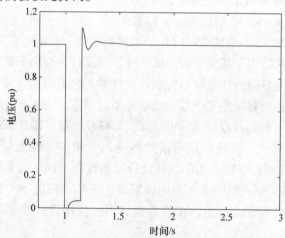

图 9.11　母线 15 上的三相故障电压响应（母线 13）

9.6.2 连接的负荷突然变化

控制器性能也在相对不太严重的扰动下进行测试。在该仿真中，母线 11 和 15 上的两个 IM 用文献［33］中给出的详细非线性模型进行表示。在这种情况下，应用连接负荷出现 10% 的突然变化以验证控制器的动态性能。图 9.14 和图 9.15 显示了母线 4 上 PV 单元的有功功率及其在连接负荷变化为 10% 时的终端电压响应。从图 9.14 和图 9.15 中明显可见，设计控制器可确保在静态和动态负荷混合的不同操作条件下保持稳定，并提供强大的鲁棒性以防止负荷突然变化。从以上分析可看出，设计控制器可确保在小信号和大信号干扰时保持稳定，并将负交互降至最低。

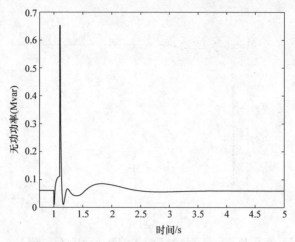

图 9.12　母线 15 上发生三相故障时 PV 单元（母线 13）的无功功率

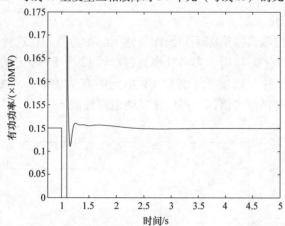

图 9.13　母线 15 上发生三相故障时 PV 单元（母线 13）的有功功率响应

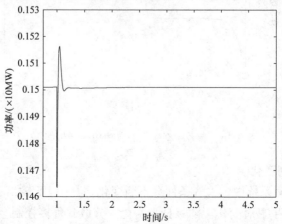

图 9.14　负荷变化为 10% 时，PV 单元（母线 4）的有功功率

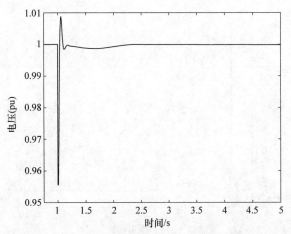

图 9.15　负荷变化为 10% 时的电压偏移（母线 4）

9.6.3　参考点变化

　　预计设计的控制器将追踪不同操作条件下的参考值。在这种情况下，初始参考功率为 0.3pu，在 0.4s 时，参考功率通过母线 12 上 PV 单元的 MPPT 控制器逐渐增加至 1.0pu。图 9.16 显示了特定 PV 单元的有功功率。从图 9.16 可清楚看出，控制器精确遵循参考值，并提供优良的追踪性能。

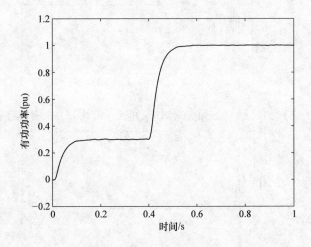

图 9.16　参考功率变化的有功功率（母线 12）

9.6.4　光照急剧变化

　　在实际的 PV 系统中，大气条件会不断变化，其中 PV 输出、输出电流和 PV 单元的功率会发生显著变化。随着日光变化，分散式鲁棒控制会使光伏输出会聚于新的工作点。表 9.5 显示了太阳辐射变化指标，将其与表 9.2 中第二列的指标进行比较，会明显发现设计控制器在最小化交互方面可提供极佳性能。图9.17所示为电网电流变化，从图中可看出，PV系统在标准大气条件下运行0.5s。然而，在0.55s时辐照度从1000W/m² 变为700W/m²，天气仍为多云。此时，输送到电网的电量发生变化，MPPT将选择不同的MPP。图9.17显示了动态设计控制器随着大气条件而变化的性能。图9.18所示为母线4上PV单元的电压响应和电网电压。从图9.18中可看出，PV终端电压在另一工作点稍微降低并变得稳定，因为这是永久性干扰。然而，电网电压并没有明显变化。从结果中可清楚地看出，设计控制器在变化的大气条件下表现良好，并具有鲁棒性能。

表9.5   随辐射变化的非线性指标

太阳辐射/（W/m²）	1000	900	800	700	600
指标	0.4692	0.4689	0.4691	0.4681	0.4659

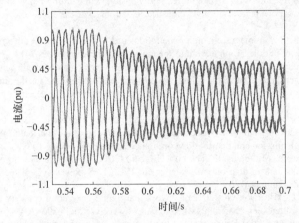

图9.17 由于辐射变化而呈现出的 PV 系统（母线4）电流

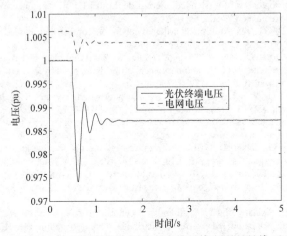

图9.18 由于辐射变化而呈现出的母线电压（母线4）

221

9.7 结论

本章分析表明，由于控制交互，PV 单元靠近的配电系统可能会产生振荡。最小化电力系统的负交互以保证其安全可靠地运行非常重要。为了避免振荡，可使用鲁棒分散控制设计方法，这对于识别相干 PV 单元非常重要，因为对于低阶控制器，该方法可使设计过程更简单、保守性更低。设计合理的鲁棒控制器可抑制小信号振荡，即使在发生严重意外事故时或在故障后状态下，依然保持稳定运行。PV 单元高渗透率的新兴趋势需要新的控制设计以保证稳定运行。本章介绍的理念可扩展到其他位置接近的 DER 单元。

参 考 文 献

1. Liserre M, Sauter T, Hung JY (2010) Future energy systems: integrating renewable energy sources into smart power grids through industrial electronics. IEEE Indus Electron Mag 4(1):18–37
2. Mather B, Neal R (2012) Integrating high penetrations of PV into Southern California: year 2 project update. In: 38th IEEE photovoltaic specialists conference, pp 737–741
3. Casey LF, Schauder C, Cleary J, Ropp M (2010) Advanced inverters facilitate high penetration of renewable generation on medium voltage feeders-impact and benefits for the utility. In: IEEE conference on innovative technologies for an efficient and reliable electricity supply, pp 86–93
4. Ravindra H, Faruque MO, Schoder K, Steurer M, McLaren P, Meeker R (2012) Dynamic interactions between distribution network voltage regulators for large and distributed pv plants. In: IEEE PES transmission and distribution conference and exposition, pp 1–8
5. Hossain MJ, Saha TK, Mithulananthan N, Pota HR, Lu J (2012) Dynamic interactions among multiple der controllers in distribution systems. In: IEEE PES power system technology. Auckland, New Zealand, pp 1–6
6. Dent CJ, Ochoa LF, Harrison GP (2012) Network distributed generation capacity analysis using OPF with voltage step constraints. IEEE Trans Power Syst 25(1):296–304
7. Katiraei F, Iravani M (2006) Power management strategies for a microgrid with multiple distributed generation units. IEEE Trans Power Syst 21(4):1821–1831
8. Pota HR (2013) Droop control for islanded microgrids. In: IEEE power engineering society general meeting, Vancouver, Canada, pp 1–5
9. Kashem A, Ledwich G (2005) Multiple distributed generators for distribution feeder voltage support. IEEE Trans Energy Convers 20(3):676–684
10. Diaz G, Gonzalez-Moran C, Gomez-Aleixandre J, Diez A (2009) Complex-valued state matrices for simple representation of large autonomous microgrids supplied by PQ and VF generation. IEEE Trans Power Syst 24(4):1720–1730
11. Kwon JM, Kwon BH, Nam KH (2008) Three-phase photovoltaic system with three-level boosting MPPT control. IEEE Trans Power Electron 23(5):2319–2327
12. Hossain MJ, Mithulananthan TKSN, Pota HR (2012) Robust control strategy for PV system integrations in distribution systems. Appl Energy 99:355–362
13. Vaccaro A, Velotto G, Zobaa AF (2011) A decentralized and cooperative architecture for optimal voltage regulation in smart grids. EEE Trans Ind Electron 58(10):4593–4602
14. Etemadi AH, Davison EJ, Iravani R (2012) A decentralized robust control strategy for multi-DER microgrids-part II: performance evaluation. EEE Trans Power Delivery 27(4):1854–1861
15. Mohamed YARI, El-Saadany EF (2008) Adaptive decentralized droop controller to preserve power sharing stability of paralleled inverters in distributed generation microgrids. IEEE Trans Power Electron 23(6):2806–2816

16. Mahmud MA, Pota HR, Hossain MJ (2012) Dynamic stability of three-phase grid-connected photovoltaic system using zero dynamic design approach. IEEE J Photovoltaics 12(4):564–571

17. Mahmud MA, Pota HR, Hossain MJ (2011) Modeling guidelines and a benchmark for power system simulation studies of three-phase single-stage photovoltaic systems. IEEE Trans Power Deliv 26(2):1247–1264

18. Tan YT, Kirschen DS, Jenkins N (2004) A model of PV generation suitable for stability analysis. IEEE Trans Energy Convers 19:748–755

19. Nosrat A, Pearce JM (2011) Dispatch strategy and model for hybrid photovoltaic and tri-generation power systems. Appl Energy 88(9):3270–3276

20. Yazdani A, Dash PP (2009) A control methodology and characterization of dynamics for a photovoltaic (pv) system interfaced with a distribution network. IEEE Trans Power Deliv 24(3):1538–1551

21. Li S, Tomsovic K, Hiyama T (2000) Load following functions using distributed energy resources. In: IEEE/PES summer meeting, Seattle, WA, pp 1756–1761

22. Zhu Y, Tomsovic K (2010) Real-time control of distributed energy resources. In: IEEE Power and Energy Society general meeting, Minneapolis, MN, pp 1–6

23. Mahmud MA, Hossain MJ, Pota HR (2013) Voltage variation on distribution networks with distributed generation: worst case scenario. IEEE Syst J. doi:10.1109/JSYST.2013.2265176

24. Cai LJ, Erlich E (2006) Identification of the interactions among the power system dynamic voltage stability controllers using relative gain array. In: IEEE PES power systems conference and exposition, San Antonio, Texas, USA, pp 970–977

25. Milanovic JV, Duque ACS (2004) Identification of electromechanical modes and placement of PSSs using relative gain array. IEEE Trans Power Syst 19(1):410–417

26. Halvarsson B (2008) Comparison of some gramian based interaction measures. In: IEEE international symposium on computer-aided control system, San Antonio, Texas, USA, pp 138–143

27. Gibbard MJ, Vowles DJ, Pourbeik P (2000) Interactions between, and effectiveness of, power system stabilizers and FACTS device stabilizers in multimachine systems. IEEE Trans Power Syst 15(2):748–755

28. Zou ZY, Jiang QY, Cao YJ, Wang HF (2005) Normal form analysis of interactions among multiple SVC controllers in power systems. IEE Proc-Gener Transm Distrib 152(4):469–474

29. Clark K, Fardanesh B, Adapa R (1995) Thyristor controlled series compensation application study-control interaction considerations. IEEE Trans Power Deliv 10(2):1031–1037

30. Kim HJ, Nam T, Hur K, Chang B, Chow JH, Entriken R (2011) Dynamic interactions among multiple FACTS controllers—a survey. In: IEEE power and energy society general meeting, pp 1–8

31. Martins N, Corsi S, Andersson G, Gibbard MK, Silva JJSGA, Taranto GN, Impact of the interaction among power system controls. Technical report, Status report of CIGRE TF 38.02.16

32. Thapar J, Vital V, Kliemann W, Fouad AA (1997) Application of the normal form of vector fields to predict interarea separation in power systems. IEEE Trans Power Syst 12(2):844–850

33. Hossain MJ, Pota HR, Ugrinovski V, Ramos RA (2010) Voltagemode stabilisation in power systems with dynamic loads. Int J Electr Power Energy Syst 32(8):911–920

34. Hossain MJ, Saha TK, Mithulananthan N, Pota HR (2013) Control strategies for augmenting LVRT capability of dfigs in interconnected power systems. IEEE Trans Ind Electr 60(6):2510–2522

35. Petersen IR, Ugrinovskii VA, Savkin AV (2000) Robust control design using H_∞ Methods. Springer, London

36. Lalili D, Mellit A, Lourci N, Medjahed B, Berkouk EM (2011) Decentralized quadratic stabilization of large-scale systems. Renew Energy 36(12):3282–3291

37. Zhai G, Yasuda K, Ikeda M (1994) Decentralized quadratic stabilization of large-scale systems. In: IEEE conference on decision and control, FL, USA, pp 2337–2339

第 10 章

结　论

　　本章总结了本书研究的结果，得出结论并讨论了未来的研究领域。这项工作将变得更加重要，因为发达国家希望实现能源独立，而且更关注常规发电厂排放量的增加对环境造成的负面影响。

　　随着电力系统中风电场容量的普遍提高，需要进行更多研究。同时，当具有足够的实际风电场生产数据时，可进一步检测和分析开发的风电功率预测工具和风电场模型，以预测大型风电场的生产。由于风力发电具有多变性和不确定性，因此整合风力发电设施与公用电网对其最优潮流、输电阻塞、电能质量问题、系统稳定性、负荷配电、保护系统、经济分析和电力市场清算价都具有一定影响。这些影响会给电力系统运营商带来重大挑战，本书可解决其中的一些问题。

　　本书提供了若干案例研究，用于获得由 IM 负荷、OLTC 和 FSIG 动态引起的电压不稳定机制。这些案例研究与以下事项有关：①短期电压不稳定性；②长期电压不稳定性；③不同风力发电机并网对 ATC 的影响；④当简化为允许进行 FSWT 并网时，恢复或增加 ATC 所需的补偿；⑤大型风力发电机并网的影响；⑥高度补偿的影响；⑦WT 并网和 STATCOM 额定值对风力发电机 LVRT 性能的影响。还分析了不同电力系统设备对电力系统动态行为的影响。本书中涉及的设备是 SG、IG、励磁机、OLTC、IM 和 FACTS 设备。这些分析对电力系统中短期和长期电压不稳定性的出现方式提供了洞察。通过模态分析和详细的非线性仿真研究了将大规模风电并入电力系统的影响。

　　本书最大的贡献是线性鲁棒控制器的设计，它可增强电压不稳定性，同时保留电力系统设备的非线性。这是通过使用具有中值定理的柯西余项公式重新构造非线性电力系统模型得以实现的。

　　所提出的控制器性能通过仿真进行验证。选择不同的电力系统测试案例并为其设计控制器。进行不同的仿真，包括负荷和发电变化、故障条件和参考电压变化。此处考虑的测试系统包括：①简单但具代表性的单个发电机和单个大型 IM 无穷大母线系统；②11 母线 3 发电机 2 区系统；③大型风电场无限大母线系统；④IEEE 基准 10 机 39 母线新英格兰系统；⑤16 机 69 母线新英格兰和纽约测试系统。所设计的控制器性能还与在类似条件下进行仿真的常规控制器的性能进行比较。仿真结果表明，所设计的控制器能够在正常和异常电力系统运行条件下提供更好的响应。

LQG、分散极小化极大输出反馈 LQ 和输出反馈线性鲁棒控制方法用于设计鲁棒控制器。在设计控制器之前，进行模态分析和不同的案例研究以获取有关控制问题的信息。此处考虑的控制目标是：①带有动态负荷电压模式的稳定性；②增强 ATC；③电压和机电模式稳定性；④增强风力发电机的 LVRT 性能。在极小化极大最优控制设计框架内，通过优化基本不确定系统的最坏情况下的二次型性能来实现鲁棒性[16]。这有助于在控制性能和系统鲁棒性之间获得可接受的平衡。

从这项工作中，可得出以下结论：

• 动态负荷建模对于短期和长期动态电压失稳分析至关重要。

• 与运行转差和转轴刚度有关的模式是非常重要的，因为它们可能会限制风力发电的大规模并网。

• 在设计励磁控制器时，应考虑动态负荷和发电机之间的交互。

• 随着传统恒速风力发电机的渗透率不断增长，动态输电性能在大幅降低。

• 与电容器组相比，带有精简电容器的 STATCOM 可具有更好的输电性能。

• 与传统 STATCOM 控制器相比，所设计的 STATCOM 控制器具有互联作用和不确定性，可显著提高输电性能。

• 随着恒速风力发电机的并网，风力发电机的临界转速和电压以及 FRT 性能都会降低。

• 所设计的 STATCOM 控制的鲁棒性能在电压显著骤降期间，会允许公 PCC 处的电压保持稳定。它还避免了 WT 速度的大幅增加，从而降低了 WT 超过临界速度的可能性，并增强了 FRT 能力。

• 具有结构不确定性表示的 STATCOM 控制可降低运算负担并产生保守性较低的控制器。

• 鲁棒 STATCOM 和桨距角控制的组合策略在恢复系统运行方面更为有效，这种组合控制使系统在不需要将发电机与其断开的情况下就能切除故障。

• 所设计的带有超级电容器的分散式 STATCOM 控制可增加瞬态和电压稳定性，从而提升 FSWT 的 LVRT 性能。

• 由于控制交互，PV 单元附近的配电系统会产生振荡。PV 单元高渗透率的新兴趋势需要新的控制设计以保证稳定运行。

• 利用所设计的重构，可更容易明确地解释系统动态特性中非线性的影响，这可使我们能够更准确地表示系统，并在平衡点周围的预先指定区域上提供保证性能和稳定性特性。

10. 1 未来研究方向

虽然这项研究在分析风力发电机的动态电压不稳定性以及将鲁棒控制技术应用于控制系统设计以增强动态电压稳定性的方面取得了满意结果，但这项工作并未到此结束。所提出的电力系统设计方法可通过以下流程进行进一步改进和整合：

1) 在实际电力系统中应用所设计的控制器将提高所提出的方法的置信度。

2) 由于所设计的 LMI 优化方法无法在大型系统中进行求解，因此发现涉及包含许多发电机的大功率系统控制器组合不可行，开发更好的数值解法可有助于大型系统的控制器设计。

3) 将恒定负荷和动态负荷的适当组合作为电力系统的负荷，可改进模型。

4) 计算渐变的负荷对应的潮流方程解，将其作为在各个值之间发生变化的瞬时负荷纳入本书电力系统仿真的回路中，这也许不能反映出在实际电力系统中发生的负荷动态。

5) 扩展该公式以处理强大的互联交错的系统，因为所提出的分散鲁棒控制器仅用于非线性系统（其中仅出现弱互联），因此，这种被动分析在提供输入阈值的定量测度方面可能过于保守。

6) 在励磁和 FACTS 控制器之间建立协调。

7) 将所提出的公式重构方法应用于未来的微电网和智能电网，因为本研究中提出的控制算法仅成功应用于当前的常规电网中。

8) 进行详细研究，以确定可再生能源，特别是风能和太阳能固有变化性的影响和可能效益，以及它们与负荷分布的相关性。

第 11 章

附　　录

11.1　附录Ⅰ：具有大型异步电动机的单机无穷大容量母线系统的潮流和动态数据

具有大型异步电动机的单机无穷大容量母线系统的潮流和动态数据见表 11.1。应当注意的是，同步电机、异步电动机、励磁机和系统电抗分别基于 500MV·A、800MV·A、100MV·A 和 100MV·A 的参数。

表 11.1　系统参数（pu）

机器	电动机	系统	AYR	OLTC
300MW	50MW	$P_L = 1，500MW$		
		$Q_L = 150Mvar$		
$X_d = 2.1$	$X_s = 0.1$	$X_\infty = 0.01$	$K_a = 100$	$r_{max} = 1.1$
$X_q = 2.1$	$X_r = 0.18$	$X_{34} = 0.0554$	$T_a = 0.01s$	$r_{min} = 1.1$
$X'_d = 2.1$	$X_m = 3.2$	$X_{14} = 0.016$	$E_{fd}^{min} = 0$	$\Delta r = 0.01$
$X'_{do} = 2.1$	$R_r = 0.018$	$X_{24} = 0.004$	$E_{fd}^{max} = 5$	$V_{ref} = 0.8pu$
$\omega_s = 377$	$H_m = 0.5$	$C = 150Mvar$		$d = 0.01pu$
$H = 3.5$	$m = 2$			$T_D = 20$
$D = 3.5$				$T_C = 5$

11.2　附录Ⅱ：异步电动机方程到通用坐标系的变换

假定

$$E'_m = \sqrt{e'^2_{dm} + e'^2_{qm}},\ \delta_m = \arctan \frac{-e'_{dm}}{e'_{qm}},\ (I_{dm} + jI_{qm}) = -(i_{dm} + ji_{qm})e^{-j\delta m},$$

$$(V_d + jV_q) = v_d + jv_q > e^{-j\delta m},\ T_m = -T_L,\ T_e = e'_{qm}i_{qm} + e'_{qm}i_{qm},$$

$$i_{dm} = -I_{dm}\cos\delta + I_{qm}\sin\delta, \ i_{qm} = -I_{qm}\cos\delta - I_{dm}\sin\delta$$

取 E'_m 的导数得到

$$\dot{E}'_m = \frac{1}{2\sqrt{e'^2_{dm} + e'^2_{qm}}}(2e'_{dm}\dot{e}'_{dm} + 2e'_{qm}\dot{e}'_{qm})$$

$$= \frac{1}{T'_{dom}\sqrt{e'^2_{dm} + e'^2_{qm}}}\left[-e'^2_{dm} - e'^2_{qm} - (X - X')(e'_{dm}i_{qm} - e'_{qm}i_{dm})\right]$$

$$= \frac{1}{T'_{dom}}\left[-E'_m - (X - X')\frac{e'_{dm}i_{qm} - e'_{qm}i_{dm}}{\sqrt{e'^2_{dm} + e'^2_{qm}}}\right]$$

$$= \frac{1}{T'_{dom}}\left[-E'_m - (X - X')I'_{dm}\right] \tag{11.1}$$

$$T_e = e'_{qm}(-I_{dm}\cos\delta + I_{qm}\sin\delta) + e'_{qm}(-I_{qm}\cos\delta - I_{dm}\sin\delta)$$

$$= -e'_{qm}I_{dm}\frac{e'_{dm}}{\sqrt{e'^2_{dm} + e'^2_{qm}}} + e'_{qm}I_{qm}\frac{e'_{qm}}{\sqrt{e'^2_{dm} + e'^2_{qm}}} = -E'_m I_{dm} \tag{11.2}$$

求 δ_m 的微分，得到

$$\dot{\delta}_m = \frac{1}{1 + \left(\dfrac{e'_{dm}}{e'_{qm}}\right)^2} \times \frac{e'_{qm}\dot{e}'_{dm} - e'_{dm}\dot{e}'_{qm}}{e'^2_{qm}}$$

$$= \frac{e^2_{qm}}{e'^2_{dm} + e'^2_{qm}} \times 1/e'^2_{qm}\left[-e'_{qm}e'_{dm} + e'_{qm}e'_{dm} - (X - X')(e'_{qm}i_{qm} + e'_{dm}i_{dm}) + T'_{dom}\omega_s(s - 1)(e'^2_{dm} + e'^2_{qm})\right]$$

$$= s\omega_s - \omega_s - \frac{X - X'}{T'_{dom}E'_{qm}}I_{qm} \tag{11.3}$$

11.3　附录Ⅲ：用于励磁控制设计的 $\widetilde{\phi}$ 的表达式

$\widetilde{\phi}$ 的以下表达式用于设计第 5 章中的电压控制器。定义 $\widetilde{\phi} = [\widetilde{\phi}_1 \cdots \widetilde{\phi}_7]^T$。$[\widetilde{\phi}_1 \cdots \widetilde{\phi}_7]^T$ 表达式如下所述：

$$\widetilde{\phi}_1[0\ 0\ 0\ 0]$$

$$\widetilde{\phi}_2 = [x_{11}\ x_{12}\ x_{13}\ x_{14}]\begin{bmatrix} y_{11} & 0 & 0 & 0 \\ y_{21} & 0 & 0 & 0 \\ y_{31} & 0 & y_{33} & y_{34} \\ y_{41} & 0 & y_{43} & y_{44} \end{bmatrix}$$

其中

$$x_{11} = \cos\delta - \cos\delta_0, \qquad y_{11} = -V_\infty G_{13}, \qquad y_{33} = -y_{31},$$
$$x_{12} = \sin\delta - \sin\delta_0, \qquad y_{21} = -V_\infty B_{13}, \qquad y_{43} = -y_{41},$$
$$x_{13} = \cos(\delta_m - \delta) - \cos(\delta_{m0} - \delta_{10}), \qquad y_{31} = -(E'_m - E'_{m0})G_{12}, \qquad y_{34} = B_{12},$$
$$x_{14} = -\sin(\delta_m - \delta) + \sin(\delta_{m0} - \delta_{10}), \qquad y_{41} = -(E'_m - E'_{m0})B_{12}, \qquad y_{44} = G_{12}$$

$$\widetilde{\phi}_3 = \begin{bmatrix} a_{11} & a_{12} & a_{13} & a_{14} \end{bmatrix} \begin{bmatrix} b_{11} & b_{12} & 0 & 0 \\ b_{21} & b_{22} & 0 & 0 \\ b_{31} & b_{32} & b_{33} & b_{34} \\ b_{41} & b_{42} & b_{43} & b_{44} \end{bmatrix} + \frac{1}{2H}\begin{bmatrix} 0 & -2G_{11}(E'_q - E'_{q0}) & 0 & 0 \end{bmatrix}$$

其中

$$a_{11} = -\sin\delta + \sin\delta_0, \qquad b_{11} = -V_\infty(E'_q - E'_{q0})G_{13}, \qquad b_{33} = -b_{31},$$
$$a_{12} = \cos\delta - \cos\delta_0, \qquad b_{12} = V_\infty B_{13}, \qquad b_{34} = -b_{32},$$
$$a_{13} = \sin(\delta_m - \delta) - \sin(\delta_{m0} - \delta_0), \qquad b_{21} = -V_\infty(E'_q - E'_{q0})B_{13}, \qquad b_{43} = -b_{41},$$
$$a_{14} = \cos(\delta_m - \delta) - \cos(\delta_{m0} - \delta_0), \qquad b_{42} = -(E'_m - E'_{m0})G_{12}, \qquad b_{44} = -b_{42},$$
$$b_{31} = -(E'_m E'_q - E'_{m0}E'_{q0})G_{12}, \qquad b_{32} = (E'_m - E'_{m0})B_{12}, \qquad b_{22} = -V_\infty G_{13},$$
$$b_{41} = -(E'_m E'_q - E'_{m0}E'_{q0})B_{12}$$

$$\widetilde{\phi}_4 = \begin{bmatrix} x_{11} & x_{12} & x_{13} & x_{14} \end{bmatrix} \beta \begin{bmatrix} b_{11} & b_{22} & 0 & 0 \\ b_{21} & b_{22} & 0 & 0 \\ b_{31} & b_{32} & b_{33} & b_{34} \\ b_{41} & b_{42} & b_{43} & b_{44} \end{bmatrix} + \frac{1}{2H}\begin{bmatrix} x_{11} \\ x_{12} \\ x_{13} \\ x_{14} \end{bmatrix}^T \kappa \begin{bmatrix} p_{11} & p_{12} & 0 & 0 \\ p_{21} & p_{22} & 0 & 0 \\ p_{31} & p_{32} & p_{33} & p_{34} \\ p_{41} & p_{42} & p_{43} & p_{44} \end{bmatrix}$$

$$+ \begin{bmatrix} 0 & q_2\left(\dfrac{E'_q}{V_t} - \dfrac{E'_{q0}}{V_{t0}}\right) & 0 & 0 \end{bmatrix},$$

其中

$$p_{11} = -V_\infty(E'_q - E'_{q0})G_{11}G_\infty + B_{11}B_{13}, \qquad p_{12} = V_\infty(G_{11}B_{13} - B_{11}G_{13}),$$
$$p_{31} = -(E'_q E'_m - E_{q0}E_{m0})(G_{11}G_{12} + B_{11}G_{12}), \qquad \beta = X'_d\left(\frac{1}{V_t} - \frac{1}{V_{t0}}\right).$$
$$p_{21} = -V_\infty(E'_q - E'_{q0})(G_{11}B_{13} - B_{11}G_{13}), \qquad p_{22} = -V_\infty G_{11}G_\infty + B_{11}B_{13},$$
$$p_{41} = -(E'_q E'_m - E_{q0}E_{m0})(G_{11}B_{12} - B_{11}G_{12}), \qquad p_{32} = (E'_m - E'_{m0})(G_{11}B_{12} - B_{11}G_{12}),$$
$$p_{42} = -(E'_m - E'_{m0})(G_{11}G_{12} + B_{11}G_{12}), \qquad q_2 = 1 + 2X'_d B_{11} + X'^2_d(G^2_{11} + B^2_{11}),$$
$$\kappa = X'_d\beta, p_{44} = -p_{42}, p_{43} = -p_{41}, \qquad p_{33} = -p_{31}, p_{34} = -p_{32}$$

$$\widetilde{\phi}_5 = \begin{bmatrix} k_{11} & k_{12} & k_{13} & k_{14} \end{bmatrix} \begin{bmatrix} 0 & 0 & m_{13} & 0 \\ 0 & 0 & m_{23} & 0 \\ m_{31} & m_{32} & m_{33} & 0 \\ m_{41} & m_{42} & m_{43} & 0 \end{bmatrix}$$

其中

$$k_{11} = \cos\delta_{\mathrm{m}} - \cos\delta_{\mathrm{m}0}, \qquad m_{13} = -V_{\infty}G_{31}, \qquad m_{33} = -m_{31},$$

$$k_{12} = \sin\delta_{\mathrm{m}} - \sin\delta_{\mathrm{m}0}, \qquad m_{23} = -V_{\infty}B_{31}, \qquad m_{41} = (E'_{\mathrm{q}} - E'_{\mathrm{q}0})B_{12},$$

$$k_{13} = \cos(\delta - \delta_{\mathrm{m}}) - \cos(\delta_0 - \delta_{\mathrm{m}0}), \qquad m_{31} = (E'_{\mathrm{q}} - E'_{\mathrm{q}0})G_{12}, \qquad m_{42} = -G_{12},$$

$$k_{14} = -\sin(\delta - \delta_{\mathrm{m}}) + \sin(\delta_0 - \delta_{\mathrm{m}0}), \qquad m_{32} = B_{12}, \qquad m_{43} = -m_{41}$$

$$\widetilde{\phi}_6 = \begin{bmatrix} c_{11} & c_{12} & c_{13} & c_{14} \end{bmatrix} \gamma \begin{bmatrix} 0 & 0 & d_{13} & d_{14} \\ 0 & 0 & d_{23} & d_{24} \\ d_{31} & d_{32} & d_{33} & d_{34} \\ d_{41} & d_{42} & d_{43} & d_{44} \end{bmatrix}$$

其中

$$c_{11} = -\sin\delta_{\mathrm{m}} + \sin\delta_{\mathrm{m}0}, \qquad d_{13} = -V_{\infty}(E'_{\mathrm{m}} - E'_{\mathrm{m}0})G_{31}, \qquad d_{34} = -d_{32},$$

$$c_{12} = \cos\delta_{\mathrm{m}} - \cos\delta_{\mathrm{m}0}, \qquad d_{14} = -V_{\infty}B_{13}, \qquad d_{33} = -d_{31},$$

$$c_{13} = \sin(\delta - \delta_{\mathrm{m}}) - \sin(\delta_0 - \delta_{\mathrm{m}0}), \qquad d_{23} = -V_{\infty}(E'_{\mathrm{m}} - E'_{\mathrm{m}0})B_{31}, \qquad d_{43} = -d_{41},$$

$$c_{14} = \cos(\delta - \delta_{\mathrm{m}}) - \cos(\delta_0 - \delta_{\mathrm{m}0}), \qquad d_{32} = (E'_{\mathrm{m}} - E'_{\mathrm{m}0})B_{12}, \qquad d_{44} = -d_{42},$$

$$\gamma = \frac{1}{E'^2_{\mathrm{m}}} - \frac{1}{E'^2_{\mathrm{m}0}}, \qquad d_{42} = -(E'_{\mathrm{m}} - E'_{\mathrm{m}0})G_{12}, \qquad d_{24} = V_{\infty}G_{31},$$

$$d_{41} = -(E'_{\mathrm{m}}E'_{\mathrm{q}} - E'_{\mathrm{m}0}E'_{\mathrm{q}0})B_{12}, \qquad d_{31} = (E'_{\mathrm{m}}E'_{\mathrm{q}} - E'_{\mathrm{m}0}E'_{\mathrm{q}0})G_{12}.$$

$$\widetilde{\phi}_7 = \begin{bmatrix} c_{11} & c_{12} & c_{13} & c_{14} \end{bmatrix} \begin{bmatrix} 0 & 0 & d_{13} & d_{14} \\ 0 & 0 & d_{23} & d_{24} \\ d_{31} & d_{32} & d_{33} & d_{34} \\ d_{41} & d_{42} & d_{43} & d_{44} \end{bmatrix} + \begin{bmatrix} 0 & 0 & 0 & -2(E'_{\mathrm{m}} - E'_{\mathrm{m}0})G_{33} \end{bmatrix}$$

11.4 附录Ⅳ：3 机 2 区测试系统的潮流和动态数据

1. 3 机 2 区测试系统潮流数据

基于 100MV·A 的输电线数据：R、X 和 B（pu）：

线路	R	X	B
5 – 6	0.0000	0.0040	0.0000
6 – 7	0.0015	0.0288	1.173
9 – 10	0.0010	0.0030	0.0000

基于 100MV·A 的变压器数据：R 和 X（pu）：

线路	R	X	比率
T_1	0.0000	0.0020	0.8857
T_2	0.0015	0.0045	0.8857
T_3	0.0010	0.0125	0.9024
T_4	0.0010	0.0030	1.0664
T_5	0.0010	0.0026	1.0800
T_6	0.0010	0.0010	0.9750
T_7	0.0010	0.0030	1.0000
T_8	0.0010	0.0030	1.0000

负荷：

母线	P/MW	$Q(Mvar)$
8	3271	1015
11	3384	971

发电：

母线	P/MW	$V(pu)$
G_1	3981	0.98
G_2	1736	0.98
G_3	1154	0.98

并联电容器：

母线	Mvar
7	763
8	600
9	1710

2. 3 机 2 区系统动态数据

机器 1：无限大母线，机器 2：$H = 2.09$，机器 3：$H = 2.33$。

机器参数 - 分别基于 2200MV·A 和 1400MV·A 的机器 2 和机器 3（pu）：

R_a	X_d	X_q	R_a	X_1	X_d'	X_d''	X_q''	T_{d0}'	T_{q0}'	T_{d0}''	T_{q0}''
0.046	2.07	1.99	0.155	0.28	0.49	0.215	0.215	4.10	0.56	0.033	0.062

励磁机：机器 2 和机器 3 都有晶闸管励磁器，增量为 400，感应电路时间常数为 0.02s。

基于 3600MV·A 的电机数据（pu）：

$X_m = 3.3$	$R_s = 0.01$	$X_s = 0.0145$
$R_r = 0.008$	$X_r = 0.145$	$H = 0.6s$
0.0015	0.0045	0.8857

负荷转矩分量 $m = 2$（即 $T_L = T_0\omega_r^2$）。

机器 3 的过励磁限制器：

$$I_{fdmax1} = 3.02pu I_{fdmax1} = 3.02pu I_{fdmax1} = 3.02pu$$

$$Time_1 = 3.02s Time_1 = 3.02s Time_1 = 3.02s$$

母线 10 和 11 之间变压器 T_6 的 OLTC：

首次分接移动时延：30s

后续分接移动时延：5s

死区：±1% pu 母线电压

分接范围：±16 档

步长：0.00625pu

11.5 附录 V：单一风电场无穷大容量母线测试系统潮流和动态数据

具体见表 11.2。

表 11.2 测试系统机器和电网参数

异步电机	
功率：2MW	$R_s = 0.0121pu$
电压：690V	$X_s = 0.0742pu$
频率 $f = 50Hz$	$X_m = 2.7626pu$
自阻尼，0.008pu	$R_r = 0.008pu$
额定转差：0.02	$X_r = 0.1761pu$
	STATCOM
二质模块	容量：10MV·A
$H_m = 2.6s$, $H_G = 0.22s$	$R_c = 0.01pu$
$D_m = 3pu$, $K_s = 141pu$	$C = 300pF$
变速比：23.75	
电网和线路	风力发电机参数
$x_g = 0.1126pu$	轮毂高度：30m
$r_g = 0.01126pu$	转子直径：23.2m
$x_{13} = 0.75pu$	额定转速：42r/min
$r_{13} = 0.075pu$	
负荷	并联补偿器
$P = 50MW$, $Q = 15Mvar$	电容器：25Mvar

11.6 附录Ⅵ：具有非结构不确定性表示的 STATCOM 控制器的 $\widetilde{\phi}$ 表达式

定义 $\widetilde{\phi} = [\widetilde{\phi}_1, \cdots, \widetilde{\phi}_7]^T$，$\overline{\psi} = [\overline{\psi}_1, \cdots, \overline{\psi}_7]^T$，$z_1 = T'_0/(X-X')$，$z_2 = -\omega_s(E'_{qr} - E'_{qr0})$，$z_3 = -\omega_s(s-s_0)$，$z_4 = \omega_s(E'_{dr} - E'_{dr0})$，$\Lambda = (k-k_0)$，$v_1 = -(E'_{dr}v_{dc} - E_{dr0}v_{dc0})$，$v_2 = -(E'_{qr1}v_{dc} - E_{qr10}v_{dc0})$，$z = \dfrac{1}{V_t} - \dfrac{1}{V_{t0}}$，其中

$$\widetilde{\phi}_1 = \begin{bmatrix} a_{11} \\ a_{12} \\ a_{13} \\ a_{14} \end{bmatrix}^T \begin{bmatrix} 0 & b_{12} & b_{13} & b_{14} \\ 0 & b_{22} & b_{23} & b_{24} \\ 0 & V_\infty G_{13} & V_\infty B_{13} & 0 \\ 0 & V_\infty B_{13} & V_\infty G_{13} & 0 \end{bmatrix} + \begin{bmatrix} 0 \\ c_{12} \\ c_{13} \\ 0 \end{bmatrix}^T$$

其中

$$a_{11} = \sin(\alpha - \delta) - \sin(\alpha_0 - \delta_0), a_{13} = -\cos\alpha + \cos\alpha_0$$
$$a_{12} = \cos(\alpha - \delta) - \cos(\alpha_0 - \delta_0), a_{14} = -\sin\alpha + \sin\alpha_0$$
$$b_{12} = G_{12}\Lambda(v_{dc} - v_{dc0}), b_{22} = -B_{12}\Lambda(v_{dc} - v_{dc0})$$
$$b_{13} = -B_{12}\Lambda(v_{dc} - v_{dc0}), b_{23} = -G_{12}\Lambda(v_{dc} - v_{dc0})$$
$$b_{14} = -\Lambda B_{12}(E'_{qr} - E'_{qr0}) + AG_{12}(E'_{dr} - E'_{dr0})$$
$$b_{24} = -\Lambda G_{12}(E'_{qr} - E'_{qr0}) - \Lambda B_{12}(E'_{dr} - E'_{dr0})$$
$$c_{12} = 2G_{11}(E'_{dr} - E'_{dr0}), c_{13} = -2B_{11}(E'_{qr} - E'_{qr0})$$

$$\widetilde{\phi}_2 = \begin{bmatrix} a_{11} \\ a_{12} \\ a_{13} \\ a_{14} \end{bmatrix}^T \begin{bmatrix} 0 & 0 & 0 & -\Lambda G_{12} \\ 0 & 0 & 0 & \Lambda B_{12} \\ 0 & 0 & 0 & 0 \\ 0 & 0 & 0 & 0 \end{bmatrix} + z_1 \begin{bmatrix} z_2 \\ 0 \\ z_3 \\ 0 \end{bmatrix}^T$$

$$\widetilde{\phi}_3 = \begin{bmatrix} a_{11} \\ a_{12} \\ a_{13} \\ a_{14} \end{bmatrix}^T \begin{bmatrix} 0 & 0 & 0 & \Lambda B_{12} \\ 0 & 0 & 0 & \Lambda G_{12} \\ 0 & 0 & 0 & 0 \\ 0 & 0 & 0 & 0 \end{bmatrix} + z_1 \begin{bmatrix} z_4 \\ z_3 \\ 0 \\ 0 \end{bmatrix}$$

$$\widetilde{\phi}_4 = \widetilde{\phi}_6 = [0,0,0,0], \widetilde{\phi}_5 = \widetilde{\phi}_1,$$

$$\widetilde{\phi}_7 = \begin{bmatrix} a_{11} \\ a_{12} \\ a_{13} \\ a_{14} \end{bmatrix} \begin{bmatrix} 0 & -\Lambda B_{12} & -\Lambda G_{21} & 0 \\ 0 & -\Lambda G_{12} & \Lambda B_{21} & 0 \\ 0 & 0 & 0 & 0 \\ 0 & 0 & 0 & 0 \end{bmatrix}$$

$$\widetilde{\psi}_1 = [\, a_{12} \ a_{11} \,] \begin{bmatrix} s_{11} & s_{12} \\ s_{21} & s_{22} \end{bmatrix}$$

其中

$$s_{11} = v_1 B_{12} + v_2 G_{12}, s_{21} = v_1 G_{12} + v_2 B_{12}$$
$$s_{12} = \Lambda v_1 G_{12} - A v_2 B_{12}, s_{22} = -\Lambda v_1 B_{12} - \Lambda v_2 G_{12}$$

$$\widetilde{\psi}_2 = [\, r_{11} \ r_{12} \,] \begin{bmatrix} t_{11} & t_{12} \\ t_{21} & t_{22} \end{bmatrix}$$

其中

$$t_{11} = -(v_{dc} - v_{dc0}) B_{12}, t_{21} = -(v_{dc} - v_{dc0}) G_{12}$$
$$t_{12} = -\Lambda(v_{dc} - v_{dc0}) G_{12}, t_{22} = \Lambda(v_{dc} - v_{dc0}) B_{14}$$

$$\widetilde{\psi}_3 = [\, r_{11} \ r_{12} \,] \begin{bmatrix} u_{11} & u_{12} \\ u_{21} & u_{22} \end{bmatrix},$$

其中

$$u_{11} = -(v_{dc} - v_{dc0}) G_{12}, u_{21} = (v_{dc} - v_{dc0}) B_{12}$$
$$u_{12} = \Lambda(v_{dc} - v_{dc0}) B_{12}, u_{22} = \Lambda(v_{dc} - v_{dc0}) G_{12}$$
$$\widetilde{\psi}_4 = \widetilde{\psi}_6 = [\,0,0\,], \widetilde{\psi}_5 = \widetilde{\psi}_1$$

$$\widetilde{\psi}_7 = z[\, a_{12} \ -a_{11} \,] \begin{bmatrix} -s_{12} & -s_{11} \\ -s_{22} & -s_{21} \end{bmatrix}$$

11.7 附录Ⅶ：同步 STATCOM 和桨距角控制的$\widetilde{\phi}$和$\widetilde{\psi}$表达式设计

不确定矩阵$\widetilde{\phi}$和$\widetilde{\psi}$的数学表达式有助于确定比例参数β。本节其他部分给出了$\widetilde{\phi}$和$\widetilde{\psi}$的表达式。定义$\widetilde{\phi} = [\widetilde{\phi}_1, \cdots, \widetilde{\phi}_7]^T, \widetilde{\psi} = [\widetilde{\psi}_1, \cdots, \widetilde{\psi}_7]^T$ 其中

$$\widetilde{\phi}_1 = [\, r_{11} \ 0 \ 0 \ 0 \,] \tag{11.4}$$

其中

$$r_{11} = \frac{\rho}{2\omega_m^2} A_{wt} V_w^3 \left\{ (0.44 - 0.0167\theta) \sin\left[\frac{\pi(\lambda-3)}{15 - 0.3\theta}\right] - 0.00184(\lambda-3)\theta \right\}$$

$$\quad - \frac{\rho}{2\omega_{m0}^2} A_{wt} V_w^3 \left\{ (0.44 - 0.0167\theta_0) \sin\left[\frac{\pi(\lambda-3)}{15 - 0.3\theta_0}\right] - 0.00184(\lambda-3)\theta_0 \right\}$$

$$\widetilde{\phi}_2 = \begin{bmatrix} a_{11} \\ a_{12} \\ a_{13} \\ a_{14} \end{bmatrix}^T \begin{bmatrix} 0 & b_{12} & b_{13} & b_{14} \\ 0 & b_{22} & b_{23} & b_{24} \\ 0 & V_\infty G_{13} & V_\infty B_{13} & 0 \\ 0 & V_\infty B_{13} & V_\infty G_{13} & 0 \end{bmatrix} + \begin{bmatrix} 0 \\ c_{12} \\ c_{13} \\ 0 \end{bmatrix}^T \tag{11.5}$$

其中

$$a_{11} = \sin(\alpha - \delta) - \sin(\alpha_0 - \delta_0), a_{13} = -\cos\alpha + \cos\alpha_0$$

$$a_{12} = \cos(\alpha - \delta) - \cos(\alpha_0 - \delta_0), a_{14} = -\sin\alpha + \sin\alpha_0$$

$$b_{12} = G_{12}\kappa(v_{dc} - v_{dc0}), b_{22} = -B_{12}\kappa(v_{dc} - v_{dc0})$$

$$b_{13} = -B_{12}\kappa(v_{dc} - v_{dc0}), b_{23} = -G_{12}\kappa(v_{dc} - v_{dc0})$$

$$b_{14} = -\kappa B_{12}(E'_{qr} - E'_{qr0}) + \kappa G_{12}(E'_{dr} - E'_{dr0})$$

$$b_{24} = -\kappa G_{12}(E'_{qr} - E'_{qr0}) - \kappa B_{12}(E'_{dr} - E'_{dr0})$$

$$c_{12} = -2G_{11}(E'_{dr} - E'_{dr0}) - 2B_{11}(E'_{qr} - E'_{qr0})$$

$$c_{13} = -2G_{11}(E'_{qr} - E'_{qr0}) - 2B_{11}(E'_{dr} - E'_{dr0}), \kappa = \sqrt{\frac{3}{8}}(m - m_0)$$

$$\widetilde{\phi}_3 = [0\ 0\ 0\ 0] \tag{11.6}$$

$$\widetilde{\phi}_4 = \widetilde{\phi}_2 = \begin{bmatrix} a_{11} \\ a_{12} \\ a_{13} \\ a_{14} \end{bmatrix}^{\mathrm{T}} \begin{bmatrix} 0 & b_{12} & b_{13} & b_{14} \\ 0 & b_{22} & b_{23} & b_{24} \\ 0 & V_\infty G_{13} & V_\infty B_{13} & 0 \\ 0 & V_\infty B_{13} & V_\infty G_{13} & 0 \end{bmatrix} + \begin{bmatrix} 0 \\ c_{12} \\ c_{13} \\ 0 \end{bmatrix}^{\mathrm{T}} \tag{11.7}$$

$$\widetilde{\phi}_5 = \begin{bmatrix} a_{11} \\ a_{12} \\ a_{13} \\ a_{14} \end{bmatrix}^{\mathrm{T}} \begin{bmatrix} 0 & 0 & 0 & -\kappa G_{12} \\ 0 & 0 & 0 & \kappa B_{12} \\ 0 & 0 & 0 & 0 \\ 0 & 0 & 0 & 0 \end{bmatrix} + \begin{bmatrix} z_1 \\ 0 \\ z_3 \\ 0 \end{bmatrix}^{\mathrm{T}} \tag{11.8}$$

其中

$$z_1 = -T'_0/(X - X')\,\omega_s(E'_{qr} - E'_{qr0}), z_3 = T'_0/(X - X')\omega_s(s - s_0)$$

$$\widetilde{\phi}_6 = \begin{bmatrix} a_{11} \\ a_{12} \\ a_{13} \\ a_{14} \end{bmatrix}^{\mathrm{T}} \begin{bmatrix} 0 & 0 & 0 & \kappa B_{12} \\ 0 & 0 & 0 & \kappa G_{12} \\ 0 & 0 & 0 & 0 \\ 0 & 0 & 0 & 0 \end{bmatrix} + \begin{bmatrix} z_3 \\ z_4 \\ 0 \\ 0 \end{bmatrix}^{\mathrm{T}} \tag{11.9}$$

其中

$$z_4 = -T'_0/(X - X')\omega_s(E'_{dr} - E'_{dr0}), z_3 = T'_0/(X - X')\omega_s(s - s_0)$$

$$\widetilde{\phi}_7 = [p_{11}\ p_{12}\ 0\ 0] \begin{bmatrix} 0 & \kappa B_{21} & \kappa G_{21} & 0 \\ 0 & \kappa G_{21} & \kappa B_{21} & 0 \\ 0 & 0 & 0 & 0 \\ 0 & 0 & 0 & 0 \end{bmatrix} \tag{11.10}$$

其中

$$p_{11} = \sin(\delta - \alpha) - \sin(\delta_0 - \alpha_0), p_{12} = \cos(\delta - \alpha) - \cos(\delta_0 - \alpha_0)$$

$$\widetilde{\phi}_8 = z \begin{bmatrix} a_{11} \\ a_{12} \\ a_{13} \\ a_{14} \end{bmatrix}^{\mathrm{T}} \begin{bmatrix} 0 & 0 & 0 & \kappa R_s G_{12} \\ 0 & 0 & 0 & -\kappa R_s B_{12} \\ 0 & 0 & 0 & 0 \\ 0 & 0 & 0 & 0 \end{bmatrix} + z \begin{bmatrix} 0 \\ R_s G_{11} \\ R_s B_{11} \\ 0 \end{bmatrix}^{\mathrm{T}}$$

其中

$$z = \frac{1}{v_t} - \frac{1}{v_{t0}}$$

$$\widetilde{\psi}_1 = \begin{bmatrix} m_{12} & m_{11} & 0 & 0 \end{bmatrix} \begin{bmatrix} n_{11} & 0 & 0 & 0 \\ n_{21} & 0 & 0 & 0 \\ 0 & 0 & 0 & 0 \\ 0 & 0 & 0 & 0 \end{bmatrix} \qquad (11.11)$$

其中

$$m_{11} = \sin\left[\frac{\pi(\lambda - 3)}{15 - 0.3\theta}\right] - \sin\left[\frac{\pi(\lambda - 3)}{15 - 0.3\theta_0}\right], n_{11} = \frac{0.0835\rho}{2} A_{\mathrm{wt}} V_w^3 \left(\frac{1}{\omega_m} - \frac{1}{\omega_{m0}}\right)$$

$$m_{12} = \cos\left[\frac{\pi(\lambda - 3)}{15 - 0.3\theta}\right] - \sin\left[\frac{\pi(\lambda - 3)}{15 - 0.3\theta_0}\right],$$

$$n_{21} = \frac{0.025\rho(\lambda - 3)}{2} A_{\mathrm{wt}} V_w^3 \left(\frac{\theta}{\omega_m(15 - 0.3\theta)} - \frac{\theta_0}{\omega_{m0}(15 - 0.3\theta_0)}\right)$$

$$\widetilde{\psi}_2 = \begin{bmatrix} a_{12} & a_{11} & 0 & 0 \end{bmatrix} \begin{bmatrix} 0 & s_{12} & s_{13} & 0 \\ 0 & s_{22} & s_{23} & 0 \\ 0 & 0 & 0 & 0 \\ 0 & 0 & 0 & 0 \end{bmatrix} \qquad (11.12)$$

其中

$$s_{21} = -\kappa G_{12} p + \kappa B_{12} q, s_{22} = -\kappa B_{12} p - \kappa G_{12} q$$

$$s_{13} = -\frac{3}{8} G_{12} q + \kappa B_{12} p, s_{23} = -\frac{3}{8} B_{12} q - \kappa G_{12} p$$

$$p = (E'_{\mathrm{dr}} v_{\mathrm{dc}} - E_{\mathrm{dr0}} V_{\mathrm{dc0}}), q = (E'_{\mathrm{qr}} v_{\mathrm{dc}} - E_{\mathrm{qr0}} V_{\mathrm{dc0}})$$

$$\widetilde{\psi}_3 = \begin{bmatrix} 0 & 0 & 0 & 0 \end{bmatrix} \qquad (11.13)$$

$$\widetilde{\psi}_4 = \widetilde{\psi}_2 = \begin{bmatrix} a_{12} & a_{11} & 0 & 0 \end{bmatrix} \begin{bmatrix} 0 & s_{12} & s_{13} & 0 \\ 0 & s_{22} & s_{23} & 0 \\ 0 & 0 & 0 & 0 \\ 0 & 0 & 0 & 0 \end{bmatrix} \qquad (11.14)$$

$$\widetilde{\psi}_5 = [\,a_{12}\ a_{11}\ 0\ 0\,]\begin{bmatrix} 0 & t_{12} & t_{13} & 0 \\ 0 & t_{22} & t_{23} & 0 \\ 0 & 0 & 0 & 0 \\ 0 & 0 & 0 & 0 \end{bmatrix} \tag{11.15}$$

其中

$$t_{12} = -\kappa(v_{\mathrm{dc}} - v_{\mathrm{dc0}})G_{12},\ t_{22} = \kappa(v_{\mathrm{dc}} - v_{\mathrm{dc0}})B_{14}$$

$$t_{13} = -\frac{3}{8}(v_{\mathrm{dc}} - v_{\mathrm{dc0}})B_{12},\ t_{23} = -\frac{3}{8}(v_{\mathrm{dc}} - v_{\mathrm{dc0}})G_{12}$$

$$\widetilde{\psi}_6 = [\,a_{12}\ a_{11}\ 0\ 0\,]\begin{bmatrix} 0 & u_{12} & u_{12} & 0 \\ 0 & u_{22} & u_{23} & 0 \\ 0 & 0 & 0 & 0 \\ 0 & 0 & 0 & 0 \end{bmatrix} \tag{11.16}$$

其中

$$u_{12} = \kappa(v_{\mathrm{dc}} - v_{\mathrm{dc0}})B_{12},\ u_{22} = \kappa(v_{\mathrm{dc}} - v_{\mathrm{dc0}})G_{12}$$

$$u_{11} = -\frac{3}{8}(v_{\mathrm{dc}} - v_{\mathrm{dc0}})G_{12},\ u_{21} = \frac{3}{8}(v_{\mathrm{dc}} - v_{\mathrm{dc0}})B_{12}$$

$$\widetilde{\psi}_7 = z[\,p_{11}\ p_{12}\ 0\ 0\,]\begin{bmatrix} 0 & \kappa G_{21} & \frac{3}{8}B_{21} & 0 \\ 0 & \kappa B_{21} & \frac{3}{8}G_{21} & 0 \\ 0 & 0 & 0 & 0 \\ 0 & 0 & 0 & 0 \end{bmatrix} \tag{11.17}$$

$$\widetilde{\psi}_8 = [\,a_{11}\ a_{12}\ 0\ 0\,]\begin{bmatrix} 0 & q_{12} & q_{13} & 0 \\ 0 & q_{22} & q_{23} & 0 \\ 0 & 0 & 0 & 0 \\ 0 & 0 & 0 & 0 \end{bmatrix} \tag{11.18}$$

其中

$$q_{12} = \kappa R_{\mathrm{s}}B_{12}(v_{\mathrm{dc}} - v_{\mathrm{dc0}}),\ q_{22} = \kappa R_{\mathrm{s}}G_{12}(v_{\mathrm{dc}} - v_{\mathrm{dc0}})$$

$$q_{12} = \frac{3}{8}R_{\mathrm{s}}G_{12}(v_{\mathrm{dc}} - v_{\mathrm{dc0}}),\ q_{22} = \frac{3}{8}R_{\mathrm{s}}B_{12}(v_{\mathrm{dc}} - v_{\mathrm{dc0}})$$

11.8　附录Ⅷ：具有结构不确定性表示的 STATCOM 控制设计的 $\widetilde{\phi}$ 和 $\widetilde{\psi}$ 表达式

$\widetilde{\phi}_k$ 和 $\widetilde{\psi}_k$ 的表达式如下所示，$k = 0,\ \cdots,\ 7$，$\delta_{\mathrm{ab}} = \sin(\delta_{\mathrm{a}} - \delta_{\mathrm{b}})$ 和 $\Lambda = (K - K_0)$：

$$\widetilde{\phi}_0 = \begin{bmatrix} a_{11} \\ a_{12} \\ a_{13} \\ a_{14} \end{bmatrix}^{\mathrm{T}} \begin{bmatrix} 0 & b_{12} & b_{13} & 0 & b_{15} & b_{16} & 0 \\ 0 & b_{22} & b_{23} & 0 & b_{25} & b_{26} & 0 \\ 0 & b_{32} & b_{33} & 0 & 0 & 0 & b_{37} \\ 0 & b_{42} & b_{43} & 0 & 0 & 0 & b_{47} \end{bmatrix} + \begin{bmatrix} 0 & t_{12} & t_{13} & 0 & 0 & 0 \end{bmatrix}$$

其中

$$a_{11} = \cos\delta_{21} - \cos\delta_{210}, a_{12} = \sin\delta_{21} - \sin\delta_{210}$$

$$a_{13} = \cos(\alpha - \delta_1) - \cos(\alpha_0 - \delta_{10}), a_{14} = \sin(\alpha - \delta_1) - \sin(\alpha_0 - \delta_{10})$$

$$b_{12} = -(E'_{dr2} - E_{dr20})G_{12} - (E'_{qr2} - E_{qr20})B_{12}$$

$$b_{22} = (E'_{dr2} - E_{dr20})B_{12} - (E'_{qr2} - E_{qr20})G_{12}$$

$$b_{32} = -\Lambda(v_{dc} - v_{dc0})B_{14}, b_{42} = -\Lambda(v_{dc} - v_{dc0})G_{14}$$

$$b_{13} = -(E'_{dr2} - E_{dr20})B_{12} - (E'_{qr2} - E_{qr20})G_{12}$$

$$b_{23} = -(E'_{dr2} - E_{dr20})G_{12} + (E'_{qr2} - E_{qr20})B_{12}$$

$$b_{33} = -\Lambda(v_{dc} - v_{dc0})G_{14}, b_{43} = -\Lambda(v_{dc} - v_{dc0})B_{14}$$

$$b_{15} = -(E'_{dr1} - E_{dr10})G_{12} - (E'_{qr1} - E_{qr10})B_{12}$$

$$b_{25} = (E'_{dr1} - E_{dr10})B_{12} - (E'_{qr1} - E_{qr10})G_{12}$$

$$b_{16} = -(E'_{dr1} - E_{dr10})B_{12} - (E'_{qr1} - E_{qr10})G_{12}$$

$$b_{26} = -(E'_{dr1} - E_{dr10})G_{12} + (E'_{qr1} - E_{qr10})B_{12}$$

$$b_{37} = -\Lambda(E'_{dr1} - E_{dr10})B_{14} - (E'_{qr1} - E_{qr10})G_{14}$$

$$b_{47} = -\Lambda(E'_{dr1} - E_{dr10})G_{14} + (E'_{qr1} - E_{qr10})B_{14}$$

$$t_{12} = -G_{11}(E'_{dr1} - E'_{dr10}), t_{13} = -2B_{11}(E'_{qr1} - E'_{qr10})$$

$$\widetilde{\phi}_1 = \begin{bmatrix} a_{11} \\ a_{12} \\ a_{13} \\ a_{14} \end{bmatrix}^{\mathrm{T}} \begin{bmatrix} 0 & 0 & 0 & 0 & c_{15} & c_{16} & 0 \\ 0 & 0 & 0 & 0 & c_{25} & c_{26} & 0 \\ 0 & 0 & 0 & 0 & 0 & 0 & c_{37} \\ 0 & 0 & 0 & 0 & 0 & 0 & c_{47} \end{bmatrix} + \begin{bmatrix} \beta_{11} & 0 & \beta_{13} & 0 & 0 & 0 \end{bmatrix}$$

其中

$$c_{15} = -B_{12}, \qquad\qquad c_{26} = B_{12}$$

$$c_{25} = -G_{12}, \qquad\qquad c_{37} = -G_{14}$$

$$c_{16} = -G_{12}, \qquad\qquad c_{47} = -B_{14}$$

$$\beta_{11} = -\omega_s(E'_{qr1} - E_{qr10}), \qquad \beta_{13} = -\omega_s(s_1 - s_{10})$$

$$\widetilde{\phi}_2 = \begin{bmatrix} a_{11} \\ a_{12} \\ a_{13} \\ a_{14} \end{bmatrix}^{\mathrm{T}} \begin{bmatrix} 0 & 0 & 0 & 0 & d_{15} & d_{16} & 0 \\ 0 & 0 & 0 & 0 & d_{25} & d_{26} & 0 \\ 0 & 0 & 0 & 0 & 0 & 0 & d_{37} \\ 0 & 0 & 0 & 0 & 0 & 0 & d_{47} \end{bmatrix} + \begin{bmatrix} \kappa_{11} & \kappa_{12} & 0 & 0 & 0 & 0 \end{bmatrix}$$

其中

$$d_{15} = -B_{12}, \qquad\qquad d_{26} = B_{12}$$
$$d_{25} = G_{12}, \qquad\qquad d_{37} = -B_{14}$$
$$d_{16} = G_{12}, \qquad\qquad d_{47} = G_{14}$$
$$\kappa_{11} = -\omega_s(E'_{dr1} - E_{dr10}), \qquad \kappa_{12} = -\omega_s(s_1 - s_{10})$$

$$\widetilde{\phi}_3 = \begin{bmatrix} m_{11} \\ m_{12} \\ m_{13} \\ m_{14} \end{bmatrix}^{T} \begin{bmatrix} 0 & n_{12} & n_{13} & 0 & n_{15} & n_{16} & 0 \\ 0 & n_{22} & n_{23} & 0 & n_{25} & n_{26} & 0 \\ 0 & 0 & 0 & 0 & n_{35} & 0 & n_{37} \\ 0 & 0 & 0 & 0 & n_{45} & 0 & n_{47} \end{bmatrix} + \begin{bmatrix} 0 & 0 & 0 & 0 & g_{15} & g_{16} & 0 \end{bmatrix}$$

其中

$$m_{11} = \cos\delta_{12} - \cos\delta_{120}, m_{12} = \sin\delta_{12} - \sin\delta_{120}$$
$$m_{13} = \cos(\alpha - \delta_2) - \cos(\alpha_0 - \delta_{20}), m_{14} = \sin(\alpha - \delta_2) - \sin(\alpha_0 - \delta_{20})$$
$$n_{12} = -(E'_{dr2} - E_{dr20})G_{21} - (E'_{qr2} - E_{qr20})B_{21}$$
$$n_{22} = (E'_{dr2} - E_{dr20})B_{21} - (E'_{qr2} - E_{qr20})G_{21}$$
$$n_{13} = -(E'_{qr2} - E_{qr20})G_{21} - (E'_{dr2} - E_{dr20})B_{21}$$
$$n_{23} = -(E'_{qr2} - E_{qr20})B_{21} + (E'_{dr2} - E_{dr20})G_{21}$$
$$n_{15} = -(E'_{dr1} - E_{dr10})G_{21} - (E'_{qr1} - E_{qr10})B_{21}$$
$$n_{25} = (E'_{dr1} - E_{dr10})B_{21} - (E'_{qr1} - E_{qr10})G_{21}$$
$$n_{35} = \Lambda(v_{dc} - E_{dc0})B_{24}, n_{45} = (v_{dc} - E_{dc0})G_{24}$$
$$n_{16} = -(E'_{qr1} - E_{qr10})G_{21} - (E'_{dr1} - E_{dr10})B_{21}$$
$$n_{26} = (E'_{qr1} - E_{qr10})B_{21} - (E'_{dr1} - E_{dr10})G_{21}$$
$$n_{37} = -\Lambda(E'_{dr2} - E_{dr20})B_{24} - (E'_{qr2} - E_{qr20})G_{24}$$
$$n_{47} = -\Lambda(E'_{dr2} - E_{dr20})G_{24} + (E'_{qr2} - E_{qr20})B_{24}$$
$$g_{15} = -G_{22}(E'_{dr2} - E_{dr20}), g_{16} = -B_{22}(E'_{qr2} - E_{qr20})$$

$$\widetilde{\phi}_4 = \begin{bmatrix} m_{11} \\ m_{12} \\ m_{13} \\ m_{14} \end{bmatrix}^{T} \begin{bmatrix} 0 & p_{12} & p_{13} & 0 & 0 & 0 & 0 \\ 0 & p_{22} & p_{23} & 0 & 0 & 0 & 0 \\ 0 & 0 & 0 & 0 & 0 & 0 & p_{37} \\ 0 & 0 & 0 & 0 & 0 & 0 & p_{47} \end{bmatrix} + \begin{bmatrix} 0 & 0 & 0 & -\omega_s(E'_{qr2} - E_{qr20}) & 0 & -\omega_s(s_2 - s_{20}) & 0 \end{bmatrix}$$

其中

$$p_{12} = -B_{21}, p_2 = -G_{21}, p_1 = -G_{21}, p_{23} = B_{21}, p_{37} = -\Lambda B_{24}, p_{47} = -\Lambda G_{24}$$

$$\widetilde{\phi}_5 = \begin{bmatrix} m_{11} \\ m_{12} \\ m_{13} \\ m_{14} \end{bmatrix}^{T} \begin{bmatrix} 0 & v_{12} & v_{13} & 0 & 0 & 0 & 0 \\ 0 & v_{22} & v_{23} & 0 & 0 & 0 & 0 \\ 0 & 0 & 0 & 0 & 0 & 0 & v_{37} \\ 0 & 0 & 0 & 0 & 0 & 0 & v_{47} \end{bmatrix} + \begin{bmatrix} 0 & 0 & 0 & 0 & -\omega_s(E'_{dr2} - E_{dr20}) & -\omega_s(s_2 - s_{20}) & 0 \end{bmatrix}$$

其中

$$v_{12} = -G_{21}, \quad v_{22} = B_{21}$$
$$v_{13} = -B_{21}, \quad v_{23} = G_{21}$$
$$v_{37} = -\Lambda G_{24}, \quad v_{47} = \Lambda B_{24}$$

$$\widetilde{\phi}_6 = \begin{bmatrix} x_{11} \\ x_{12} \\ x_{13} \\ x_{14} \end{bmatrix}^{\mathrm{T}} \begin{bmatrix} 0 & y_{12} & y_{13} & 0 & 0 & 0 & 0 \\ 0 & y_{22} & y_{23} & 0 & 0 & 0 & 0 \\ 0 & 0 & 0 & 0 & y_{35} & y_{36} & 0 \\ 0 & 0 & 0 & 0 & y_{45} & y_{46} & 0 \end{bmatrix}$$

其中

$$x_{11} = \cos(\delta_1 - \alpha) - \cos(\delta_{10} - \alpha_0), \quad y_{12} = -\Lambda G_{41}$$
$$x_{12} = \sin(\delta_1 - \alpha) - \sin(\delta_{10} - \alpha_0), \quad y_{22} = -\Lambda B_{41}$$
$$x_{13} = \cos(\delta_2 - \alpha) - \cos(\delta_{20} - \alpha_0), \quad y_{13} = -\Lambda B_{41}$$
$$x_{14} = \sin(\delta_2 - \alpha) - \sin(\delta_{20} - \alpha_0), \quad y_{23} = \Lambda G_{41}$$
$$y_{35} = -\Lambda B_{42}, \quad\quad\quad\quad\quad\quad\quad\quad y_{45} = -\Lambda G_{42}$$
$$y_{36} = -\Lambda G_{42}, \quad\quad\quad\quad\quad\quad\quad\quad y_{46} = \Lambda B_{42}$$

$$\widetilde{\phi}_7 = z \begin{bmatrix} a_{11} \\ a_{12} \\ a_{13} \\ a_{14} \end{bmatrix}^{\mathrm{T}} \begin{bmatrix} 0 & -b_{13} & -b_{12} & 0 & -b_{16} & -b_{15} & 0 \\ 0 & -b_{23} & -b_{22} & 0 & -b_{26} & -b_{25} & 0 \\ 0 & -b_{33} & b_{23} & 0 & 0 & 0 & -b_{47} \\ 0 & -b_{43} & -b_{33} & 0 & 0 & 0 & -b_{37} \end{bmatrix} + \begin{bmatrix} 0 & z_{12} & z_{13} & 0 & z_{15} & z_{16} & 0 \end{bmatrix}$$

其中

$$z = \frac{1}{V_t} - \frac{1}{V_{t0}}$$

$$z_{12} = 2X_1'(E_{dr1} - E_{dr10}) + 4G_{12}B_{12}(E_{qr1} - E_{qr10})$$
$$\quad\quad + 2(E_{dr1} - E_{dr10}) + 2B_{11}(E_{dr1} - E_{dr10}) - 2t_{12} - b_{37}$$

$$z_{13} = 2X_1'(E_{qr1} - E_{qr10}) + 4G_{12}B_{12}(E_{dr1} - E_{dr10})$$
$$\quad\quad + 2(E_{qr1} - E_{qr10}) + 2B_{11}(E_{qr1} - E_{qr10}) - t_{13} - b_{47}$$

$$z_{15} = 2X_1'(E_{dr2} - E_{dr20}) + 4G_{12}B_{12}(E_{qr2} - E_{qr20})$$
$$\quad\quad + 2(E_{dr2} - E_{dr20}) + 2B_{11}(E_{dr2} - E_{dr20}) - 2g_{15} - n_{37}$$

$$z_{16} = 2X_1'(E_{qr2} - E_{qr20}) + 4G_{12}B_{12}(E_{dr2} - E_{dr20})$$
$$\quad\quad + 2(E_{qr2} - E_{qr20}) + 2B_{11}(E_{qr2} - E_{qr20}) - 2g_{16} - n_{47}$$

$$\widetilde{\psi}_0 = \begin{bmatrix} r_{11} & r_{12} \end{bmatrix} \begin{bmatrix} s_{11} & s_{12} \\ s_{21} & s_{22} \end{bmatrix}$$

其中

$$r_{11} = \cos(\alpha - \delta_1) - \cos(\alpha_0 - \delta_{10})$$

$$r_{12} = \sin(\alpha - \delta_1) - \sin(\alpha_0 - \delta_{10})$$

$$s_{11} = -(E'_{dr1}v_{dc} - E_{dr10}v_{dc0})B_{14} - (E'_{qr1}v_{dc} - E_{qr10}V_{dc0})G_{14}$$

$$s_{21} = -(E'_{dr1}v_{dc} - E_{dr10}v_{dc0})G_{14} - (E'_{qr1}v_{dc} - E_{qr10}v_{dc0})B_{14}$$

$$s_{12} = -\Lambda(E'_{dr1}v_{dc} - E_{dr10}v_{dc0})G_{14} + \Lambda(E'_{qr1}v_{dc} - E_{qr10}v_{dc0})B_{14}$$

$$s_{22} = \Lambda(E'_{dr1}v_{dc} - E_{dr10}v_{dc0})B_{14} + \Lambda(E'_{qr1}v_{dc} - E_{qr10}v_{dc0})G_{14}$$

$$\widetilde{\psi}_1 = \begin{bmatrix} r_{11} & r_{12} \end{bmatrix} \begin{bmatrix} t_{11} & t_{12} \\ t_{21} & t_{22} \end{bmatrix}$$

其中

$$t_{11} = -(v_{dc} - v_{dc0})B_{14}, t_{21} = -(v_{dc} - v_{dc0})G_{14}$$

$$t_{12} = -\Lambda(v_{dc} - v_{dc0})G_{14}, t_{22} = \Lambda(v_{dc} - v_{dc0})B_{14}$$

$$\widetilde{\psi}_2 = \begin{bmatrix} r_{11} & r_{12} \end{bmatrix} \begin{bmatrix} u_{11} & u_{12} \\ u_{21} & u_{22} \end{bmatrix}$$

其中

$$h_{11} = \cos(\alpha - \delta_2) - \cos(\alpha_0 - \delta_{20})$$

$$h_{12} = \sin(\alpha - \delta_2) - \sin(\alpha_0 - \delta_{20})$$

$$k_{11} = -(E'_{dr2}v_{dc} - E_{dr20}v_{dc0})B_{24} - (E'_{qr2}v_{dc} - E_{qr20}v_{dc0})G_{24}$$

$$k_{21} = -(E'_{dr2}v_{dc} - E_{dr20}v_{dc0})G_{24} - (E'_{qr2}v_{dc} - E_{qr20}v_{dc0})B_{24}$$

$$k_{12} = -\Lambda(E'_{dr2}v_{dc} - E_{dr20}v_{dc0})G_{24} + \Lambda(E'_{qr2}v_{dc} - E_{qr20}v_{dc0})B_{24}$$

$$k_{22} = \Lambda(E'_{dr2}v_{dc} - E_{dr20}v_{dc0})B_{24} + \Lambda(E'_{qr2}v_{dc} - E_{qr20}v_{dc0})G_{24}$$

$$\widetilde{\psi}_4 = \begin{bmatrix} h_{11} & h_{12} \end{bmatrix} \begin{bmatrix} g_{11} & g_{12} \\ g_{21} & g_{22} \end{bmatrix}$$

其中

$$g_{11} = -(v_{dc} - v_{dc0})B_{24}, g_{21} = -(v_{dc} - v_{dc0})G_{24}$$

$$g_{12} = -\Lambda(v_{dc} - v_{dc0})G_{24}, g_{22} = \Lambda(v_{dc} - v_{dc0})B_{24}$$

$$\widetilde{\psi}_5 = \begin{bmatrix} h_{11} & h_{12} \end{bmatrix} \begin{bmatrix} e_{11} & e_{12} \\ e_{21} & e_{22} \end{bmatrix}$$

其中

$$e_{11} = -(v_{dc} - v_{dc0})G_{24}, e_{21} = (v_{dc} - v_{dc0})B_{24}$$

$$e_{12} = \Lambda(v_{dc} - v_{dc0})B_{24}, e_{22} = \Lambda(v_{dc} - v_{dc0})G_{24}$$

$$\widetilde{\psi}_6 = \begin{bmatrix} x_{11} & x_{12} & x_{13} & x_{14} \end{bmatrix} \begin{bmatrix} k_{11} & k_{12} \\ k_{21} & k_{22} \\ k_{31} & k_{32} \\ k_{41} & k_{42} \end{bmatrix}$$

其中

$$k_{11} = -(E'_{dr1} - E_{dr10})B_{41} - (E'_{qr1} - E_{qr10})G_{41}$$
$$k_{21} = -(E'_{dr1} - E_{dr10})G_{41} + (E'_{qr1} - E_{qr10})B_{41}$$
$$k_{31} = -(E'_{dr2} - E_{dr20})B_{42} - (E'_{qr2} - E_{qr20})G_{42}$$
$$k_{41} = -(E'_{dr2} - E_{dr20})G_{42} + (E'_{qr2} - E_{qr20})B_{42}$$
$$k_{12} = \Lambda(E'_{dr1} - E_{dr10})G_{41} - \Lambda(E'_{qr1} - E_{qr10})B_{41}$$
$$k_{22} = -\Lambda(E'_{dr1} - E_{dr10})B_{41} - \Lambda(E'_{qr1} - E_{qr10})G_{41}$$
$$k_{32} = -\Lambda(E'_{dr2} - E_{dr20})G_{42} - \Lambda(E'_{qr2} - E_{qr20})B_{42}$$
$$k_{42} = -\Lambda(E'_{dr2} - E_{dr20})B_{42} - \Lambda(E'_{qr2} - E_{qr20})G_{42}$$

$$\widetilde{\psi}_7 = z[r_{11}\ r_{12}]\begin{bmatrix} -s_{12} & -s_{11} \\ -s_{22} & -s_{21} \end{bmatrix}$$

11.9 附录Ⅸ：分散式 STATCOM/ESS 控制设计的 $\widetilde{\phi}$ 和 $\widetilde{\psi}$ 表达式

定义 $\widetilde{\phi}_i = [\widetilde{\phi}_{i1}, \cdots, \widetilde{\phi}_{i9}]^T$，$\widetilde{\psi} = [\widetilde{\psi}_{i1}, \cdots, \widetilde{\psi}_{i9}]^T$，其中

$$\widetilde{\phi}_{i1} = [0\ 0\ 0\ 0]$$

$$\widetilde{\phi}_{i2} = \begin{bmatrix} x_{11} \\ x_{12} \\ x_{13} \\ x_{14} \\ x_{15} \\ x_{16} \end{bmatrix}^T \begin{bmatrix} 0 & y_{12} & y_{13} & 0 \\ 0 & y_{22} & y_{23} & 0 \\ 0 & y_{32} & y_{33} & 0 \\ 0 & y_{42} & y_{43} & 0 \\ 0 & y_{52} & y_{53} & y_{54} \\ 0 & y_{62} & y_{63} & y_{64} \end{bmatrix}$$

其中

$$x_{11} = \cos\delta_{ji} - \cos\delta_{ji0}, x_{13} = \cos(\delta_{mk} - \delta_i) - \cos(\delta_{mk0} - \delta_{i0}),$$
$$x_{12} = \sin\delta_{ji} - \sin\delta_{ji0}, x_{14} = \sin(\delta_{mk} - \delta_i) + \sin(\delta_{mk0} - \delta_{i0}),$$

$$y_{12} = \sum_{j=1}^{n}(E'_{drj} - E'_{drj0})G_{ij} + \sum_{j=1}^{n}(E'_{qrj} - E'_{qrj0})B_{ij}$$

$$y_{22} = -\sum_{j=1}^{n}(E'_{drj} - E'_{drj0})B_{ij} + \sum_{j=1}^{n}(E'_{qrj} - E'_{qrj0})G_{ij}$$

$$y_{32} = \sum_{k=1}^{n}(E'_{qk} - E'_{qk0})B_{ik}$$

$$x_{15} = \cos(\alpha_l - \delta_i) - \cos(\alpha_{l0} - \delta_{i0})$$

$$y_{42} = \sum_{k=1}^{n}(E'_{qk} - E'_{qk0})G_{ik}$$

$$x_{16} = \sin(\alpha_l - \delta_i) - \sin(\delta_{l0} - \delta_{i0})$$

$$y_{52} = -\sum_{l=1}^{n} k_l (v'_{dcl} - v_{dcl0}) B_{il}$$

$$y_{62} = \sum_{l=1}^{n} k_l (v'_{dcl} - v_{dcl0}) G_{il}$$

$$y_{13} = \sum_{j=1}^{n} (E'_{drj} - E'_{drj0}) B_{ij} + \sum_{j=1}^{n} (E'_{qrj} - E'_{qrj0}) G_{ij}$$

$$y_{23} = -\sum_{j=1}^{n} (E'_{drj} - E'_{drj0}) G_{ij} - \sum_{j=1}^{n} (E'_{qrj} - E'_{qrj0}) B_{ij}$$

$$y_{33} = \sum_{k=1}^{n} (E'_{qk} - E'_{qk0}) G_{ik}, y_{43} = -\sum_{k=1}^{n} (E'_{qk} - E'_{qk0}) B_{ik}$$

$$y_{53} = \sum_{l=1}^{n} \kappa_l (v'_{dcl} - v_{dcl0}) G_{il}, y_{63} = \sum_{l=1}^{n} \kappa_l (v'_{dcl} - v_{dcl0}) B_{il}$$

$$y_{54} = \sum_{l=1}^{n} \kappa_l (E'_{dri} - E'_{dri0}) B_{il} + \sum_{l=1}^{n} (E'_{qri} - E'_{qri0}) G_{il}$$

$$y_{64} = \sum_{l=1}^{n} \kappa_l (E'_{dri} - E'_{dri0}) G_{il} + \sum_{l=1}^{n} (E'_{qri} - E'_{qri0}) G_{il}$$

$$\widetilde{\phi}_{i3} = [0\ 0\ 0\ 0], \widetilde{\phi}_{i4} = -\widetilde{\phi}_{i2} \tag{11.19}$$

$$\widetilde{\phi}_{i5} = \begin{bmatrix} x_{11} \\ x_{12} \\ x_{13} \\ x_{14} \\ x_{15} \\ x_{16} \end{bmatrix}^{\mathrm{T}} \begin{bmatrix} 0 & G_{ij} & B_{ij} & 0 \\ -B_{ij} & B_{ij} & G_{ij} & 0 \\ 0 & 0 & 0 & 0 \\ 0 & 0 & 0 & 0 \\ 0 & 0 & 0 & -\kappa_l B_{il} \\ 0 & 0 & 0 & \kappa_l G_{il} \end{bmatrix} + \frac{1}{2H} \begin{bmatrix} C_{11} \\ C_{12} \\ 0 \\ 0 \end{bmatrix}^{\mathrm{T}}$$

其中

$$C_{11} = \omega_s (E'_{dri} - E'_{dri0}), C_{13} = \omega_s (s_i - s_{i0})$$

$$\widetilde{\phi}_{i6} = \begin{bmatrix} x_{11} \\ x_{12} \\ x_{13} \\ x_{14} \\ x_{15} \\ x_{16} \end{bmatrix}^{\mathrm{T}} \begin{bmatrix} 0 & -B_{ij} & -G_{ij} & 0 \\ -G_{ij} & G_{ij} & B_{ij} & 0 \\ 0 & 0 & 0 & 0 \\ 0 & 0 & 0 & 0 \\ 0 & 0 & 0 & \kappa_l B_{il} \\ 0 & 0 & 0 & -\kappa_l G_{il} \end{bmatrix} + \frac{1}{2H} \begin{bmatrix} D_{11} \\ 0 \\ D_{13} \\ 0 \end{bmatrix}^{\mathrm{T}}$$

其中

$$D_{11} = \omega_s (E'_{qri} - E'_{qri0}), D_{13} = \omega_s (s_i - s_{i0})$$

$$\widetilde{\phi}_{i7} = \begin{bmatrix} p_{11} \\ p_{12} \\ p_{13} \\ p_{14} \\ p_{15} \\ p_{16} \end{bmatrix}^{\mathrm{T}} \begin{bmatrix} 0 & d_{12} & d_{13} & d_{14} \\ 0 & d_{22} & d_{23} & d_{24} \\ 0 & 0 & 0 & d_{34} \\ 0 & 0 & 0 & d_{44} \\ 0 & 0 & 0 & d_{54} \\ 0 & 0 & 0 & d_{64} \end{bmatrix} + \frac{1}{2H} \begin{bmatrix} 0 \\ 0 \\ 0 \\ C_{14} \end{bmatrix}^{\mathrm{T}}$$

其中

$$p_{11} = \cos\alpha_{lj} - \cos\delta_{lj0}, p_{13} = \cos(\delta_i - \alpha_l) - \cos(\delta_{i0} - \alpha_{l0})$$

$$p_{12} = \sin\alpha_{lj} - \sin\delta_{lj0}, p_{14} = \sin(\delta_i - \alpha_l) + \sin(\delta_{l0} - \alpha_{l0})$$

$$d_{12} = \sum_{l=1}^{n} \kappa_l (v_{dcl} - v_{dcl0}) G_{il}, d_{22} = \sum_{i=1}^{n} \kappa_l (v_{dcl} - v_{dcl0}) B_{il}$$

$$d_{13} = \sum_{l=1}^{n} \kappa_l (v_{dcl} - v_{dcl0}) G_{il}$$

$$p_{15} = \cos(\delta_{mk} - \alpha_l) - \cos(\delta_{mk0} - \alpha_{l0})$$

$$d_{23} = \sum_{l=1}^{n} \kappa_l (v_{dcl} - v_{dcl0}) G_{il}$$

$$p_{16} = \sin(\delta_{mk} - \alpha_l) - \sin(\delta_{mk0} - \alpha_{l0})$$

$$d_{14} = \sum_{j=1}^{n} \kappa_l (E'_{drj} - E'_{drj0}) B_{il} + \sum_{j=1}^{n} \kappa_l (E'_{qrj} - E'_{qrj0}) G_{il}$$

$$d_{24} = -\sum_{j=1}^{n} \kappa_l (E'_{drj} - E'_{drj0}) G_{ij} - \kappa_l \sum_{j=1}^{n} (E'_{qrj} - E'_{qrj0}) B_{ij}$$

$$d_{34} = -\sum_{l=1}^{n} \kappa_l (E'_{qk} - E'_{qk0}) G_{il}, d_{44} = \sum_{l=1}^{n} \kappa_l (E'_{qk} - E'_{qk0}) B_{il}$$

$$d_{54} = \sum_{k=1}^{n} \kappa_l (v_{dcj} - v_{dcj0}) G_{lj}, d_{64} = \sum_{l=1}^{n} \kappa_l (v_{dcj} - v_{dcj0}) B_{lj}$$

$$C_{14} = \sum_{l=1}^{n} 2\kappa_l (v_{dcl} - v_{dcl0}) G_{ll}$$

$$\widetilde{\phi}_{i8} = \beta\psi_{i2} + \frac{1}{2H} \begin{bmatrix} x_{11} \\ x_{12} \\ x_{13} \\ x_{14} \\ x_{15} \\ x_{16} \end{bmatrix}^{\mathrm{T}} z \begin{bmatrix} 0 & P_{12} & p_{13} & 0 \\ 0 & P_{22} & p_{23} & 0 \\ 0 & P_{32} & p_{33} & 0 \\ 0 & P_{42} & p_{43} & 0 \\ 0 & P_{52} & p_{53} & p_{54} \\ 0 & P_{62} & p_{63} & p_{64} \end{bmatrix} + \begin{bmatrix} 0 \\ q_2 \\ 0 \\ 0 \end{bmatrix}^{\mathrm{T}}$$

其中

$$p_{12} = \sum_{\substack{s=1 \\ s \neq j}}^{n} (E'_{qrs} - E'_{qrs0})(E'_{dri} - E'_{dri0})(G_{is}G_{ij} + B_{is}B_{ij})$$

$$p_{22} = -\sum_{\substack{s=1 \\ s \neq j}}^{n} (E'_{qrs} - E'_{qrs0})(E'_{dri} - E'_{dri0})(G_{is}B_{ij} - B_{is}G_{ij})$$

$$p_{32} = \sum_{\substack{k=1 \\ k \neq j}}^{n} (E'_{qk} - E'_{qk0})(E'_{qrj} - E'_{qrj0})(G_{ik}G_{ij} + B_{ik}B_{ij})$$

$$p_{42} = -\sum_{\substack{k=1 \\ k \neq j}}^{n} (E'_{qk} - E'_{qk0})(E'_{qrj} - E'_{qrj0})(G_{ik}B_{ij} - B_{ik}G_{ij})$$

$$p_{52} = \sum_{\substack{l=1 \\ l \neq j}}^{n} \kappa_l (v_{dcl} - v_{dcl0})(E'_{qrj} - E'_{qrj0})(G_{ij}G_{ij} + B_{il}B_{ij})$$

$$p_{62} = -\sum_{\substack{l=1 \\ l \neq j}}^{n} \kappa_l (v_{dcl} - v_{dcl0})(E'_{qrj} - E'_{qrj0})(G_{il}B_{ij} - B_{il}G_{ij})$$

$$p_{13} = \sum_{\substack{s=1 \\ s \neq j}}^{n} (E'_{drs} - E'_{drs0})(E'_{qri} - E'_{qri0})(G_{is}B_{ij} - B_{is}G_{ij})$$

$$p_{23} = \sum_{\substack{s=1 \\ s \neq j}}^{n} (E'_{drs} - E'_{drs0})(E'_{qri} - E'_{qri0})(G_{is}G_{ij} + B_{is}B_{ij})$$

$$p_{33} = \sum_{\substack{k=1 \\ k \neq j}}^{n} (E'_{qk} - E'_{qk0})(E'_{drj} - E'_{drj0})(G_{ik}B_{ij} - B_{ik}G_{ij})$$

$$p_{43} = -\sum_{\substack{k=1 \\ k \neq j}}^{n} (E'_{qk} - E'_{qk0})(E'_{drj} - E'_{drj0})(G_{ik}G_{ij} + B_{ik}B_{ij})$$

$$p_{53} = \sum_{\substack{l=1 \\ l \neq j}}^{n} \kappa_l (v_{dcl} - v_{dcl0})(E'_{drj} - E'_{drj0})(G_{il}B_{ij} - B_{il}G_{ij})$$

$$p_{63} = \sum_{\substack{l=1 \\ l \neq j}}^{n} \kappa_l (v_{dcl} - v_{dcl0})(E'_{drj} - E'_{drj0})(G_{il}G_{ij} + B_{il}B_{ij})$$

$$p_{54} = \sum_{\substack{l=1 \\ l \neq j}}^{n} \kappa_l (E'_{drj} - E'_{drj0})(E'_{qrj} - E'_{qrj0})(G_{li}B_{ij} - B_{li}G_{ij})$$

$$p_{64} = \sum_{\substack{l=1 \\ l \neq j}}^{n} \kappa_l (E'_{drj} - E'_{drj0})(E'_{qrj} - E'_{qrj0})(G_{li}G_{ij} + B_{li}B_{ij})$$

$$z = X'_{di}\beta_i, \beta_i = X'_{di}(\frac{1}{V_{ti}} - \frac{1}{V_{ti0}})$$

$$q_2 = (\frac{E'_{qri}}{V_{ti}} + \frac{E'_{dri}}{V_{ti}} - \frac{E'_{dri0}}{V_{t0}} - \frac{E'_{qri0}}{V_{t0}})$$

$$\widetilde{\phi}_{i9} = [0\ 0\ 0\ 0] \tag{11.20}$$

$$\widetilde{\psi}_{i1} = [0\ 0\ 0\ 0] \tag{11.21}$$

$$\widetilde{\psi}_{i2} = \begin{bmatrix} x_{11} \\ x_{12} \\ x_{13} \\ x_{14} \\ x_{15} \\ x_{16} \end{bmatrix}^{\mathrm{T}} \begin{bmatrix} 0 & 0 & 0 & 0 \\ 0 & 0 & 0 & 0 \\ 0 & 0 & 0 & 0 \\ 0 & 0 & 0 & 0 \\ \dfrac{y_{62}}{\kappa_i} & \displaystyle\sum_{l=1}^{n}\sqrt{\dfrac{3}{8}}G_{lj} & 0 & 0 \\ \dfrac{y_{52}}{\kappa_i} & \displaystyle\sum_{l=1}^{n}\sqrt{\dfrac{3}{8}}B_{lj} & 0 & 0 \end{bmatrix} \tag{11.22}$$

$$\widetilde{\psi}_{i3} = [0\ 0\ 0\ 0], \widetilde{\psi}_{i4} = -\widetilde{\psi}_{i2} \tag{11.23}$$

$$\widetilde{\psi}_{i5} = \begin{bmatrix} x_{11} \\ x_{12} \\ x_{13} \\ x_{14} \\ x_{15} \\ x_{16} \end{bmatrix}^{\mathrm{T}} \begin{bmatrix} 0 & 0 & 0 & 0 \\ 0 & 0 & 0 & 0 \\ 0 & 0 & 0 & 0 \\ 0 & \displaystyle\sum_{l=1}^{n}\sqrt{\dfrac{3}{8}}G_{il} & 0 & 0 \\ 0 & \displaystyle\sum_{l=1}^{n}\sqrt{\dfrac{3}{8}}G_{il} & 0 & 0 \end{bmatrix} \tag{11.24}$$

$$\widetilde{\psi}_{i6} = \begin{bmatrix} x_{11} \\ x_{12} \\ x_{13} \\ x_{14} \\ x_{15} \\ x_{16} \end{bmatrix}^{\mathrm{T}} \begin{bmatrix} 0 & 0 & 0 & 0 \\ 0 & 0 & 0 & 0 \\ 0 & 0 & 0 & 0 \\ 0 & \displaystyle\sum_{l=1}^{n}\sqrt{\dfrac{3}{8}}G_{il} & 0 & 0 \\ 0 & -\displaystyle\sum_{l=1}^{n}\sqrt{\dfrac{3}{8}}G_{il} & 0 & 0 \end{bmatrix} \tag{11.25}$$

$$
\widetilde{\psi}_{i7} = \begin{bmatrix} p_{11} \\ p_{12} \\ p_{13} \\ p_{14} \\ p_{15} \\ p_{16} \end{bmatrix}^{\mathrm{T}} \begin{bmatrix} \sum\limits_{l=1}^{n} k_l v_{\mathrm{d}cl} & \sum\limits_{l=1}^{n} \sqrt{\dfrac{3}{8}} v_{\mathrm{d}cl} & 0 & 0 \\[6pt] \sum\limits_{l=1}^{n} k_l v_{\mathrm{d}cl} & \sum\limits_{l=1}^{n} \sqrt{\dfrac{3}{8}} v_{\mathrm{d}cl} & 0 & 0 \\[6pt] \sum\limits_{l=1}^{n} k_l v_{\mathrm{d}cl} & \sum\limits_{l=1}^{n} \sqrt{\dfrac{3}{8}} v_{\mathrm{d}cl} & 0 & 0 \\[6pt] \sum\limits_{l=1}^{n} k_l v_{\mathrm{d}cl} & \sum\limits_{l=1}^{n} \sqrt{\dfrac{3}{8}} v_{\mathrm{d}cl} & 0 & 0 \\[6pt] \sum\limits_{l=1}^{n} k_l v_{\mathrm{d}cl} & \sum\limits_{l=1}^{n} \sqrt{\dfrac{3}{8}} v_{\mathrm{d}cl} & 0 & 0 \\[6pt] \sum\limits_{l=1}^{n} k_l v_{\mathrm{d}cl} & \sum\limits_{l=1}^{n} \sqrt{\dfrac{3}{8}} v_{\mathrm{d}cl} & 0 & 0 \end{bmatrix} \qquad (11.26)
$$

$$
\widetilde{\psi}_{i8} = \beta\psi_{i2} + \frac{1}{2H} \begin{bmatrix} x_{11} \\ x_{12} \\ x_{13} \\ x_{14} \\ x_{15} \\ x_{16} \end{bmatrix}^{\mathrm{T}} z \begin{bmatrix} 0 & 0 & 0 & 0 \\ 0 & 0 & 0 & 0 \\ 0 & 0 & 0 & 0 \\ 0 & 0 & 0 & 0 \\ r_{51} & r_{52} & 0 & 0 \\ r_{61} & r_{62} & 0 & 0 \end{bmatrix} + \begin{bmatrix} 0 \\ q_2 \\ 0 \\ 0 \end{bmatrix}^{\mathrm{T}}
$$

其中

$$
r_{51} = \sum_{\substack{l=1 \\ l \neq j}}^{n} w_l (E'_{\mathrm{d}rj} - E'_{\mathrm{d}rj0})(E'_{\mathrm{q}rj} - E'_{\mathrm{q}rj0})(G_{li}B_{ij} - B_{li}G_{ij})
$$

$$
r_{52} = \sum_{\substack{l=1 \\ l \neq j}}^{n} w_l (E'_{\mathrm{d}rj} - E'_{\mathrm{d}rj0})(E'_{\mathrm{q}rj} - E'_{\mathrm{q}rj0})(G_{li}G_{ij} + B_{li}B_{ij})
$$

$$
r_{61} = \sum_{\substack{l=1 \\ l \neq j}}^{n} \kappa_l w_l (E'_{\mathrm{d}rj} - E'_{\mathrm{d}rj0})(E'_{\mathrm{q}rj} - E'_{\mathrm{q}rj0})(G_{li}G_{ij} + B_{li}B_{ij})
$$

$$
r_{62} = \sum_{\substack{l=1 \\ l \neq j}}^{n} \kappa_l w_l (E'_{\mathrm{d}rj} - E'_{\mathrm{d}rj0})(E'_{\mathrm{q}rj} - E'_{\mathrm{q}rj0}) G_{li}B_{ij} - B_{li}G_{ij})
$$

$$
w_l = (v_{\mathrm{d}cl} - v_{\mathrm{d}cl0})
$$

$$
\widetilde{\phi}_{i9} = [\,0\ 0\ 0\ 0\,] \qquad (11.27)
$$

此处没有提供 $\widetilde{\Xi}$ 表达式，但可用与 $\widetilde{\phi}$ 类似的方式推导出来。

11.10 附录X：16 机 5 区测试系统的潮流和动态数据

1. 16 机 5 区测试系统潮流数据

A1. 机组母线数据

母线编号	电压（pu）	发电量（pu）
1	1.0450	2.50
2	0.9800	5.45
3	0.9830	6.50
4	0.9870	6.32
5	1.0110	5.05
6	1.0500	7.00
7	1.0630	5.60
8	1.0300	5.40
9	1.0250	8.00
10	1.0100	5.00
11	1.0000	10.00
12	1.0156	13.50
13	1.0110	35.91
14	1.0000	17.85
15	1.0000	10.00
16	1.0000	40.00

A2. 负载母线数据

母线编号	有功负荷（pu）	无功负荷（pu）
17	60.00	3.0000
18	24.70	1.2300
19	0	0
20	6.80	1.0300
21	2.74	1.1500
22	0	0
23	2.48	0.8500
24	3.09	-0.9200
25	2.24	0.4700
26	1.39	0.1700
27	2.81	0.7600
28	2.06	0.280
29	2.84	0.2700
30	0	0
31	0	0
32	0	0
33	1.12	0
34	0	0
35	0	0
36	1.02	-0.1946

（续）

母线编号	有功负荷（pu）	无功负荷（pu）
37	0	0
38	0	0
39	2.67	0.1260
40	0.6563	0.2353
41	10.00	2.5000
42	11.50	2.5000
43	0	0
44	2.6755	0.0484
45	2.08	0.2100
46	1.507	0.2850
47	2.0312	0.3259
48	2.412	0.0220
49	1.64	0.2900
50	1.00	-1.4700
51	3.37	-1.2200
52	1.58	0.300
53	2.527	1.1856
54	0	0
55	3.22	0.0200
56	2.00	0.7360
57	0	0
58	0	0
59	2.34	0.8400
60	2.088	0.7080
61	1.04	1.2500
62	0	0
63	0	0
64	0.09	0.8800
65	0	0
66	0	0
67	3.20	1.5300
68	3.29	0.3200
69	0	0

A3. 线路数据

从母线	至母线	R（pu）	X（pu）	线路充电（pu）	分接变比
54	1	0	0.0181	0	1.0250
58	2	0	0.0250	0	1.0700
62	3	0	0.0200	0	1.0700
19	4	0.0007	0.0142	0	1.0700
20	5	0.0009	0.0180	0	1.0090
22	6	0	0.0143	0	0250
23	7	0.0005	0.0272	0	0

（续）

从母线	至母线	R（pu）	X（pu）	线路充电（pu）	分接变比
25	8	0.0006	0.0232	0	1.0250
29	9	0.008	0.0156	0	1.0250
31	10	0	0.0260	0	1.0400
32	11	0	0.0130	0	1.0400
36	12	0	0.0075	0	1.0400
17	13	0	0.0033	0	1.0400
41	14	0	0.0015	0	1.0000
42	15	0	0.0015	0	1.0000
18	16	0	0.0030	0	1.0000
36	17	0.0005	0.0045	0.3200	0
49	18	0.0076	0.1141	1.1600	0
68	19	0.0016	0.0195	0.3040	0
19	20	0.0007	0.0138	0	1.0600
68	21	0.0008	0.0135	0.2548	0
21	22	0.0008	0.0140	0.2565	0
22	23	0.0006	0.0096	0.1846	0
23	24	0.0022	0.0350	0.3610	0
68	24	0.0003	0.0059	0.0680	0
54	25	0.0070	0.0086	0.1460	0
25	26	0.0032	0.0323	0.5310	0
37	27	0.0013	0.0173	0.3216	0
26	27	0.0014	0.0147	0.2396	0
26	28	0.0043	0.0474	0.7802	0
26	29	0.0057	0.0625	1.0290	0
28	29	0.0014	0.0151	0.2490	0
53	30	0.0008	0.0074	0.4800	0
61	30	0.0019	0.0183	0.2900	0
61	30	0.0019	0.0183	0.2900	0
30	31	0.0013	0.0187	0.3330	0
53	31	0.0016	0.0163	0.2500	0
30	32	0.0024	0.0288	0.4880	0
32	33	0.0008	0.0099	0.1680	0
33	34	0.0011	0.0157	0.2020	0
35	34	0.0001	0.0074	0	0.9460
34	36	0.0033	0.0111	1.4500	0
61	36	0.0022	0.0196	0.3400	0
61	36	0.0022	0.0196	0.3400	0
68	37	0.0007	0.0089	0.1342	0
31	38	0.0011	0.0147	0.2470	0
33	38	0.0036	0.0444	0.6930	0
41	40	0.0060	0.0840	3.1500	0
48	40	0.0020	0.0220	1.2800	0
42	41	0.0040	0.0600	2.2500	0

（续）

从母线	至母线	R（pu）	X（pu）	线路充电（pu）	分接变比
18	42	0.0040	0.0600	2.2500	0
17	43	0.0005	0.0276	0	0
39	44	0	0.0411	0	0
43	44	0.0001	0.0011	0	0
39	45	0	0.0839	0	0
44	45	0.0025	0.0730	0	0
38	46	0.0022	0.0284	0.4300	0
53	47	0.0013	0.0188	1.3100	0
47	48	0.0025	0.0268	0.4000	0
47	48	0.0025	0.0268	0.4000	0
46	49	0.0018	0.0274	0.2700	0
45	51	0.0004	0.0105	0.7200	0
50	51	0.0009	0.0221	1.6200	0
37	52	0.0007	0.0082	0.1319	0
55	52	0.0011	0.0133	0.2138	0
53	54	0.0035	0.0411	0.6987	0
54	55	0.0013	0.0151	0.2572	0
55	56	0.0013	0.0213	0.2214	0
56	57	0.0008	0.0128	0.1342	0
57	58	0.0002	0.0026	0.0434	0
58	59	0.0006	0.0092	0.1130	0
57	60	0.0008	0.0112	0.1476	0
59	60	0.0004	0.0046	0.078	0
60	61	0.0023	0.0363	0.3804	0
58	63	0.0007	0.0082	0.1389	0
62	63	0.0004	0.0043	0.0729	0
64	63	0.0016	0.0435	0	1.0600
62	65	0.0004	0.0043	0.0729	0
64	65	0.0016	0.0435	0	1.0600
56	66	0.0008	0.0129	0.1382	0
65	66	0.0009	0.0101	0.1723	0
66	67	0.0018	0.0217	0.3660	0
67	68	0.0009	0.0094	0.1710	0
53	27	0.0320	0.3200	0.4100	1.0000
69	18	0.0006	0.0144	1.0300	0
50	69	0.0006	0.0144	1.0300	0

2. 16机5区测试系统动态数据

B1. 机组数据（pu）

机器	母线	基本MV·A	X_{ls}	R_s	X_d	X_d'	X_d''	T_{d0}'/s	T_{d0}''/s
1	1	100	0.0125	0.0	0.1	0.031	0.025	10.2	0.05
2	2	100	0.035	0.0	0.295	0.0697	0.05	6.56	0.05
3	3	100	0.0304	0.0	0.2495	0.0531	0.045	5.7	0.05

（续）

机器	母线	基本 MV·A	X_{ls}	R_s	X_d	X'_d	X''_d	T'_{d0}/s	T''_{d0}/s
4	4	100	0.0295	0.0	0.262	0.0436	0.035	5.69	0.05
5	5	100	0.027	0.0	0.33	0.066	0.05	5.4	0.05
6	6	100	0.0224	0.0	0.254	0.05	0.04	7.3	0.05
7	7	100	0.0322	0.0	0.295	0.049	0.04	5.66	0.05
8	8	100	0.0028	0.0	0.29	0.057	0.045	6.7	0.05
9	9	100	0.00298	0.0	0.2106	0.057	0.045	4.79	0.05
10	10	100	0.0199	0.0	0.169	0.0457	0.04	9.37	0.05
11	11	100	0.0103	0.0	0.128	0.018	0.012	4.1	0.05
12	12	100	0.022	0.0	0.101	0.031	0.025	7.4	0.05
13	13	200	0.0030	0.0	0.0296	0.0055	0.004	5.9	0.05
14	14	100	0.0017	0.0	0.018	0.00285	0.0023	4.1	0.05
15	15	100	0.0017	0.0	0.018	0.00285	0.0023	4.1	0.05
16	16	200	0.0041	0.0	0.0356	0.0071	0.0055	7.8	0.05

机器	X_q (pu)	X'_q (pu)	X''_q (pu)	T'_{d0}/s	T''_{d0}/s	H/s	D
1	0.069	0.028	0.025	1.5	0.035	42.0	4.0
2	0.282	0.060	0.05	1.5	0.035	30.2	9.75
3	0.237	0.050	0.045	1.5	0.035	35.8	10
4	0.258	0.040	0.035	1.5	0.035	28.6	10
5	0.31	0.060	0.05	0.44	0.035	26.0	3
6	0.241	0.045	0.04	0.4	0.035	34.8	10
7	0.292	0.045	0.04	1.5	0.035	26.4	8
8	0.280	0.050	0.045	0.41	0.035	24.3	9
9	0.205	0.050	0.045	1.96	0.035	34.5	14
10	0.115	0.045	0.04	1.5	0.035	31.0	5.56
11	0.0123	0.015	0.012	1.5	0.035	28.2	13.6
12	0.095	0.028	0.025	1.5	0.035	92.3	13.5
13	0.0286	0.005	0.004	1.5	0.035	248.0	33
14	0.0173	0.0025	0.0023	1.5	0.035	300.0	100
15	0.0173	0.0025	0.0023	1.5	0.035	300.0	100
16	0.0334	0.006	0.0055	1.5	0.035	225.0	50

C1. 直流励磁系统数据

机器	T_r/s	K_A	T_A/s	V_{rmax} (pu)	V_{rmin} (pu)	K_E/s	T_E	A_{ex}	B_{ex}
1	0.01	40	0.02	10	−10	1	0.785	0.07	0.91
2	0.01	40	0.02	10	−10	1	0.785	0.07	0.91
3	0.01	40	0.02	10	−10	1	0.785	0.07	0.91
4	0.01	40	0.02	10	−10	1	0.785	0.07	0.91
5	0.01	40	0.02	10	−10	1	0.785	0.07	0.91
6	0.01	40	0.02	10	−10	1	0.785	0.07	0.91
7	0.01	40	0.02	10	−10	1	0.785	0.07	0.91
8	0.01	40	0.02	10	−10	1	0.785	0.07	0.91

机器	T_r/s	K_a	V_{rmax} (pu)	V_{rmin} (pu)	K_{pss}/s	T_1/s	T_2/s	T_3/s	T_3/s
9	0.01	200	5	−5	$\dfrac{12}{377}$	0.1	0.2	0.1	0.2

11.11 附录XI：10 机新英格兰系统的潮流和动态数据

1. 10 机新英格兰系统潮流数据

A1. 机组母线数据

母线编号	电压（pu）	发电/MW
1	1.04550	250.00
2	1.04360	572.93
3	1.02038	650.00
4	0.99780	632.00
5	0.99355	508.00
6	0.99651	650.00
7	0.94083	560.00
8	0.95460	540.00
9	1.01114	830.00
10	1.00861	1005.729

A2. 负载母线数据

母线编号	有功负荷（pu）	无功负荷（pu）
1	0.00	0.00
2	0.00	0.00
3	322.00	2.40
4	500.00	1.0300
5	0.00	0.00
6	0.00	0.00
7	233.8	840.00
8	522	176
9	0.00	0.00
10	0.00	0.00
11	0.00	0.00
12	8.50	88.00
13	0.00	0.00
14	0.00	0.00
15	320.00	153.00
16	329.40	323.00
17	0.00	0.000
18	158.0	30.00
19	0.00	0.00
20	680.00	103.00
21	680.00	103.00
22	0.00	0.00
23	247.00	84.00
24	308.60	-92.200
25	224.00	47.20
26	139.00	17.00
27	281.00	75.50
28	206.00	27.60
29	283.50	126.90
31	9.20	4.60
39	1104.00	250.00

A3. 线路数据

从母线	至母线	R（pu）	X（pu）	线路充电（pu）
1	2	0	0.0181	0
1	39	0	0.0250	0
2	3	0	0.0200	0
2	25	0.0007	0.0142	0
3	4	0.0009	0.0180	0
3	18	0	0.0143	0
4	5	0.0005	0.0272	0
4	14	0.0006	0.0232	0
5	6	0.008	0.0156	0
5	8	0	0.0260	0
6	7	0	0.0130	0
6	11	0	0.0075	0
7	8	0	0.0033	0
8	9	0	0.0015	0
9	39	0	0.0015	0
10	11	0	0.0030	0
10	13	0.0005	0.0045	0.3200
13	14	0.0076	0.1141	1.1600
14	15	0.0016	0.0195	0.3040
15	16	0.0007	0.0138	0
16	17	0.0008	0.0135	0.2548
16	19	0.0016	0.0195	0.3040
16	21	0.0008	0.0135	0.2548
16	24	0.0003	0.0059	0.0680
17	18	0.0007	0.0082	0.1319
17	27	0.0013	0.0173	0.3216
21	22	0.0008	0.0140	0.2565
22	23	0.0006	0.0096	0.1846
23	24	0.0022	0.0350	0.3610
25	26	0.0032	0.0323	0.5130
26	27	0.0014	0.0147	0.2396
26	28	0.0043	0.0474	0.7802
26	29	0.0057	0.0625	1.02900
28	29	0.0014	0.0151	0.2490

2. 10 机新英格兰系统动态数据

B1. 机组数据（pu）

机器	母线	基本MV·A	X_{ls}	R_s	X_d	X'_d	X''_d	T'_{d0}/s	T''_{d0}/s
1	30	100	0.0125	0.0	0.1	0.031	0.025	10.2	0.05
2	31	100	0.035	0.0	0.295	0.0697	0.05	6.56	0.05
3	32	100	0.0304	0.0	0.2495	0.0531	0.045	5.7	0.05
4	33	100	0.0295	0.0	0.262	0.0436	0.035	5.69	0.05
5	34	100	0.027	0.0	0.33	0.066	0.05	5.4	0.05
6	35	100	0.0224	0.0	0.254	0.05	0.04	7.3	0.05
7	36	100	0.0322	0.0	0.295	0.049	0.04	5.66	0.05
8	37	100	0.0028	0.0	0.29	0.057	0.045	6.7	0.05
9	38	100	0.00298	0.0	0.2106	0.057	0.045	4.79	0.05
10	39	100	0.0199	0.0	0.169	0.0457	0.04	9.37	0.05

机器	X_q（pu）	X'_q（pu）	X''_q（pu）	T'_{d0}/s	T''_{d0}/s	H/s	D
1	0.069	0.028	0.025	1.5	0.035	42.0	4.0
2	0.282	0.060	0.05	1.5	0.035	30.2	9.75
3	0.237	0.050	0.045	1.5	0.035	35.8	10
4	0.258	0.040	0.035	1.5	0.035	28.6	10
5	0.31	0.060	0.05	0.44	0.035	26.0	3
6	0.241	0.045	0.04	0.4	0.035	34.8	10
7	0.292	0.045	0.04	1.5	0.035	26.4	8
8	0.280	0.050	0.045	0.41	0.035	24.3	9
9	0.205	0.050	0.045	1.96	0.035	34.5	14
10	0.115	0.045	0.04	1.5	0.035	31.0	5.56

C1. 直流励磁系统数据

机器	T_r/s	K_A	T_A/s	V_{rmax}（pu）	V_{rmin}（pu）	K_E/s	T_E	A_{ex}	B_{ex}
1	0.01	40	0.02	10	−10	1	0.785	0.07	0.91
2	0.01	40	0.02	10	−10	1	0.785	0.07	0.91
3	0.01	40	0.02	10	−10	1	0.785	0.07	0.91
4	0.01	40	0.02	10	−10	1	0.785	0.07	0.91
5	0.01	40	0.02	10	−10	1	0.785	0.07	0.91
6	0.01	40	0.02	10	−10	1	0.785	0.07	0.91
7	0.01	40	0.02	10	−10	1	0.785	0.07	0.91
8	0.01	40	0.02	10	−10	1	0.785	0.07	0.91
9	0.01	40	0.02	10	−10	1	0.785	0.07	0.91
10	0.01	40	0.02	10	−10	1	0.785	0.07	0.91

本书由 Springer 授权机械工业出版社在中国境内（不包括香港、澳门特别行政区以及台湾地区）出版与发行。未经许可之出口，视为违反著作权法，将受法律之制裁。

北京市版权局著作权合同登记　图字：01-2015-8403 号。

图书在版编目（CIP）数据

可再生能源高渗透率下的电网电压稳定性鲁棒控制/（澳）贾汗季·侯赛因
(Jahangir Hossain) 等著；吴鸣等译.—北京：机械工业出版社，2019.7
（智能电网关键技术研究与应用丛书）

书名原文：Robust Control for Grid Voltage Stability：High Penetration of
Renewable Energy：Interfacing Conventional and Renewable Power Generation Re-
sources

ISBN 978-7-111-63194-1

Ⅰ. ①可… Ⅱ. ①贾…②吴… Ⅲ.①电网 – 电压稳定 – 鲁棒控制 – 研究
Ⅳ. ①TM727

中国版本图书馆 CIP 数据核字（2019）第 140688 号

机械工业出版社（北京市百万庄大街 22 号　邮政编码 100037）
策划编辑：付承桂　责任编辑：吕　潇
责任校对：陈　越　封面设计：鞠　杨
责任印制：张　博
三河市国英印务有限公司印刷
2019 年 9 月第 1 版第 1 次印刷
169mm×239mm · 17 印张 · 331 千字
0 001—1 900 册
标准书号：ISBN 978-7-111-63194-1
定价：99.00 元

电话服务　　　　　　　　　网络服务
客服电话：010-88361066　　机　工　官　网：www.cmpbook.com
　　　　　010-88379833　　机　工　官　博：weibo.com/cmp1952
　　　　　010-68326294　　金　书　网：www.golden-book.com
封底无防伪标均为盗版　　机工教育服务网：www.cmpedu.com